混凝土坝服役状态综合诊断及转异分析理论和方法

顾 昊 黄潇霏 朱延涛 杨 光●著

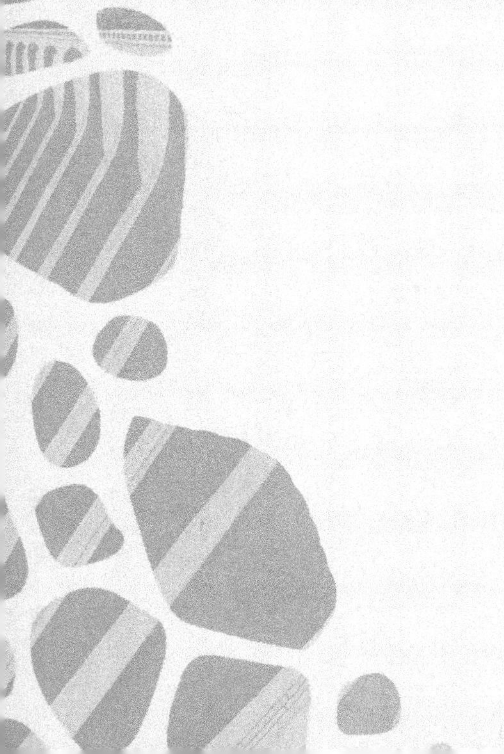

·南京·

内容提要

本书综合运用坝工知识、人工智能算法、模糊数学、混沌理论、灰色理论、随机森林、证据理论、伴随变分、相平面空间和面板数据等方法以及材料力学、流变力学和弹塑性损伤力学等非线性力学理论，系统研究混凝土坝服役状态的综合诊断及转异分析理论和方法，并列举了相应的应用实例。全书共分9章，分别介绍了混凝土坝服役状态监测信息处理方法、混凝土坝服役状态影响因素及其响应挖掘方法、混凝土坝服役状态监测信息时空特征分析方法、混凝土坝服役状态的监测量诊断指标拟定方法、混凝土坝服役状态综合诊断理论与方法、混凝土坝服役状态性能劣化分析理论和方法、混凝土坝结构服役状态物理力学参数反演方法、混凝土坝服役状态转异诊断分析理论和方法。

本书可供水利水电工程等领域的科研工作者和工程技术人员使用，也可作为水工结构工程、安全工程或其他相关专业本科生和研究生的参考用书。

图书在版编目(CIP)数据

混凝土坝服役状态综合诊断及转异分析理论和方法 / 顾昊等著. -- 南京 : 河海大学出版社, 2021.9

ISBN 978-7-5630-6856-2

Ⅰ. ①混… Ⅱ. ①顾… Ⅲ. ①混凝土坝—使用试验 Ⅳ. ①TV642.2

中国版本图书馆CIP数据核字(2021)第015354号

书　　名　混凝土坝服役状态综合诊断及转异分析理论和方法
HUNNINGTU BA FUYI ZHUANGTAI ZONGHE ZHENDUAN JI ZHUANYI FENXI LILUN HE FANGFA
书　　号　ISBN 978-7-5630-6856-2
责任编辑　金　怡
责任校对　卢蓓蓓
封面设计　张世立
出版发行　河海大学出版社
地　　址　南京市西康路1号(邮编:210098)
电　　话　(025)83737852(总编室)
(025)83787103(编辑室)
(025)83722833(营销部)
经　　销　江苏省新华发行集团有限公司
排　　版　南京布克文化发展有限公司
印　　刷　广东虎彩云印刷有限公司
开　　本　718毫米×1000毫米　1/16
印　　张　14.5
字　　数　291千字
版　　次　2021年9月第1版
印　　次　2021年9月第1次印刷
定　　价　89.00元

序

我国江河湖泊众多，为充分开发和利用水资源，已建成各类水库大坝 9.8 万余座，在防洪、发电、供水、灌溉和航运等诸多领域发挥了重要的作用。随着水资源开发规模的扩大以及国外先进技术和经验的引进，我国在复杂环境条件下修建的高坝越来越多，混凝土坝在众多高坝中所占比重较大。事实上，从 20 世纪 50 年代开始，我国修建了几乎包括所有类型的混凝土坝，如重力坝、拱坝、连拱坝、大头坝、平板坝等；至 20 世纪 70 年代末，代表性工程有刘家峡重力坝、佛子岭连拱坝、响洪甸拱坝等。根据国际和中国大坝委员会的统计资料，在所有坝高 60 m 以上的大坝中有 65%左右是混凝土坝，三峡大坝、小湾和锦屏拱坝等一批超级水电工程均是混凝土坝。

我国混凝土坝工程无论数量、高度、规模均居世界前列，随着时间的推移，混凝土坝受到水文、地质、环境等因素的累积影响，再加上建坝时不可避免地存在一些质量缺陷以及运行管理不当等原因，混凝土坝易出现不同程度的老化、坝基异常渗漏、坝体结构性能衰减甚至恶化等问题。这些问题若未及时被发现并有效解决，将严重影响混凝土坝的服役状态。对于混凝土坝工程而言，其运行条件十分复杂，除了承受库水、变温等长期荷载作用外，还受到环境变化引起的如冻融、溶蚀、碱骨料反应等影响，同时还要抵御非常条件如超大洪水、地震等突发性重大灾害的侵袭等。混凝土坝长效安全服役不仅关系到整个工程的安危，而且对经济建设、社会安定与生态安全等具有重大影响。

我长期从事水工结构、大坝安全监测与监控领域的教学和科研工作，大坝安全监控是一门综合性很强的学科，对于大坝服役状态的监测诊断及转异分析方面，在理论和实践上都仍存在很大的拓展和完善空间，每年有大量的文献发表。顾昊同志是我的博士研究生，他在自己博士期间研究的基础上，针对大坝服役状态的监测分析问题，撰写了本书。本书综合运用坝工知识、人工智能算法、模糊数学、混沌理论、灰色理论、随机森林、证据理论、伴随变分、相平面空间和面板数据等方法以及材料力学、流变力学和弹塑性损伤力学等非线性力学理论，挖掘服役状态影响因素，辨识监测信息时空特征，反演物理力学参数，系统研究混凝土坝服役状态的综合诊断及转异分析理论和方法，并对这些方法引举工程实例作示范。可见，本书在结合大坝安全监控领域的知识的基础上，综合运用了多学科理论。当然，其中仍有一些问题的研究不够完善，我期望作者继续努力钻研，成为大坝安全监控领域的领军人。

欣喜之余，写了个人感受，谨以为序。

吴中如

2020 年 1 月 20 日

前言

混凝土坝是主要的坝型之一，国际大坝委员会的统计资料表明，所有坝高 60 m 以上的大坝中 65%左右是混凝土坝。混凝土坝长期服役过程中，受荷载、环境和地质条件等复杂因素影响，存在不同程度的老化，再加上建坝时不可避免地存在一些质量缺陷以及运行管理不当等原因，易导致混凝土坝结构性能衰减甚至恶化。混凝土坝隐患病害若未及时被发现并有效处理，将直接影响混凝土坝的健康状态。我国混凝土坝工程无论数量、高度、规模均居世界前列，其服役状态不仅关系到整个工程的安危，而且对经济建设、社会安定与生态安全等产生重大影响。因此，只有结合混凝土坝工作机理，充分挖掘监测量在时间和空间上的变化规律，深入研究针对混凝土坝服役状态的分析方法和分析模型，才能实现对混凝土坝服役状态的有效诊断。

在环境和荷载等多因素的长期协同作用下，混凝土坝服役过程性态随筑坝材料和结构性能的变化而变化。影响混凝土坝长效服役的因素众多，其中裂缝和渗流是最主要的因素。裂缝是混凝土坝常见的病害，当遭遇不利工况时，裂缝可能发生不稳定扩展；渗流长期作用可能导致大坝防渗性能下降、透水性增大等诸多不利后果。因此，需要建立考虑裂缝和渗流影响的混凝土坝服役过程性能劣化分析模型，定量描述混凝土坝服役过程性态变化规律；混凝土坝由正常服役状态转变到性能劣化的服役状态，有可能出现服役过程性态转异的情况，为此，需研究并提出混凝土坝服役过程性态转异分析方法，为及时处理隐患病害提供技术支撑。

全书共分 9 章。第 1 章绪论，扼要介绍本书内容。第 2 章混凝土坝服役状态监测信息处理方法，论述了混凝土坝服役状态监测信息系统误差、粗差处理方法及不完整监测信息处理方法。第 3 章混凝土坝服役过程影响因素及其响应挖掘方法，论述了混凝土坝长效服役影响因素的数据挖掘方法，结合随机森林法及 D-S 证据理论，建立了影响因素对混凝土坝服役过程性态作用效应的证据理论-随机森林评价模型。第 4 章混凝土坝服役状态监测信息时空特征分析方法，论述了混凝土坝服役状态监测信息变化特征表征方法，通过对面板数据模型公共影响因子提取，建立了混凝土坝服役状态监测信息随机系数面板数据分析模型。第 5 章混凝土坝服役状态的监测量诊断指标拟定方法，论述了以混凝土坝服役状态单测点和同类分区多测点监测量测值为基础的诊断指标拟定方法。第 6 章混凝土坝服役状态综合诊断理论与方法，论述了混凝土坝服役状态的变化态势及属性区间划分方法，在此基础上，通过对表征混凝土坝服役状态的各类监测量影响程度赋权方法的研究，构建了混凝土坝服役状态的多类监测量综合诊断方法。第 7 章混凝土坝服役过程性能劣化分析理论和方法，论述了裂缝、渗流影响下混凝土坝服役过程性能劣化分析方法，提出了不同工况下混凝土坝服役过程性能劣化分析模型。第 8 章混凝土坝结构服役过程物理力学参数反演方法，论述了处于不同工作阶段的混凝土坝服役过程变参数反演模式，提出了混凝土坝服役过程结构物理力学参数反演方法。第 9 章混凝土坝服役过程性态转异分析理论和方法，论述了基于小波分解的混凝土坝服役过程性态转异相平面模型识别方法的原理和优缺点，为了克服传统方法的不足，提出了混凝土坝服役过程性态转异面板数据模型识别方法。

本书内容主要来自作者读博期间的研究成果和近年来完成的多个科研项目成果，工程应用主要来自小湾、向家坝、陈村等科研项目的研究成果。在研究期间，河海大学吴中如院士、沈振中教授、夏继红教授、苏怀智教授、包腾飞教授、赵二峰副教授、陈波副教授、徐力群副教授、甘磊副教授给予作者许多指导、建议，同时本书在编写过程中参考了有关书籍、文献，在此向这些专家学者表示衷心的感谢！

本书的研究工作得到国家自然科学基金青年项目（51909173）、国家自然科学基金重点项目（51739003）、河海大学自由探索项目（B200201058）、国家大坝安全工程技术研究中心开放基金（CX2020B）、中央级公益性科研院所基本科研业务费专项资金项目（Y119002）的支持，在此表示感谢。

由于作者水平和经验有限，书中的谬误与不足之处在所难免，敬请同行和读者批评指正！

目录

第1章　绪论

1.1　研究的目的和意义

我国共修建了9.8万余座大坝，据统计，在高度60 m以上的大坝中，混凝土坝所占的比例约为60%。随着科学技术的发展，我国修建的混凝土高坝越来越多[1]，在建和拟建一批高混凝土坝，其中包括一批如305 m高的锦屏一级大坝、294.5 m高的小湾大坝以及289 m高的白鹤滩大坝等300 m级巨型工程[2]。对于混凝土坝工程而言，其运行条件十分复杂，除了承受库水、变温等长期荷载作用外，还受到环境变化引起的如冻融、溶蚀、碱骨料反应等影响，同时还要抵御非常条件如超大洪水、地震等突发性重大灾害的侵袭等[3]。混凝土坝长效安全服役不仅关系到整个工程的安危，而且对经济建设、社会安定与生态安全等具有重大影响。朱伯芳院士曾说过“优质实体混凝土坝可以长期服役，在采取必要的技术措施后甚至能够超长期服役”[4]。

随着对混凝土坝安全性要求的提高及工程实践水平的进步，安全监测仪器及自动化监测系统已被广泛应用于混凝土坝。同时随着监测混凝土坝服役状态的手段多元化，监测数据愈加繁多复杂，再加上复杂的监测环境和监测系统及传感器工作状态的多种干扰，导致混凝土坝服役状态监测数据具有模糊性和不确定性，监测数据与数据之间不仅可能存在互补和冗余，也会出现互相矛盾的现象，这对应用实测资料进行混凝土坝服役状态综合诊断提出了新的挑战。因此，只有结合混凝土坝工作机理，充分挖掘监测量在时间和空间上的变化规律，深入研究针对混凝土坝服役状态的分析方法和分析模型，才能实现对混凝土坝服役状态的有效诊断。

影响混凝土坝长效服役的因素复杂多变，其中裂缝和渗流因素不可忽视。由于混凝土在浇筑过程中不可避免地存在孔隙及材料的裂隙等缺陷，因此混凝土坝裂缝的产生十分普遍[5]。经统计分析，大约三分之二混凝土坝存在危害性裂缝[6]，裂缝的产生和发展，使得大坝的整体性下降，防渗性能降低，由此影响到大坝安全运行[7]。混凝土坝虽然渗透性较小，但在长期高水压作用下，大坝内部形成渗流场，渗流与应力的耦合作用会引起大坝应力场（或变形场）和渗流场变化规律的改变，有可能导致大坝运行性态向不利方向变化[8]。根据调查发现，三分之一的混凝土坝服役性态异常是由于坝基渗流等异常引起的，导致了大坝承载能力和防渗能力的降低[9]。国内由混凝土坝性能劣化引发的工程事故较多，例如：1962 年，梅山水库持续数月蓄水位高于常年蓄水位，右岸垛基突然大量漏水，达到 70 L/s，事故造成拱垛侧向变位和垛基上抬，大坝坝身产生几十条裂缝，出现垮坝险情，大坝无法正常运行，针对上述情况，于当年放空水库并进行补强加固；1983 年，湖南镇大坝 12 号坝段基础廊道渗漏量突然增加，与前年相同水位相比，渗漏量增加了 6 倍多，排水孔单孔流量最大达 32.83 m^3/d，帷幕几乎处于失效状态；1995 年，依然是该支墩坝，在超过 500 年一遇洪水位下，坝基渗流量大幅度增加，经现场检查，主要是由于灌浆廊道内几个不明渗水点引起，局部二期底板混凝土已顶裂，有一个渗水点射水高 2 m，已产生了管涌，泥沙污物被带出[10]。因此，对于混凝土坝而言，渗流问题和渗流与应力耦合问题应引起高度重视。此外，孔隙水压力作用易引起混凝土坝性能的劣化，带来大坝渗流场的改变，影响渗透力的大小和分布，甚至衍生出危害性裂缝的产生和扩展，从而导致大坝性能劣化的进一步发展[11]。由此可见，在分析混凝土坝服役过程性态变化规律时，除了充分考虑应力场与渗流场间耦合作用外，还必须考虑混凝土坝服役性能劣化与渗流作用的耦合关系，以及裂缝扩展形成宏观裂缝后产生的水力学效应。

综上所述，对海量监测数据进行有效处理，提取表征混凝土坝服役状态的有效信息，并建立相应的混凝土坝服役状态诊断模型和方法，对充分了解混凝土坝服役状态以及最大限度地发挥工程效益意义重大。在岩体性能分析中，常考虑渗流时变及其耦合作用[12]，然而对于混凝土坝渗流时变及耦合作用在国内外研究较少。从力学特性和水力特性角度看，混凝土与岩体有许多相似之处，因此，可借鉴岩体的研究成果用于研究混凝土坝渗流时变及其耦合作用，但是由于混凝土坝服役性能劣化机理十分复杂，再加上裂缝的影响，采用传统方法所建立的混凝土坝渗流与应力耦合分析模型难以体现混凝土坝服役性能劣化全过程。因此，需进一步研究并提出综合反映裂缝和渗流影响的混凝土坝服役过程性能劣化和性态转异的分析模型和方法。

1.2 混凝土坝服役状态诊断及转异分析方法

1.2.1 大坝监测信息数据处理方法

为了解混凝土坝的服役状态，通常利用监测信息进行评价。混凝土坝安全监测常包含变形、应力应变、渗流、环境量等项目，并通过人工或自动化监测获取混凝土坝服役状态监测信息。因此,这些监测信息是否可靠对于评定混凝土坝服役状态十分重要。若监测信息存在污染问题,则有必要对监测信息进行有针对性的预处理。目前主要的预处理方法有监测信息系统误差和粗差识别去除、缺失信息补全等。国内外众多学者在这方面已做了一定的研究,并取得了一批有价值的研究成果。

对于误差识别的研究,比较经典的方法是认为其与正常误差具有相同的方差、不同的期望,并建立相应的数学模型,利用统计学方法对可能存在的粗差进行检验。荷兰学者Baarda最早提出了以标准化残差作为统计量的粗差检验方法[13];陶本藻[14]提出了平差模型假设检验的统一方法;顾孝烈等[15]利用矢量分析法对多个粗差进行辨识。目前,学者们在经典方法的基础上进行改进,提出了较多粗差辨识的方法,其中:周元春等[16]基于传统方法,提出利用时空判别技术以及稳健性处理的粗差识别技术,对粗差进行辨识;邓波等[17]以统计模型的残差为基础,提出了四分点法,改进了传统方法对于环境量变化引起的奇异值与粗差辨识能力较差的问题;李波等[18]利用未确知滤波法对粗差进行识别,并基于传统方法对监测数据分段处理,提高了粗差辨识的能力;景继等[19]引入数学形态滤波对粗差进行辨识,基于不同的结构元素,利用数学滤波处理监测数据,据此对粗差进行识别;冯小磊等[20]综合了未确知滤波以及小波法的优势,对粗差进行辨识,该方法充分利用小波法能够识别出监测信息中所有可能存在的误差,未确知滤波能够对奇异值及粗差进行有效区分的优势,提高了粗差辨识的精度;王奉伟等[21]鉴于监测信息中的粗差与正常值频率不同,提出了基于局部均值分解的粗差辨识法,该方法将数据信号进行分解,分解后将高频分量中的模极大值视为可疑粗差,并结合统计方法对粗差进行辨识;苏千叶[22]综合了数据删除模型和均值漂移模型的优点对粗差进行辨识,前者引入Cook距离及W-K统计量,通过删除监测信息中的样本点对粗差进行辨识,后者通过增加漂移项对均值的影响来识别粗差,综合两者优势提高了粗差辨识的准确度。

针对缺失数据的处理,李双平等[23]通过对比几种经典插值方法,选取了三次Hermite分段插值法,对监测信息进行补全,实现了监测信息的均匀化处理;吕开云[24]探究了监测信息补全方法包括数学补全法及物理联系补全法,并介绍了监测信息线性补全法的原理和过程;屠立峰等[25]为了克服传统监测信息补全问题中容易出现的“龙格现象”,基于分形理论,提出了通过推求整体监测形态对缺失监测信息进行补全的分形插值方法;王娟等[26]基于同一监测项目测点监测信息的高度相似性,提出了基于KICA-RVM的缺失监测信息补全方法,该方法首先提取独立分量,并基于特征值谱寻找最佳特征变量,再利用关联向量机进行求解。目前,不少学者还提出了大坝监测信息缺失值空间插补方法,为大坝服役状态诊断奠定了较好的基础。胡天翼[27]基于空间邻近点的监测数据对缺失数据进行回归插补，提出了空间邻近点回归插值法和空间反距离加权插值法；刘秋实等[28]利用基于空间变异理论的克里金法对大坝监测信息缺失值进行插补，克里金法以变差函数为基础，研究空间分布结构特征的规律，综合考虑空间监测信息的随机性和结构性，通过实例分析，该方法能有效地对大坝缺失监测信息进行空间插值拟合；陈毅[29]为了克服缺失监测信息造成的大坝监测点分布不均及监测点之间空间间隔过大导致的大坝状态信息整体性不足的问题，提出利用径向基插值法对网格点进行位移插值，从而反映大坝监测信息分布的整体性。

本书在学者们研究的基础上，拟研究混凝土坝服役状态监测信息中系统误差的处理方法，并针对服役状态监测信息中可能存在的粗差问题，结合新型智能算法，尝试研究并提出基于萤火虫群自适应加权最小二乘支持向量机的粗差识别及去除方法；为解决混凝土坝服役状态监测信息部分缺失问题，通过对基于支持向量机模型的研究，提出了信息缺失处理方法。

1.2.2 数据挖掘技术研究现状

数据挖掘是揭示存在于数据内的模式及数据间关系的学科，它强调对大量数据的处理，是当前计算机科学研究的热点之一[30]。1989 年 8 月，在美国底特律召开的第十一届国际联合人工智能学术会议上首次明确了数据挖掘的概念，数据挖掘技术是知识发现的一个重要步骤，是从大量模糊的数据中提取有价值的知识和信息以供决策的过程[31]。从 1995 年起，美国人工智能协会每年举行一次关于数据挖掘的国际学术会议，将数据挖掘技术的研究推向了高潮。此外，国内外众多著名学术期刊也纷纷开辟了数据挖掘专题或刊物。

数据挖掘技术作为一种数据处理手段，广泛应用于金融、生物、医疗和电信等工程和科研领域[32]，其主要算法有分类规则、预测分析、关联算法、聚类算法、统计分析算法、神经网络和遗传算法等[33]。其中，随机森林法是集成了分类、预测、关联、聚类和统计分析算法的重要的数据挖掘方法之一，是以 Breiman[34]于 1996 年提出的 Bagging 算法结合 Ho[35]于 1998 年提出的随机子空间方法为基础，由 Breiman 于 2001 年结合上面两个方法所提出的[36]。自随机森林数据挖掘法问世以来，学者们对其进行了各种应用研究。

在生物信息学方面，Parkhurst 等[37]利用随机森林数据挖掘法，研究了海滩细菌密度对其他变量的影响；Perdiguero-Alonso 等[38]利用随机森林数据挖掘法将寄生虫作为标记对鱼类种群进行了判别；Smith 等[39]利用随机森林数据挖掘法分析了细菌追踪数据，并和判别分析法进行了对比。在生态学研究方面，Gislason 等[40]利用随机森林数据挖掘法对多源遥感的地理信息数据进行了分类，通过比较发现随机森林法与其他机器算法相比训练速度更快;Peters 等[41]分别利用随机森林数据挖掘法和 Logistic 回归算法,建立了生态水文分布模型,比较发现随机森林法的预测误差小于 Logistic 回归算法。在遗传学上,Díaz-Uriarte 等[42]利用随机森林数据挖掘法对基因进行了识别,并与其他方法进行比较,发现随机森林法得到的精度较高;Chen 等[43]利用随机森林数据挖掘法建立模型,研究了蛋白质相互作用关系。在医学研究方面,Lee 等[44]基于随机森林数据挖掘法提出了一种基于混合随机森林的肺结节聚类分类方法。在遥感地理学方面,Pal 等[45]利用随机森林数据挖掘分类法对遥感进行了研究。此外,Xu 等[46]基于随机森林数据挖掘法对语言进行了建模,并将其应用于语音自动识别;Auret 等[47]还将随机森林数据挖掘法应用到时间序列中,利用随机森林模型检测了动态系统中的变化点。另外,随机森林数据挖掘法还被运用于空间特征识别、网络完全检测和生物芯片等领域。

然而,在混凝土坝服役安全监测中,随机森林数据挖掘法还鲜有涉及。因此,本书基于随机森林数据挖掘法,尝试提出混凝土坝长效服役影响因素随机森林数据挖掘方法,利用该方法拟在海量原型监测数据中筛选出混凝土坝长效服役主要影响因素,对影响因素重要性进行排序,并对混凝土坝服役过程性态作用效应进行评价。

1.2.3 大坝服役状态分析模型

近年来,随着监测技术的进步和大坝安全监控理论的发展,对混凝土坝服役状态监测资料的分析正朝着由单测点到多测点,由局部信息到整体监测信息的方向发展;随着对服役状态监测点空间性质的进一步分析,混凝土坝服役状态监测资料分析的对象也由时间序列向时空序列过渡,例如,顾冲时等[48]基于空间三维坐标,提出了混凝土坝空间位移场时空分布模型建模方法;黄铭等[49]探究了确定性模型建模原理,并由单测点推广到多测点,建立了混凝土重力坝多测点变形二维分布模型和多测点变形向量模型。

随着混凝土坝服役状态分析方法研究的展开,目前已涌现出较多混凝土坝服役状态分析建模方法,由模型的发展历史及建模方法可大致分为传统分析建模方法以及智能算法建模方法。

(1) 传统分析建模方法

混凝土坝服役状态传统建模方法主要包括了统计模型建模、确定性模型建模和混合模型建模[50],均在实际工程中取得了显著效果。

统计模型包含了逐步回归模型、多元回归模型等,其建模原理基于坝工知识和力学原理,将混凝土坝的效应量值利用多项式进行表达,与实测序列进行对比并拟合,利用统计学理论和最优化方法对各效应量分量的参数进行估计和检验,最终建立混凝土坝服役状态统计分析模型。20 世纪 50 年代，Tonini 等[51]首次将影响大坝位移的因素分成水压、温度、时效三个分量，并运用多项式分别对这三个分量进行了表达；Marazio[52]利用有限元法计算出的水压、温度、时效分量建立回归模型；20 世纪 70 年代，河海大学陈久宇等[53]运用统计回归法对大坝原型监测资料进行分析，并对其分析结果加以物理成因解释；吴中如[54]从徐变理论出发，推导出了坝体时效位移的表达式，用周期函数模拟温度等周期荷载，并用非线性最小二乘法进行参数估计；顾冲时[55]以测点空间坐标作为影响因子，提出了大坝时空分布模型，能够较好地模拟坝体整体服役性态；李波等[56]基于碾压混凝土坝变形原位监测资料，提出了相应的时空监控模型，并对模型的拟合精度进行了讨论；Mata 等[57]将温度计测值作为温度分量代替季节性温度建立了统计模型，通过实例与传统统计模型的建模结果进行了比较。统计模型计算简单，预测精度较高，因此广泛应用于实际工程中，但其存在效应量变量分离时的多重共线性问题，从而影响分析及预测结果。此外，若监测序列过短，还可能会出现过拟合的现象[58]。

确定性模型的建模原理基于有限元等数值仿真方法，建立分析模型，反演相关物理统计学参数，确定边界条件，并通过实测值进行拟合，从而获得各效应量分量对应的调整系数[59]。例如：Gomezlaa 等[60]提出了混凝土坝坝基渗流量和扬压力的确定性模型；沈振中等[61]以坝体和坝基的黏弹性本构模型为基础，将确定性模型用于监控施工期变形性态，并计算了三峡大坝施工期坝体和坝基的黏弹性变形，为保证大坝施工期的安全提供了理论基础；何金平等[62]基于有限元计算分析，结合相应监测资料建立了二维分布模型，表征了重力坝空间变形场的分布规律；De Sortis 等[63]分别利用统计模型和确定性模型中的结构识别技术对某空心支墩重力坝进行分析，比较了两种方法，并对该重力坝未来性态变化进行了预测。

混合模型的建模原理为模型中部分因子通过统计模型确定，另一部分因子通过确定性模型确定，并将两种模型进行优化和融合[64]。例如：李珍照等[65]基于有限元方法确定水压分量，利用逐步回归法确定剩余分量，并将两种模型所确定的分量进行优化融合，由此建立了古田溪一级大坝水平变形混合模型；Bonaldi 等[66]综合运用有限元方法与实测数据，提出了混凝土坝的确定性模型与混合模型；Prakash 等[67]提出了一种监测混凝土拱坝性能的数据框架，基于水位、温度等变量，提出了一种混合模型预测大坝的服役状态。

(2) 智能算法建模方法

作为信息技术的热点领域，智能算法技术得到了蓬勃发展，其中许多算法陆续被应用到大坝服役状态监控领域[44]。其中，人工神经网络[68]运用最为广泛，其是一种模仿人类大脑运作原理，由单元相互连接，共同学习训练，最后进行综合决策的智能算法。例如：赵斌等[69]采用 BP 神经网络，以水压、温度、时效因子为 BP 网络的输入,大坝实测位移值为网络的输出,实现了大坝安全监测中的建模及预报;苏怀智等[70]运用结构独特且处理样本数据能力强大的模糊神经网络,建立了大坝位移、扬压力等的监控模型;包腾飞[71]在采用遗传算法及混沌优化算法改进神经网络的基础上,建立了大坝裂缝的预测模型;谢国权等[72]利用小波原理探究了混凝土坝变形的主要影响因素,提出了拱坝变形 BP 神经网络监控预测分析模型,对拱坝变形进行分析并预测;Fedele 等[73]利用人工神经网络对混凝土坝结构损伤状态进行了反演分析,在监测数据较少的情况下依然能够较准确地对大坝结构损伤状态进行求解分析;Popescu 等[74]提出了一种基于盲源分离神经网络学习规则求解混凝土坝荷载贡献的新方法,并将其应用于混凝土坝安全监测中;钱程等[75]有机结合了支持向量机算法和 RBF 神经网络法,并通过实例对比说明组合模型的精度明显优于单种算法模型。

目前,遗传算法[76]、粒子群算法[77]、萤火虫算法[78]等一批新兴的智能算法已经在混凝土坝服役状态分析领域得到应用,并取得了不错的效果。

然而智能算法建模仍然主要针对单测点服役状态监测数据,其选取的效应量分量和统计模型没有本质上的区别,因此智能算法模型对于多测点监测数据信息的处理能力仍然有所欠缺。

混凝土坝作为一种大型水工混凝土结构,其结构在不同尺度上具有一定的整体性,不同区域的服役状态有可能是相互影响、相互关联的;因此,本书拟基于空间多测点模型对混凝土坝服役状态进行分析方法的研究,由于面板数据模型[79]能够较好地刻画混凝土坝服役状态监测信息序列中包含的时间和截面两个维度的信息,因而重点尝试探究利用面板数据模型分析混凝土坝时空变化特征的技术,在此基础上,借助因子分析法寻求面板数据模型的公共影响因子,据此建立有效的混凝土坝服役状态监测信息面板数据分析模型,从而分析混凝土坝服役状态监测信息时空变化规律。

1.2.4 大坝服役状态诊断方法及诊断指标

对混凝土坝服役状态进行诊断,通常需要利用采集得到的混凝土坝监测资料,运用数学、力学等方法,建立表征混凝土坝服役状态各效应量(如变形、渗流等)的分析模型,从而从多个方面分析混凝土坝在施工或运行期的服役状态,同时,应用分析模型进行分量分离,据此判断不同环境荷载作用对混凝土坝服役状态的影响程度,从而可以更加合理、完善地管理混凝土坝的建设或运行[80]。

对于大坝服役状态的诊断,在建立各分析模型的基础上,还应拟定合理的诊断指标。运用传统的力学、统计学拟定诊断指标的方法主要有:置信区间法、极限状态法、小概率法等。吴中如等[81]基于数值模型分析法,拟定了大坝变形、渗流、应力等的诊断指标；顾冲时等[82]在此基础上，提出了基于三维黏弹塑性大变形理论的混凝土坝服役状态三级诊断指标的拟定方法及原理；吴中如等[83]基于小概率法及极限状态法，对混凝土坝变形的诊断指标进行了拟定，并取得了较好效果；何金平等[84]总结了大坝结构实测性态诊断指标设置原则，在此基础上，构建了大坝结构实测性态多层次诊断指标体系；杨捷等[85]对于构建的大坝结构实测性态诊断指标，结合大坝实测资料的数值表现及趋势，提出了诊断指标的量化方法；尉维斌等[86]探讨了多种影响混凝土坝安全的因素，建立了一套判别大坝安全的模糊综合诊断指标体系；张彩庆和解永乐[87]从全面可测性检验以及独立性检验两个方面，优化了诊断指标体系；王春枝[88]研究了安全诊断指标一致化和无量纲化的处理方法，提出在进行综合诊断前，需对诊断指标进行有效筛选及预处理。

近年来，诸多学者将更多的新技术、新理论引入诊断指标的拟定中来。张磊等[89]采用模糊数学理论，确定诊断指标隶属度函数，从而量化混凝土坝健康诊断指标；徐波等[90]将灰色理论、Jousselme 距离函数引入诊断指标的定量拟定分析方法中；李占超等[91]基于运动稳定性理论，拟定了判定大坝是否发生转异的监控指标；丛培江等[92]采用最大熵原理，通过推导基于大坝监测数据的熵概率密度函数，计算了大坝安全监控指标；苏怀智等[93]基于极值理论中的 POT 模型，以超限数据序列作为建模分析的对象，拟定了大坝服役性态预警指标，可较为客观地反映工程服役状态；朱凯等[94]结合原始监测数据，利用云模型中正、逆向云发生器分析了监测数据的期望、熵、超熵等数字特征，从而确定了大坝安全监控指标；孙鹏明等[95]采用投影寻踪方法生成大坝不同高程处位移序列投影值及位移权重，并运用正逆向云模型对大坝位移安全监控指标进行拟定；Ansari 等[96]对混凝土重力坝震后健康监测损伤指标进行了分类。还有一些学者基于监测数据的非线性特性，综合运用非线性理论及方法对大坝进行诊断。顾冲时等[97]提出了利用突变理论中尖点突变模型判断大坝及岩基稳定性；李雪红[98]引入相空间重构技术，重构时效变形相平面，从而识别裂缝的转异点及转异时间；包腾飞等[99]应用动力学结构突变和统计学模型突变检验方法获取混凝土坝裂缝的转异点；杨景文等[100]采用小波变换分析大坝裂缝转异，从而研究裂缝的产生对大坝工作性态的影响；李占超等[101]基于小波多尺度分解法，提出了混凝土坝裂缝开合度混沌分量的提取方法；陈继光等[102]利用离散小波分析方法对大坝变形数据进行了处理；Lew 等[103]以大坝实测的静力变形为基础进行建模，提出了一种长期监测大坝结构健康的新方法；Alembagheri 等[104]基于非线性增量动力分析对混凝土拱坝服役状态进行评估。

由于混凝土坝服役状态监测信息构成多样，各类监测量所表征的混凝土坝服役状态侧重不同，因此本书尝试研究提取表征混凝土坝服役状态单测点监测量中混沌分量的理论，据此提出基于单测点监测量的混凝土坝服役状态诊断指标拟定方法;随后综合运用监测量面板数据分析模型和信息熵理论,研究并提出混凝土坝服役状态多测点监测量诊断方法。

1.2.5 大坝服役状态综合诊断

大坝服役状态综合诊断是指通过对各类监测数据和信息合理的处理,从而获得其与影响量之间的定性或定量关系,并运用一定的数学方法或专家经验进行综合分析,最终对大坝的服役状态做出整体性评判[105]。

诊断技术是大坝服役状态综合诊断的研究重点,现有的大坝服役状态综合诊断主要基于模糊数学方法,其诊断技术主要有模糊聚类分析、模糊综合评判、模糊模式识别等。尉维斌等[106]基于模糊综合评判原理,构建了一个大坝模糊综合评判决策模型;吴中如等[107]采用模式识别与模糊评判法,提出了大坝安全综合评判整体框架;王绍泉[108]基于模糊数学理论,建立了大坝安全分析的多层次阈值模糊综合评判模型,并对其相应的求解矩阵进行了求导;马福恒等[109]以模糊控制理论和专家经验为依据,运用模糊综合评判法对复杂结构混凝土坝的原型结构性态进行了模糊可靠度分析。

近十几年来,随着现代数学方法及计算机技术的发展,一些具有智能化及信息化特性的理论及方法如信息熵理论、灰色理论、粗糙集理论、可拓理论、云模型理论等,为大坝服役状态综合诊断提供了有利的依据。吴云芳等[110]基于灰关联原理,提出了大坝实测性态的多级灰关联评估方法,据此对大坝健康状态进行综合评价;何金平等以大坝实时性态为基础,提出了混凝土坝综合评价指标体系和评价等级划分方法,进而实现了对混凝土坝实时性态的多层次综合诊断;廖文来等[111]综合运用集对分析理论从同异反三个方面研究事物确定及不确定因素的优势,构建了基于集对分析的大坝综合评价模型;赵利[112]通过对病险水库可能造成的人员伤亡与财产损失进行探讨,提出了用于评价溃坝后果的灰色模糊综合评判方法;何金平等[113]将属性识别理论的原理运用于大坝安全综合评价,讨论了大坝结构性态的综合评价问题;吴云芳等[114]研究了基于改进 BP 神经网络的大坝综合评价方法,据此获得了更加接近人类思维的综合评价结果;何金平等[115]以可拓学理论为基础,确定了大坝状态的经典域和节域,构造了大坝安全综合评价关联函数,从而建立了大坝健康状态可拓学综合评价模型;郑付刚等[116]以监测仪器运行状态的不稳定性为依据,对大坝健康状态多层次模型综合评判方法进行了改进;何金平[117]基于信息熵理论,给出了大坝安全综合评价指标熵权的表达方式,并运用互信息的基本原理,挖掘大坝实测资料中的有效信息,为大坝健康状态的诊断提供了新思路;陶丛丛等[118]将 D-S 证据理论引入大坝健康诊断中,利用证据理论在表达及组合不确定性等方面的优势,提高了大坝健康综合评价的准确性;何金平等[119]针对大坝健康状态监测信息中存在的不确定性，利用云模型数字特征刻画大坝健康综合评价结果，该结果不仅顾及监测信息的不确定性，而且对大坝健康状态做出了合理评价，证明了云模型理论在大坝健康状态综合评价中的可行性；刘强等[120]综合运用灰色模糊数学和层次分析法理论，构建了基于灰色模糊理论的多层次大坝健康状态综合评价模型；曹晓玲等[121]采用向量相似度的原理定义了大坝综合评价指标的权重，从而建立了基于向量相似度的大坝健康状态综合评价模型。

在坝工领域中，许多学者对大坝健康综合评价系统有一定深入的研究。吴中如等[122]提出并构建了由综合推理机、知识库、工程数据库和图库组成的大坝安全综合评价专家系统，通过对该四库的综合调用，实现对大坝运行性态的实时监控；Chelidze 等[123]建立了基于遥感勘测的多测点大坝监测系统，实时监测大坝工作性态；王建[124]分析了大坝安全专家系统中的集成智能问题，建立了基于知识发现技术的智能知识集成；苏怀智等[125]介绍了二滩大坝在线监控系统中在线实时分析和在线反馈分析两大子系统，利用该系统可对大坝的运行状况进行实时监测与分析；顾冲时等[126]研究了大坝安全监控及反馈分析系统的研发目标和体系结构，该系统可以科学有序地管理监测信息，进而实现对大坝服役状态的综合分析和评价；彭虹[127]基于数据仓库和联机分析处理技术，并结合专家系统，建立了基于数据仓库的大坝综合评价决策支持系统；严良平[128]综合运用计算机通信技术、网络技术、数据库技术和人工智能等，对大坝远程健康诊断系统的关键技术进行了具体分析；河海大学研究并开发了龙羊峡大坝安全综合评价专家系统[129]、水口水电站在线安全监控及反馈分析系统等[130]；苏怀智等[131]探讨了实现大坝安全监控的智能融合理论和方法，将应用知识工程、信息智能处理等理论与传统的数学、力学方法有机融合，完成大坝安全监控中的各项监测工作；赵二峰等[132]采用菱形思维模式和物元的可拓性理论，构建了大坝安全的可拓策略生成系统，据此判定大坝整体安全情况。

混凝土坝服役状态诊断本质上是一个多层次、多指标且具有不确定性的复杂评价问题，因此，本书综合运用层次分析法，尝试提出混凝土坝服役状态诊断等级属性区间优化划分方法；通过对各类监测量表征混凝土坝服役状态影响权重的研究，提出混凝土坝服役状态综合诊断方法。

1.2.6 坝体混凝土损伤本构模型以及渗流-损伤耦合研究进展

1.2.6.1 坝体混凝土损伤本构模型

基于连续性变量，Kachanov[133]首次提出了描述受损材料力学性能的时变过程；Rabotnov[134]首次提出损伤因子的概念；Lemaitre[135]创建了由有效应力概念表征的连续损伤力学；1976 年，Dougill[136]首次提出了表征混凝土材料刚度退化现象的损伤力学方法，从此掀起了研究混凝土材料损伤力学的高潮。在此基础上，通过学者们的不断努力，形成了较为完善的损伤力学理论体系[137]。

尽管学者们对混凝土材料损伤本构关系进行了深入的研究，但由于混凝土材料组成十分复杂，虽然经过学者们的不断努力，提出了一些不同的损伤模型[138]，但迄今为止，尚未找到一个较为理想的弹塑性损伤模型[139]。

（1）弹性损伤模型与弹塑性损伤模型

从变形是否可以恢复的角度，混凝土损伤模型可分为弹性和弹塑性损伤两类模型，其中弹性损伤模型不考虑不可恢复变形的影响，只考虑损伤对刚度退化的影响[140]。在 Mazars 提出的模型中，应力达到峰值应力前，应力与应变呈线性关系，材料无损伤，当应变超过峰值后损伤开始发展；Løland[141]提出的模型将损伤定义为应变的线性函数，认为应力与应变在峰值后依然呈线性关系，当应力超过峰值后损伤开始发展；Sidoroff 等[142]定义了损伤面并提出了能量等效性假设；从能量变化的角度，Krajcinovic 等[143]重新定义了损伤面。弹性损伤模型应用比较方便，但明显的缺点是未考虑不可恢复变形对材料性能的影响，因而不能反映混凝土加载中的塑性变形。弹塑性损伤模型既考虑了混凝土受荷过程中材料刚度的减小，同时还考虑了应变软化和不可恢复变形的影响。Lubliner 等[144]提出了一种基于塑性理论内变量的本构模型，同时考虑了弹性刚度和塑性刚度的劣化效应；Yazdani 等[145]基于压应力建立了损伤面，提出了可以表征压缩时损伤引起的塑性变形的模型；Lee 等[146]利用应力的谱分解形式建立了考虑循环加载的弹塑性损伤模型，并给出了该算法的一致切线刚度公式。

（2）各向同性损伤模型和各向异性损伤模型

Kachanov 模型将损伤变量定义为只有大小、没有方向的标量；在假定损伤有效面积的减小等效于弹性模量的减小的前提下，基于损伤前、后弹性模量的变化，Lemaitre 等首次定义了损伤变量。事实上，混凝土微裂纹的产生和发展均具有各向异性损伤特征，即混凝土材料力学性能在不同方向均会产生程度不同的劣化。Kachanov 基于三个正交主应力方向的净面积，定义了三个不同方向的损伤变量；Krajcinovic 从矢量分析的角度定义了损伤变量。虽然混凝土各向异性损伤模型能较好地反映材料的劣化机理，但模型比较复杂；各向同性损伤模型在数值实现上相对简单，但单标量损伤模型描述混凝土材料损伤过程不理想，因而目前学者们常采用拉、剪或拉、压双标量损伤模型对坝体混凝土材料力学性能劣化进行描述。

（3）损伤模型积分算法

在混凝土本构求解过程中需事先选择一个较为合适的本构积分算法，算法的合理选择直接影响计算收敛速度和精度，目前常采用显式积分算法[147]和完全隐式积分算法[148]。李杰等学者认为显式积分算法在应力更新时不可避免地出现应力偏离屈服面现象，导致精度较差。然而，显式积分算法是基于传统塑性理论建立的[149]，有明确的理论依据且编程较为简捷，该算法得到了国内外不少学者的青睐，同时，学者们也在不断努力对该算法进行改进。基于子增量法，Owen 等提出了将屈服面的应力分步回拉的方法，提高了计算精度；Sloan 基于迭代法，对弹塑性比例因子进行了修正，并基于 Nayak 等[150]的研究成果，提出了回拉后仍然再次偏离屈服面的应力再次回拉的方法，对更新后的应力和内变量进行修正[151]；Krieg 等[152]学者研究后指出，显式积分算法在增量步较小时，能够收敛并且计算精度较高，但该算法在增量步较大时可能会不收敛。相比于显式积分算法，完全隐式积分算法具有无条件稳定性，且增量步较大时依然能够完全收敛，同样得到了学者们的广泛应用。利用平衡迭代的方法，完全隐式积分算法能保证更新后的应力一直处于屈服面上，计算精度也能得到保证，但该方法计算容量大且耗时长，与此同时，该算法在本构模型求解时，需要对塑性模量和塑性流动方向梯度进行理论推导，这无疑又增加了相当一部分工作量[153]。因此，对上述方法依然需要进一步完善。利用 Mises 模型，Krieg 对比分析了上述两种算法的计算精度；基于 Cam-Clay 模型，Potts 等比较了由 Sloan 修正的上述两种算法的计算精度[154]；利用 Potts 的研究成果，Manzari 等[155]对上述两种积分算法的计算效率和稳定性进行了对比分析。

1.2.6.2 渗流-损伤耦合研究进展

岩体力学中渗流-损伤耦合应用较广，杨延毅等率先建立岩体渗流-损伤耦合模型，并在实际问题中推广运用[156]。柴军瑞[157]、戴永浩[158]、贾善坡[159]等学者基于孔隙率建立了岩体渗流-孔隙率-损伤耦合模型。杨天鸿[160]、沈振中[161]等学者基于 Louis[162]提出的渗透系数与应力负指数关系，修正了渗流-应力-损伤耦合等效连续介质模型，该方法被学者借鉴到混凝土坝渗流-损伤耦合问题求解中，但是该模型未能考虑随着损伤的不断增大，损伤对于渗透系数的作用越来越敏感的问题[163]；此外，该模型主要适用于脆性破坏岩体，难以体现坝体混凝土材料的塑性性质。

针对以混凝土渗透系数为桥梁分析渗流与损伤耦合问题，国内外学者已开展了一系列研究。Gérard 等[164]通过试验研究，定性分析了渗透系数与损伤变量的关系；Bary 等[165]利用损伤张量，研究了混凝土坝材料渗透系数与损伤变量之间的关系；Gawin 等[166]利用一个单标量损伤变量综合反映混凝土材料的受拉损伤和受压损伤，并通过试验建立了高温工况下混凝土材料渗透系数与温度、气体压力及损伤变量的关系；Choinska 等[167]通过试验，研究了高温和应力共同作用引起的混凝土材料损伤与渗透系数之间的关系，其结果与 Gawin 的研究成果相吻合；Picandet 等[168]以弹性模量相对减小为准则定义了损伤变量，经优化分析，建立了气体的渗透系数与损伤变量的关系式，但该关系式只适合于混凝土材料损伤程度较低的情况;Jason 等[169]通过将混凝土轴压试验结果与 Picandet 提出的方法比较,发现当损伤较小时两者吻合度较高,从而证明了该关系式的可行性;在对 Picandet 研究方法的基础上,Pijaudier-Cabot 等[170]提出了研究改进方法,并建立了混凝土材料渗透系数与损伤变量的演化方程;Liu 等[171]通过试验,研究了混凝土材料损伤对氯离子渗透性能的影响;Wei 等[172]通过混凝土单轴压缩损伤试验,测试了氯离子的渗透性,导出了渗透系数与损伤变量的关系。张勇等[173]和卞康等[174]学者通过引入渗流-损伤突跳系数,建立了混凝土材料损伤变量和渗透系数的演化方程,提出了多轴状态下渗流-损伤耦合模型。

综上所述,对于混凝土渗流-损伤耦合的研究概括起来可分为三类:①通过试验建立混凝土渗透系数与损伤的关系;②通过试验建立混凝土氯离子扩散系数与损伤变量的关系;③借鉴岩体的渗流-损伤耦合理论。方法①是建立混凝土材料渗流-损伤耦合关系最直接有效的方法,但是混凝土材料的渗透性小,易于造成测量误差较大,且混凝土材料本身的复杂性及初始损伤的存在,导致试验十分复杂且难以实现,关于这方面的研究未见公开报道。方法②研究的并非是水的渗透系数与损伤变量的关系,对于混凝土渗流-损伤耦合问题并不完全适用。由于混凝土与岩体的力学特性及水力学特性有较多相似之处,因此,在研究混凝土渗流-应力耦合作用时,通常采用方法③借鉴岩体的研究成果对混凝土渗流-损伤耦合问题进行研究。

本书借鉴了岩体渗流-损伤耦合理论,结合 Pijaudier-Cabot 的研究成果,经改进,由此建立适用于坝体混凝土材料的渗流-劣化耦合演化方程。本书着重研究混凝土坝服役过程性能劣化,其中混凝土性能劣化与混凝土损伤有其相似性,因此后文中用服役过程性能劣化表征损伤。

1.2.7 混凝土坝服役过程性态物理力学参数反演分析研究现状

在重大工程设计中,通常采用传统的正分析方法来进行混凝土坝的安全评估,但是正分析数学模型所需要的各种参数一般是根据人们的经验或试验的方法确定。坝体物理力学参数的取值是坝工设计,分析坝体与坝基的应力、变形以及裂缝形成机理等的基础。但对于运行多年的混凝土坝,其实际的物理力学参数与设计及试验值有时相差较大,从而影响了原型监测资料的分析质量,难以反映实际结构力学行为的变化。目前,常采用室内外试验的成果来确定物理力学参数,受试验条件的限制,仅利用试验资料来估计主要物理力学参数是不够的,有必要对混凝土坝的主要物理力学参数进行反演分析。运行期大坝安全监控中的参数反演分析,除了确定正分析时所需的计算参数外,更重要的是基于反演成果来分析混凝土坝服役过程性态变化规律。在大坝安全监控中,需要获取应力、应变、位移、渗流以及温度等监测资料，其中位移监测资料最易获取，且能综合反映工程性态变化状况，因此有关确定位移大小的物理力学参数反演分析在实际工程中应用较多。对于实际工程中复杂的反演分析问题，常将参数反演问题转化为目标函数的极值求解问题。Gioda 等[175]利用隧道开挖中地表沉降来反演地基的变形模量，并基于反演成果确定了沙土地基中隧道需要加固处理的区域；李占超等[176]建立了拱坝施工期变形监控模型，从中分离出水压分量，并基于改进的粒子群算法，反演了施工期拱坝的物理力学参数；冯帆[177]基于数值仿真和解析求解方法，构建了大坝沉降与弹性模量间的关系，利用混合模型反演了溪洛渡拱坝施工期的力学参数；Sortis 等[178]建立了位移混合模型，反演了混凝土支墩坝的物理力学参数。

传统的优化反分析依赖于初值的选取，难以处理多参数反演问题，为了克服传统方法的不足，不少学者将人工智能方法引入水利和土木工程的参数反演中。该方法具有较强的非线性映射能力，仅需要少量样本即可建立待反演参数与监测效应量之间的关系，减少了迭代次数，提高了反演的精度和效率。Gu 等[179]综合运用均匀设计、偏最小二乘回归和最小二乘支持向量机方法，反演了碾压混凝土坝的力学参数；Zheng 等[180]和 Yu 等[181]集成融合多输出支持向量机和神经网络与优化算法，对土石坝堆石体 E-B 本构模型中的参数进行了反演分析；朱国金等[182]基于神经网络方法，反演分析了某混凝土坝坝体弹性模量及其时变规律；Feng 等[183]为了分析三峡永久船闸高墙稳定性，采用神经网络法与遗传算法，反演了三峡永久船闸基础不同部位岩体的变形模量；Zhu 等[184]基于人工蜂群算法与最小二乘支持向量机，反演了地下工程岩体的力学参数；Liang 等[185]综合运用人工神经网络和粒子群算法，反演了大岗山大坝高陡边坡的物理力学参数。

对于岩体和混凝土材料而言，均具有流变特性，该特性使工程产生不利的时效变形，为分析时效变形的变化规律及其对工程的影响，需要反演分析流变参数。黄耀英等[186]基于安全监控模型分离得到的时效分量，结合实测应变资料，对坝体混凝土的徐变度和广义 Kelvin 模型参数进行了反演分析；李德海[187]采用解析和数值反演方法，反演得到多组洞室 Kelvin 体流变参数作为数值模拟的初值，根据实测位移值，利用 BP 神经网络法反演了围岩的黏弹性力学参数；Wu 等[188]结合糯扎渡高土石坝施工过程中的变形监测信息，利用人工神经网络法代替有限元法，并采用遗传算法进行网络训练和参数优化，反演了 E-B 模型以及土体七参数蠕变模型中的参数；Sharifzadeh 等[189]进行了三轴岩石蠕变试验拟定待反演参数的初值，采用基于变形的单变量优化法反演了 Burgers 模型中的流变参数；张强勇等[190]基于大岗山水电站坝区软弱岩体和断层破碎带的承压试验资料，对广义 Kelvin 模型中的物理力学参数进行了反演分析。

基于以上分析研究，本书经过对混凝土坝服役过程物理力学参数渐变规律的分析，尝试提出混凝土坝服役过程性态物理力学参数优化反演方法，并对参数变化规律进行分析。

1.2.8 混凝土坝服役过程性态转异研究进展

混凝土坝服役过程性态的转异主要是指混凝土坝当前状态的力学行为、统计特性和动力特性与前一状态具有显著差异，混凝土坝服役过程性态的转异，使得混凝土坝服役过程性态演变规律发生了改变，进而导致整个混凝土坝结构安全状态发生异常[191]。因此，对混凝土坝服役过程性态的转异进行诊断，不但可以分析、评价和归纳混凝土坝服役过程性态以往的演变规律，而且还能够及时地辨识混凝土坝服役过程性态当前的转异状态，甚至能够对混凝土坝性态以后的发展规律和安全状态提出建议。

顾冲时等[192]利用原位监测资料，采用小概率法，提出了反演坝体混凝土的断裂韧度方法，分析了大坝稳定性，辨识了可能发生的性态转异；顾冲时等[193]还研究了利用突变理论分析大坝及岩基稳定性的基本原理，提出了利用尖点突变模型分析大坝和岩基稳定状况，建立了大坝性态转异判据；包腾飞等[194]探究了裂缝开度变化规律，在此基础上，提出了混凝土坝裂缝稳定性、性态转异判据；沙迎春[195]基于突变理论，建立了混凝土坝裂缝稳定性转异判据；李雪红等[196]利用小波分析和突变理论，提出了混凝土坝裂缝转异诊断的分析模型，并基于相空间重构技术，重构了时效变形的相平面，由此确定了混凝土坝裂缝转异点的转异时刻；Gu 等[197]为了对混凝土坝的裂缝进行动态诊断，提出了动力学模糊互相关因子指数法；李占超[198]基于统计学的理论，提出了混凝土坝不同性质裂缝转异诊断判据；赖道平等[199]基于大坝原位监测资料提出了利用分形维数判别大坝是否发生转异的方法；徐波等[200]基于云模型，建立了混凝土坝裂缝转异诊断的两种判据。

本书在传统转异诊断方法的基础上，拟开展混凝土坝服役过程性态转异面板数据识别方法的研究，其原理基于面板数据变点理论，而关于面板数据变点理论研究的文献相对较少。其中，Joseph 等[201]是最早研究面板数据变点问题的学者，提出了随机变点模型，将随机变点模型推广到自回归变点模型，并研究了贝叶斯框架下的面板数据变点模型[202]；Wachter 等[203]利用 GMM 模型检验了动态面板数据变点；Bai 等[204]讨论了当变点出现在面板数据的均值和方差中时，变点的估计与极限分布问题。研究表明，在一定条件下，利用拟极大似然估计（QML）法得到的变点估计依照概率收敛于真实值；Bischoff 等[205]利用回归模型检测了面板数据的变点；Horvath 等[206]研究了面板数据的变点估计的统计学相关性质，并给出了其渐近分布；Chan 等[207]研究了面板数据中变点估计量的尾部逼近；Karavias 等[208]学者利用单位根检测了面板数据的变点；王新乔[209]将半参数模型与面板数据相结合，研究了面板数据半参数模型变点问题；李明宇[210]将时间序列 AR 模型推广到面板数据模型，研究了面板数据 AR 模型的变点问题。综上所述，国内外对面板数据变点问题研究正逐步形成一个体系，本书将面板数据变点问题的研究思路引入混凝土坝服役过程性态转异分析中，将转异问题转化为面板数据变点检验问题，借鉴学者们的方法并加以改进，由此实现对混凝土坝服役过程性态转异的辨识。

1.3 重点解决的关键科学技术问题

混凝土坝服役状态的监测量信息是了解混凝土坝服役状态的基础资料，但由于混凝土坝所处水文地质及工程地质环境复杂，作用荷载多变，因而表征混凝土坝服役状态的监测量信息具有多体系、多层次和不确定性等特点，因此，如何挖掘混凝土坝服役过程中的主要影响因素及有效地应用各类监测量诊断混凝土坝健康状态是亟待解决的一个问题。同时在对混凝土坝服役过程性态分析时，不仅要考虑渗流对性能劣化的影响，还应该考虑宏观裂缝及渗流等组合影响；此外，如何确定混凝土坝服役过程性态转异的转异时刻及转异位置等问题需要进一步研究和解决。

(1) 混凝土坝服役状态监测信息量大，同时还受到环境变化、监测仪器故障和人为操作失误等众多因素影响，使得获取的监测信息可能存在系统误差、测值残缺、测值干扰、重复冗余、粗差等数据污染问题，因此需要研究和提出有效的混凝土坝服役状态监测信息预处理方法，以获得真实、可靠的表征混凝土坝服役状态的监测信息。

(2) 混凝土坝承受各种荷载、环境因素及其组合作用的影响，还要承受来自于侵蚀与腐蚀、材料性能劣化等的影响，混凝土坝能否长效服役还与混凝土坝浇筑质量、管理水平等多方面影响因素有关，为了更好地掌握混凝土坝长效服役过程中性态变化规律，首先应了解哪些因素影响着混凝土坝长效安全服役，在此基础上，需要对混凝土坝服役过程主要影响因素进行挖掘。

(3) 为综合反映各类监测量间的时空相互关联性，需研究表征混凝土坝服役状态的监测量聚类分区方法；同时，为了分析不同分区监测量的时空变化规律，需探究体现监测量变化规律的公共影响因子构建方法，在此基础上，建立基于监测量的混凝土坝服役状态分析模型。

(4) 由于表征混凝土坝服役状态的监测信息构成多样，各类监测量所表征的混凝土坝服役状态侧重不同，因此在对混凝土坝服役状态诊断时，首先要解决基于不同测点监测量拟定混凝土坝服役状态诊断指标问题，在此基础上，需系统研究并提出基于多测点监测量的混凝土坝服役状态诊断指标拟定方法。

(5) 对于混凝土坝而言，表征其服役状态的各类监测量之间是紧密关联的，混凝土坝服役状态通过各类监测量测值变化具体体现，且各类监测量测值变化与荷载有关，因此需要了解混凝土坝在复杂多变荷载等作用下服役状态的变化态势，并提出相应的分析方法；同时需进一步探究混凝土坝服役状态诊断等级划分方法，并通过对各类监测量对混凝土坝服役状态表征程度赋权方法的研究，提出综合诊断混凝土坝服役状态的方法。

(6) 混凝土坝随着运行时间的增长，有可能会出现程度不同的性能退化、病变、失事风险增大等问题，对工程的健康服役产生重大影响；在混凝土坝服役过程性能劣化研究方面，虽然国内外学者通过大量的试验和理论研究，获得了有一定价值的成果，但在混凝土坝服役过程中，性能劣化除了受荷载或环境等单一因素作用外，常常受到多种因素的协同作用，因此有必要研究多因素影响下混凝土坝服役过程性能劣化问题。

(7) 在重大工程建设和运行中，通常采用传统的正分析方法来对混凝土坝服役性态进行评估。由于服役多年的混凝土坝的实际的物理力学参数与设计及试验值相差较大，因此有必要对混凝土坝物理力学参数进行反演分析，但传统方法反演精度不够，迭代次数较多，反演效率较低。因此，应进一步研究并提出反演精度高、反演速度快的方法，分析参数随时间的变化规律。

(8) 混凝土坝由正常服役状态转变到服役过程性能劣化状态，进一步有可能出现服役过程性态的转异，为了有效地对混凝土坝服役过程性态转异进行识别，学者们提出相平面空间法、突变理论法等传统方法进行辨识；然而，传统方法由于其局限性，对于转异时刻和转异位置的判断并不准确，因此有必要提出新的混凝土坝服役过程性态转异分析方法。

1.4 研究成果概述

(1) 为解决混凝土坝健康状态监测信息中系统误差去除问题，提出了基于差分迭代法分离系统误差的方法；针对混凝土坝健康状态监测信息中有可能存在粗差的问题，研究了萤火虫群自适应加权最小二乘支持向量机理论，由此提出了混凝土坝健康状态监测信息中粗差识别和处理方法。

(2) 由于监测因素和管理等原因，混凝土坝健康状态监测信息存在部分缺失问题，为解决该问题，通过对传统方法原理的研究，指出了传统方法存在的局限性，由此提出了基于支持向量机的部分信息缺失处理方法，该方法能充分反映利用缺失信息监测点与多点完整信息监测点之间的时空相关关系，通过多样本学习解决了测点单值或多值缺失补全问题。

(3) 分析了影响混凝土坝长效服役的主要影响因素，为了从海量原位监测数据中筛选出混凝土坝服役过程主要影响因素，建立了混凝土坝长效服役影响因素随机森林数据挖掘方法；综合运用证据理论和随机森林法，提出了混凝土坝服役过程性态的影响因素作用效应证据理论-随机森林评价模型，实现了混凝土坝服役过程性态变化影响因素作用效应的有效评估。

(4) 通过对混凝土坝健康状态监测信息时间、空间上特征的分析，研究混凝土坝健康监测信息全时间序列的相似性指标及其度量方法，基于模糊 C 均值算法，构建了混凝土坝健康状态全时间序列监测信息分区准则；探讨了混凝土坝健康监测信息关键点序列的提取方式，在此基础上，提出了混凝土坝健康状态监测信息动态聚类分区方法。

(5) 研究了混凝土坝健康状态影响因子的构建方法，基于因子分析法思想，探讨了混凝土坝健康状态监测信息相互独立的公共影响因子提取方法，据此建立了混凝土坝健康状态监测信息随机系数面板数据分析模型，实现了对混凝土坝健康状态监测信息时空变化特征的辨识，并为混凝土健康状态的综合诊断提供了理论基础。

(6) 在提取表征混凝土坝健康状态单测点监测量信息中混沌分量的基础上，提出了基于单测点监测量的混凝土坝健康状态诊断指标拟定方法；综合应用监测量面板数据分析模型和信息熵理论，考虑监测量的有序和无序属性，由此提出了相应的混凝土坝健康状态多测点监测量信息熵诊断指标拟定方法。

(7) 通过构建荷载监测量与最不利工况荷载间灰色投影关系，提出了混凝土坝健康状态的变化态势分析方法；综合运用层次分析法，提出了混凝土坝健康状态诊断等级属性区间优化划分方法；同时在对各类监测量表征混凝土坝健康状态影响权重研究的基础上，建立了混凝土坝健康状态多类监测量信息诊断方法，并通过工程实例，验证了所提出方法的可行性和有效性。

(8) 研究了混凝土坝裂缝演化过程能量变化及表征方法，以此为基础，探讨了混凝土坝裂缝演变双 G 法判定准则，从熵理论的角度，建立了混凝土坝裂缝演变熵理论判定准则，据此对混凝土坝裂缝扩展状况进行判定。

(9) 研究了库水位变化对混凝土坝渗流的滞后效应，在此基础上，建立了充分考虑渗流变化滞后效应的分析模型；通过反演混凝土坝各分区不同时段的渗透系数，建立了渗透系数时变分析模型，实现了综合运用上述模型对混凝土坝渗流演变规律进行评估的目的。

(10) 探究了混凝土坝服役过程性能双标量弹塑性劣化分析模型的建模方法，以此为基础，建立了混凝土坝服役过程性能劣化的判别法则，考虑裂缝及渗流作用，提出了混凝土坝服役过程性能劣化分析模型，并给出了该模型求解的数值实现技术。

(11) 为解决表征混凝土坝结构服役过程中物理力学参数渐变问题，建立了混凝土坝服役过程变参数反演模式，提出了基于调整系数确定混凝土坝结构物理力学参数初始值的方法，引入伴随变分法结合 BFGS 拟牛顿迭代法，提出了用伴随变分 BFGS 拟牛顿迭代法反演混凝土坝结构物理力学参数的方法，并分析了参数变化规律。

(12) 基于单测点原位监测资料分离的趋势性效应量，探讨了小波分解的混凝土坝服役过程性态转异相平面模型识别方法，并通过相平面法对混凝土坝服役过程性态转异进行粗略辨识，给出了混凝土坝服役过程性态转异发生时刻的辨识方法。

(13) 融合截面数据和时间序列数据，提出了混凝土坝服役过程性态转异面板数据模型分析方法，利用该方法可以有效地辨识不同性质的转异点的转异时刻及转异位置；此外还研究并提出了混凝土坝服役过程性态面板数据模型多转异点识别方法。

第2章 混凝土坝服役状态监测信息处理方法

2.1 概述

混凝土坝运行条件十分复杂，在其服役过程中不仅承受水压、温度等荷载作用，还可能受极端气候、超标洪水等非常规条件的影响；同时，由于冻融、碳化、渗流等影响，混凝土坝服役状态可能出现劣化甚至服役性态转异恶化。因此，为掌握混凝土坝的服役状态，通常利用混凝土坝监测信息对其服役状态进行评价。随着新的监测方法和仪器不断涌现并投入使用，混凝土坝服役状态监测一方面朝着自动化方向发展，采集频率高，数据量大；另一方面由于外在环境变化、监测仪器故障和人为操作失误等因素，在获取的监测信息中可能存在监测误差、测值残缺、测值干扰、重复冗余等数据污染问题，降低了监测信息的有效性，甚至产生误报，造成对混凝土坝服役状态的误判，削弱了监测数据反映混凝土坝服役状态的能力。因此，需要研究和提出有效的混凝土坝服役状态监测信息处理方法，以获取真实、可靠的混凝土坝服役状态监测信息。

本章针对混凝土坝服役状态监测信息中随时间变化的系统误差处理问题，通过对荷载影响因子的动态迭代，提出系统误差的去除方法；在对萤火虫群自适应加权最小二乘支持向量机方法研究的基础上，提出混凝土坝服役状态监测信息中粗差识别和缺失信息的处理方法，在剔除监测信息中粗差的基础上，实现部分缺失信息的补全。

2.2 混凝土坝服役状态监测信息系统误差处理方法

混凝土坝服役状态监测信息误差主要分为系统误差以及粗差，其中，系统误差是主要由仪器本身不完善、观测方法误差、测量基准的变化和操作误差等原因引起的一种非随机性误差。为了获取有效的混凝土坝服役状态监测信息，需要对监测信息的系统误差进行处理。长期稳定运行的混凝土坝及坝基在较短时间内，除了荷载变化影响外，监测量一般不会产生明显的变化。监测数据中的趋势变化是否由监测系统引起,可用文献[107]中方法进行判别。若已判明监测数据存在的趋势性变化为监测系统引起,则可通过分离趋势性分量,实现系统误差的去除。下面针对这种情况,以混凝土坝服役状态变形监测信息为例,开展监测信息的系统误差处理方法研究。

在水深 H 、变温 T 等荷载作用下,在较短时间内,混凝土坝和坝基任一点产生的变形矢量 $\boldsymbol{\delta}$,在直角坐标系下,可将变形矢量分解成沿 x、y、z 三个方向上的分量,即

$$\boldsymbol{\delta}(H,T,\theta)=\delta_x(H,T,\theta)\boldsymbol{i}+\delta_y(H,T,\theta)\boldsymbol{j}+\delta_z(H,T,\theta)\boldsymbol{k} \tag{2.2.1}$$

式中:$\delta_x(H,T,\theta)\boldsymbol{i}$ 、$\delta_y(H,T,\theta)\boldsymbol{j}$ 、$\delta_z(H,T,\theta)\boldsymbol{k}$ 分别为沿 x 、y、z 坐标轴方向的变形;θ 为系统误差影响因素。

不失一般性,下面以 $\delta_x(H,T,\theta)$ (以下简称 δ)为例,研究混凝土坝变形系统误差的分离方法。由式(2.2.1)可知,δ 按其成因由水压分量 $\delta(H)$ 、温度分量 $\delta(T)$ 和系统误差 $\delta(\theta)$ 组成,即

$$\delta=\delta(H)+\delta(T)+\delta(\theta) \tag{2.2.2}$$

式中:$\delta(H)$ 、$\delta(T)$ 、$\delta(\theta)$ 的表达式可表示为

$$\begin{cases}\delta(H)=\sum\limits_{i=1}^{3或4}a_iH^i\\ \delta(T)=\sum\limits_{m=1}^{2}\left(b_{1m}\sin\dfrac{2\pi mt}{365}+b_{2m}\cos\dfrac{2\pi mt}{365}\right)\\ \delta(\theta)=\sum\limits_{l=1}^{4}c_l\theta^l\end{cases} \tag{2.2.3}$$

式中:对于重力坝 i 取为 3,对于拱坝 i 取为 4;t 为混凝土坝服役状态变形监测日与监测变形始测日间的累计天数;θ 取 $t/100$ 。

在混凝土坝服役状态变形监测中,目前大部分利用自动化监测,在短时间内采集到实际的混凝土坝变形值;选取具有代表性的 m 个不同水位工况,在固定某一水位(对应水深为 H_j)工况下,其对应的变形监测值 δ_{ij} 用式(2.2.4)表示,即

$$\delta_{ij}=\delta_{ij}(H_j)+\delta_{ij}(T)+\delta_{ij}(\theta)\quad(i=1,2,\cdots,n;j=1,2,\cdots,m) \tag{2.2.4}$$

由式(2.2.4)得到混凝土坝变形在水深 H_j 作用下的重构系列差值变形方程表达式为

$$\delta_{ij}-\delta_{1j}=[\delta_{ij}(T)-\delta_{1j}(T)]+[\delta_{ij}(\theta)-\delta_{1j}(\theta)] \tag{2.2.5}$$

利用式(2.2.5)可得到不同水深下的差值方程总数 $M=\sum\limits_{i=1}^{m}n_j$ 个,而这些差值

方程中只有变温和系统误差影响项，利用最优化理论，可得到混凝土坝变形中扣除水深 H_j 变化影响后，只在变温、系统误差影响下的优化方程，即

$$\delta_{T\theta} = \delta(T) + \delta(\theta) \tag{2.2.6}$$

式中：$\delta_{T\theta}$ 为混凝土坝变形中已扣除水位变化影响后的变形分量。

由式(2.2.6)得到水压荷载作用下混凝土坝变形水压分量 $\delta(H)$ 为

$$\delta(H) = \delta - \delta_{T\theta} \tag{2.2.7}$$

利用式(2.2.7)，可分离得到混凝土坝变形水压分量 $\delta(H)$。

由上分析可知，利用式(2.2.6)可得到扣除水压影响后的混凝土坝变形 $\delta_{T\theta}$，并可建立温度、系统误差影响下的混凝土坝变形变化方程，即

$$\delta_{T\theta}^{(1)} = \delta^{(1)}(T) + \delta^{(1)}(\theta) \tag{2.2.8}$$

式中：$\delta_{T\theta}^{(1)}$ 同式(2.2.6)中的 $\delta_{T\theta}$；$\delta^{(1)}(T)$、$\delta^{(1)}(\theta)$ 为利用 $\delta_{T\theta}$ 得到的温度分量和系统误差的表达式，可作为 $\delta_{T\theta}$ 变化分析的第一次成果。

下面利用动态迭代法的基本思想，对温度分量 $\delta(T)$ 中温度影响因子进行动态调整，使调整以后的回归方程更接近实测变化过程和实际分量，其具体动态调整步骤如下。

第一步：设 $\delta^{(1)}(T)$ 由 $\delta^{(1)}(T_1), \delta^{(1)}(T_2), \cdots, \delta^{(1)}(T_i), \cdots, \delta^{(1)}(T_l)$ 组成，其中 $\delta^{(1)}(T_i)$ 为不同变温影响因子 T_i 影响下大坝变形温度分量；l 为变温影响因子数。为了分离系统误差分量 $\delta(\theta)$，利用式(2.2.8)将 $\delta^{(1)}(T)$ 中的部分或全部变温影响因子作用引起的温度分量作为已知变量，扣除 T_i 作用下大坝变形温度分量 $\delta^{(1)}(T_i)$，则

$$\delta_{T\theta}^{(2)} = \delta_{T\theta}^{(1)} - \delta^{(1)}(T_i) \tag{2.2.9}$$

利用系统误差 $\delta(\theta)$ 和温度分量 $\delta(T)$ 剩余的温度分量 $\delta(T_i)$ $(i=1,2,\cdots,i-1,i+1,\cdots,l)$对 $\delta_{T\theta}^{(2)}$ 进行最优化建模分析，可得到扣除温度影响因子 T_i 影响的温度分量$\delta(T)$ 以及系统误差 $\delta(\theta)$，表达式 $\delta^{(2)}(T_i)$、$\delta^{(2)}(\theta)$ 所表达的混凝土坝变形 $\delta_{T\theta}^{(2)}$ 的变化方程为

$$\delta_{T\theta}^{(2)} = \delta^{(2)}(T_i) + \delta^{(2)}(\theta) \tag{2.2.10}$$

第二步：将 $\delta^{(1)}(T)$ 中的部分或全部温度影响因子得到的温度分量作为已知变量，在 $\delta_{T\theta}^{(1)}$ 中扣除，假定扣除 T_{i-1}、T_{i+1} 所产生的温度分量 $\delta^{(1)}(T_{i-1})$、$\delta^{(1)}(T_{i+1})$，即为

$$\delta_{T\theta}^{(3)} = \delta_{T\theta}^{(1)} - \delta^{(1)}(T_{i-1}) - \delta^{(1)}(T_{i+1}) \tag{2.2.11}$$

用全部的系统误差因子及扣除部分变温因子后的其余温度因子，对式(2.2.11)进行最优化建模分析，得到 $\delta(T)$、$\delta(\theta)$ 的表达式 $\delta^{(3)}(T_j)(j=1,2,\cdots,l;$

$j \neq i-1, i+1$) 和 $\delta_{\theta}^{(3)}$,则

$$\delta_{T\theta}^{(3)} = \delta^{(3)}(T_j) + \delta_{\theta}^{(3)} \tag{2.2.12}$$

重复上述分析过程,如果在温度影响因子动态调整过程中出现变形变化方程精度提高较小或震荡情况,则可将 $\delta(\theta)$ 中的部分系统误差因子一起参与动态调整。

第 n 步:经过上述 n 步温度、系统误差影响因子动态调整,并经最优化分析,得到的混凝土坝变形变化过程已满足工程精度要求,且为最优方程,则扣除水压影响后的混凝土坝变形 $\delta_{T\theta}$ 可表示为

$$\delta_{T\theta} = \delta^{(n)}(T) + \delta^{(n)}(\theta) \tag{2.2.13}$$

应指出的是,式(2.2.13)中 $\delta^{(n)}(T)$ 、$\delta^{(n)}(\theta)$ 已包括了第 $n-1$ 步和第 n 步调整的温度、系统误差的部分影响因子所产生的混凝土坝温度分量、系统误差分量的总和。利用式(2.2.13)可分离得到混凝土坝服役状态变形监测信息中系统误差 $\delta(\theta)$,即 $\delta(\theta) = \delta^{(n)}(\theta)$,其表达式见式(2.2.3),并在监测信息中将其扣除,由此得到扣除系统误差的监测信息。

上述研究虽以混凝土坝变形监测信息为例展开,由于方法的通用性,对于混凝土坝其他监测信息也可采用上述方法处理系统误差,有关处理原理不再赘述。

2.3 混凝土坝服役状态监测信息粗差处理方法

上节中,对混凝土坝服役状态监测信息中可能存在的系统误差进行了处理。事实上,混凝土坝服役状态监测信息中还存在另一类型误差,孤立型的偶然误差,即粗差[211]。由于粗差的存在,会对混凝土坝健康监测信息造成干扰,进而影响对混凝土坝服役状态的客观评价,因此需要对粗差进行识别并剔除。目前,针对混凝土坝服役状态监测信息传统粗差识别的方法有过程线法和统计检验法等。

2.3.1 传统粗差处理方法及其局限性分析

(1) 过程线法

过程线法的原理为通过绘制监测信息变化与时间的关系曲线来直观判断是否存在异常点,该方法简单直观,然而过于依赖专家自身的经验,自动化程度低,难以识别不明显的粗差,因此,适用于粗差的粗略处理。

(2) 统计检验法

统计检验法以假定混凝土坝服役状态监测信息服从正态分布小概率法为基础发展而来的,统计检验法以总结服役状态监测信息序列特征值为依据,判断混凝土坝服役状态监测信息测值中是否包含粗差,常用的统计检验法有拉依达准则(3σ

准则)、狄克松检验、t 检验法等。

拉依达准则:在误差服从正态分布的假设下,在某长度为 T 的混凝土坝服役状态监测信息序列中,若某测值 δ_{it} ($i=1,2,\cdots,N$; $t=1,2,\cdots,T$)所对应的剩余残差 $|\delta_{it}-\overline{\delta}_i|>3\sigma$,则认为该测值序列中存在粗差,应予以剔除。研究表明监测次数充分大时,通常利用贝塞尔公式计算得到的 S 代替 σ ;考虑荷载因素影响,混凝土坝监测值序列常以统计模型拟合值 $\overline{\delta}_i$ 代替真实值,模型标准差 S 代替 σ 。对于任意一监测数据 δ_{it} ,若满足

$$|v_{it}|=|\delta_{it}-\overline{\delta}_i|>3S \tag{2.3.1}$$

$$S=\sqrt{\frac{\sum_{t=1}^{T}(\delta_{it}-\overline{\delta}_i)^2}{T-1}} \tag{2.3.2}$$

则可以判断混凝土坝服役状态监测数据序列 δ_{it} 中含有粗差。

狄克松检验法是数理统计学中的一种统计假设检验方法,它根据数据的分布规律,使用统计意义下严格的显著水平来判定异常数据。若健康信息监测序列中的最大值不含粗差,则该值与次大值的差不会过大,则可以建立这两个值间的某种联系,并与相关显著度进行对比,以识别该监测序列中是否含有粗差。

假设一组混凝土坝健康监测信息序列 $x_1,x_2,\cdots,x_n$,满足 $x_1\leqslant x_2\leqslant\cdots\leqslant x_n$,则残差最大值 r 的检验公式为

$$\begin{cases} r_{11}=\dfrac{x_n-x_{n-1}}{x_n-x_1}, & n\leqslant 7 \\ r_{12}=\dfrac{x_n-x_{n-1}}{x_n-x_2}, & 8\leqslant n\leqslant 10 \\ r_{13}=\dfrac{x_n-x_{n-2}}{x_n-x_2}, & 11\leqslant n\leqslant 13 \\ r_{14}=\dfrac{x_n-x_{n-2}}{x_n-x_3}, & n\geqslant 14 \end{cases} \tag{2.3.3}$$

残差最小值 $\hat{r}$ 的检验公式为

$$\begin{cases} \hat{r}_{11}=\dfrac{x_1-x_2}{x_1-x_n}, & n\leqslant 7 \\ \hat{r}_{12}=\dfrac{x_1-x_2}{x_1-x_{n-1}}, & 8\leqslant n\leqslant 10 \\ \hat{r}_{13}=\dfrac{x_1-x_3}{x_1-x_{n-1}}, & 11\leqslant n\leqslant 13 \\ \hat{r}_{14}=\dfrac{x_1-x_3}{x_1-x_{n-2}}, & n\geqslant 14 \end{cases} \tag{2.3.4}$$

当式(2.3.3)和式(2.3.4)中任意一残差最大值 r 或残差最小值 $\hat{r}$ 大于临界值时，即

$$r > r(n,\alpha) \tag{2.3.5}$$

$$\hat{r} > r(n,\alpha) \tag{2.3.6}$$

则判断 x_n 或 x_1 中存在粗差，$r(n,\alpha)$ 为临界值，可查相关统计表得到；α 为显著度，通常取为 0.05 或 0.01。检验时从混凝土坝服役状态监测信息序列两端轮流计算，逐一判别，直到一次检验中两端数据均被判断为不含有粗差为止。

t 检验法：设一组独立混凝土坝服役状态监测序列 $x_1,x_2,\cdots,x_n$，利用式(2.3.7)和式(2.3.8)求该序列的平均值 $\overline{x}$ 和各测值与平均值的差值 $v_i(i=1,2,\cdots,n)$。

$$\overline{x} = \sum_{i=1}^{n} x_i/n \tag{2.3.7}$$

$$v_i = |x_i - \overline{x}| \tag{2.3.8}$$

t 检验法粗差识别原理为首先剔除与平均值 $\overline{x}$ 差值最大的可疑测值 $x_{i,\max}$，并重新计算剩余 $n-1$ 个监测值的平均值 $\overline{x}_{re}$ 和可疑测值与平均值 $\overline{x}_{re}$ 的差值，记为 $\Delta_i = |x_{i,\max} - \overline{x}_{re}|$，剩余 $n-1$ 个测值的标准差估计值为

$$s = \sqrt{\frac{1}{n-2}\sum_{i=1}^{n-1}(x_i - \overline{x}_{re})^2} \tag{2.3.9}$$

并由式(2.3.10)判断可疑测值是否含有粗差，即

$$\Delta_i > K(n,\alpha) \cdot s \tag{2.3.10}$$

式中：$K(n,\alpha)$ 为检验系数，可基于测值个数 n 和选取的显著度 α（一般取 $\alpha=0.5$）通过查 t 检验表得到。

若可疑测值满足式(2.3.10)，则判断可疑测值 $x_{i,\max}$ 含有粗差并给予剔除，对剩余的 $n-1$ 个监测值递归上述步骤进行粗差识别。

传统粗差识别方法存在着假设性过强的问题，可能剔除某些并非粗差的关键信息造成误判，且某些检验参数取值采用数学方法估算，精确度不高，对于混凝土坝服役状态监测信息非线性问题的处理效果不佳。鉴于此，本书充分利用支持向量机能够较好地处理信息非线性问题的优点，提出基于萤火虫群自适应加权最小二乘支持向量机的粗差识别方法，以下将详细研究该方法的建模过程。

2.3.2　基于萤火虫群自适应加权最小二乘支持向量机的粗差识别方法

传统支持向量机在粗差识别中可能产生鲁棒性及稀疏性丢失，针对上述问题，

本书利用加权最小二乘支持向量机(WLS-SVM)进行监测值序列粗差处理[212]，具体过程如下。

设加权最小二乘支持向量机的模型为

$$\boldsymbol{y} = \boldsymbol{w}\Phi(x_i) + b \tag{2.3.11}$$

式中：$\boldsymbol{y}$ 为混凝土坝服役状态监测量的模型计算值；$\boldsymbol{w}$ 为权值；$\Phi(x_i)$ 为非线性映射函数；x_i 为输入自变量；b 为偏差。

令监测量的第 i 次实测值 y_i 与模型计算值间的误差为 γ_i，误差平方 γ_i^2 权值为 v_i，则对 $\boldsymbol{w}$、b 的寻优问题可以改写为

$$\begin{cases} \min \dfrac{1}{2} \ \|\boldsymbol{w}\|^2 + C\sum\limits_{i=1}^{n} v_i\gamma_i^2 \\ \text{s. t. } y_i = \boldsymbol{w}\Phi(x_i) + b + \gamma_i \end{cases} \tag{2.3.12}$$

依然引入拉格朗日函数对上式对偶化，则有

$$L(\boldsymbol{w}, b, \gamma, \boldsymbol{\alpha}) = \frac{1}{2}\boldsymbol{w}^{\mathrm{T}}\boldsymbol{w} + C\sum_{i=1}^{n} v_i\gamma_i^2 - \sum_{i=1}^{n}\alpha_i[\boldsymbol{w}^{\mathrm{T}}\Phi(x_i) + b + \gamma_i - y_i] \tag{2.3.13}$$

式中：α_i 为拉格朗日乘子。

根据 Kuhn-Tucker 条件，消去式中 $\boldsymbol{w}$ 和 γ_i，可得如下方程组：

$$\begin{bmatrix} b \\ \boldsymbol{\alpha} \end{bmatrix} = \begin{bmatrix} 0 & \tilde{1}_{n\times 1}^{\mathrm{T}} \\ \tilde{1}_{n\times 1}^{\mathrm{T}} & \boldsymbol{\Omega} + \mathbf{V} \end{bmatrix} \begin{bmatrix} 0 \\ \boldsymbol{y} \end{bmatrix} \tag{2.3.14}$$

式中：$\mathbf{V} = \operatorname{diag}\left\{\frac{1}{Cw_1}, \cdots, \frac{1}{Cw_n}\right\}$；$\boldsymbol{\alpha} = [\alpha_1, \cdots, \alpha_n]^{\mathrm{T}}$；$\tilde{1}_{n\times 1}^{\mathrm{T}}$ 表示 $n\times 1$ 单位列向量；$\boldsymbol{y} = [y_1, \cdots, y_n]^{\mathrm{T}}$；$\boldsymbol{\Omega}$ 为 $n \times n$ 的 Hessian 矩阵，其中

$$\Omega_{ij} = \Phi(x_i)^{\mathrm{T}}\Phi(x_j) = K(x_i, x_j) \tag{2.3.15}$$

则非线性回归估计函数可以写为

$$f(x) = \sum_{i=1}^{n}\beta_i K(x, x_i) + b \tag{2.3.16}$$

式中：β_i 为部分权函数。在研究过程中，为不失一般性，将误差权值定义如下：

$$w_i = \begin{cases} 1, \text{if } \left|\dfrac{e_i}{\hat{s}}\right| \leqslant c_1 \\ \dfrac{c_2 - \left|\dfrac{e_i}{\hat{s}}\right|}{c_2 - c_1}, \text{if } c_1 < \left|\dfrac{e_i}{\hat{s}}\right| \leqslant c_2 \\ 10^{-4}, \text{其余情况} \end{cases} \tag{2.3.17}$$

式中：c_1 和 c_2 值由样本误差的分布及大小决定，一般情况下取 $c_1 = 2.5$ ，$c_2 = 3$ ；$\hat{s}$ 是最小二乘支持向量机样本误差 e_i 的标准方差鲁棒估计，其值为

$$\hat{s} = \frac{IQR}{2 \times 0.6745} \tag{2.3.18}$$

式中：IQR 是样本误差 e_i 的四分位点。

由于该方法提出的权值为线性的，并不能完全反映样本的取舍情况，本书利用式(2.3.19)对其进行改进，即

$$w_i = \frac{1}{\left(1 + \left|\frac{e_i}{2\hat{s}}\right|\right)^2} \tag{2.3.19}$$

式(2.3.19)的权值分布如图 2.3.1 所示，由图 2.3.1 可见样本数据误差越大，则分配到的权值就越小，据此对粗差进行处理。

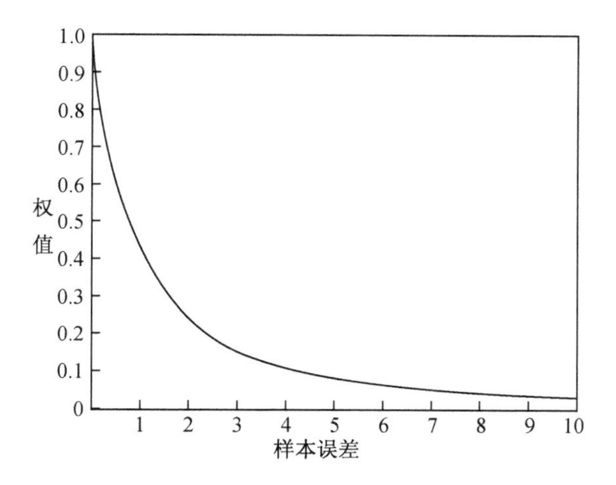

图 2.3.1　改进的 WLS-SVM 权值分布

综上所述，自适应加权最小二乘支持向量机的建模步骤如下：

(1) 利用最小二乘支持向量机进行回归建模，计算出每个样本的误差 e_i ；

(2) 通过式(2.3.19)对样本权值初始化；

(3) 将权值代入加权最小二乘支持向量机，建立回归模型；

(4) 基于回归模型，计算每个样本的 $\hat{s}$ 和 e_i ，并利用式(2.3.19)重新更新权值；

(5) 如果权值 w_i 已收敛 ($w_i = w_{i-1}$) ，则建模结束，否则返回步骤(3)。

建立加权自适应最小二乘支持向量机模型后，可以利用该模型对混凝土坝服役状态监测信息粗差进行识别。首先针对混凝土坝服役状态监测信息中较为明显

的粗差，利用过程线法进行剔除，操作步骤为：通过绘制混凝土坝服役状态监测信息变化过程线，考察过程线变化过程中是否出现明显的异常突变点，若存在突变点，需查明此时混凝土坝服役状态或其环境变量有没有出现异常；若混凝土坝服役性态正常且环境量变化均在合理的变化范围之内，即判定该突变点为粗差，需要进行剔除。

将较为明显的粗差剔除后，即可以利用自适应加权最小二乘支持向量机模型对不十分明显的粗差进行识别。在利用本书提出的基于自适应加权最小二乘支持向量机模型识别粗差过程中，惩罚因子 C 及核宽度参数 σ 对模型的精度及泛化能力均有较大影响。因此，下面研究确定参数 C 和 σ 的方法。

传统的参数寻优方法为交叉验证，然而该方法原理为遍历网格寻找最优参数，仅适用于参数寻优范围较小的情况。当寻优范围增大时，一般采用智能算法对参数进行优化。经典的智能算法有粒子群优化算法和蚁群优化算法等，然而经典的智能算法也存在计算时间长，求解效率不高，参数依赖性强等缺陷。因此，本书采用萤火虫群智能算法[213]对惩罚因子 C 及核宽度参数 σ 进行优化。萤火虫群算法(GSO)计算简单，参数较少，解决高维问题能力出色，不易出现局部最小，适用于参数寻优。该方法的基本寻优原理如下。

萤火虫各自发光，其中，第 i 只萤火虫由当前位置 $x_i(t)$ 及该位置的荧光素 $l_i(t)$ 确定，通过荧光素及位置的更新进行迭代。荧光素的更新取决于当前位置所对应的目标函数 $f[x_i(t)]$ 适应度值，即

$$l_i(t) = (1-\rho)l_i(t-1) + \gamma f[x_i(t)] \tag{2.3.20}$$

式中：ρ 为荧光素挥发因子；γ 为荧光素更新率。

萤火虫 i 在其动态决策区域半径 $r_d^i(t)$ 内，选择亮度比自己高的个体构成领域集 $N_i(t)$，并以一定概率向领域内的萤火虫 j 移动，其概率公式为

$$p_{ij}(t) = \frac{l_j(t) - l_i(t)}{\sum\limits_{k\in N_i(t)} l_k(t) - l_i(t)} \tag{2.3.21}$$

位置更新公式为

$$x_i(t+1) = x_t(t) + s\left(\frac{x_j(t) - x_t(t)}{\| x_j(t) - x_t(t) \|}\right) \tag{2.3.22}$$

式中：s 为移动步长；$\| x_j(t) - x_t(t) \|$ 为萤火虫 j 与 i 的距离。

萤火虫动态决策区域半径更新公式为

$$r_d^i(t+1) = \min[r_s, \max[0, r_d^i(t) + \beta(n_t - | N_i(t) |)]\} \tag{2.3.23}$$

式中：β 为动态决策域更新率；$|N_i(t)|$ 为领域范围内萤火虫数；r_s 为感知半径。

利用萤火虫算法优化支持向量机参数的步骤如下：

(1) 对萤火虫群算法基本参数荧光素值、位置等初始化；

(2) 对每只萤火虫进行训练，计算适应度函数值 $f[x_i(t)]$ ；

(3) 更新萤火虫个体的荧光素值 $l_i(t)$ ，并选择 $r_d^i(t)$ 范围内亮度高于本身的个体，组成领域集 $N_i(t)$ ；

(4) 计算萤火虫 i 向萤火虫 j 移动的概率 $p_{ij}(t)$ ，以 $p_{ij}(t)$ 最大的方向更新位置，并更新动态决策区域半径 $r_d^i(t+1)$ ；

(5) 若满足停止条件，停止搜索，返回最优萤火虫，即可以确定优化后的惩罚因子 C 及核宽度参数 σ ，否则，返回(2)顺序执行。

综上所述，利用基于萤火虫群自适应加权最小二乘支持向量机模型(GSO-WLS-SVM)粗差识别的基本步骤如下：

(1) 利用过程线法剔除混凝土坝服役状态监测信息中较为明显的粗差；

(2) 基于萤火虫群算法优化惩罚因子 C 及核宽度参数 σ ；

(3) 将优化后的参数代入最小二乘支持向量机中进行回归建模，计算每个样本的误差 e_i ；

(4) 将权值代入加权最小二乘支持向量机，建立回归模型；基于回归模型，计算每个样本的 $\hat{s}$ 和 e_i ，并重新更新权值；

(5) 如果权值 w_i 已收敛 $(w_i = w_{i-1})$ ，则建模结束，否则返回步骤(4)。

根据每个样本的权值大小对不十分明显的混凝土坝服役状态监测信息粗差进行识别。

2.4　混凝土坝服役状态不完整监测信息处理方法

在混凝土坝服役状态监测过程中，需要对水位、温度等环境量以及变形、应力应变、渗流等效应量的众多项目进行实时监测，得到的监测信息表征了混凝土坝的服役状态，并组成了混凝土坝服役状态评价的信息来源。然而，在收集和记录大量混凝土坝健康监测信息过程中，由于人为误差以及仪器老化损坏等因素，常导致部分监测信息缺失。为了更加真实地反映混凝土坝服役状态，需要对缺失的监测信息进行处理。

传统混凝土坝服役状态监测信息不完整问题可分为两类：一类为单值缺失问题；另一类为连续多个监测信息缺失问题。以下重点研究混凝土坝服役状态不完整信息的处理方法。

2.4.1 传统的混凝土坝服役状态不完整信息处理方法

传统的单值缺失补全方法有分段线性插值、邻近点插值、三次样条插值和三次Hermite插值等，这些方法对缺失很小一部分的监测信息进行近似插值。然而，传统的单值补全方法需要对整体变化趋势构建较为精准的目标函数，从而求得型值点的导数；从混凝土坝服役状态的实际变化规律来看，难以利用精确的函数进行表征，求得的型值点的导数亦不准确，因此传统方法不能较好地解决单值缺失问题。此外，当混凝土坝服役状态监测信息时间序列中缺失的信息较多时，单值缺失补全方法已不再适用，需引入多值缺失补全方法对缺失的较多信息进行补全。传统的多值缺失补全方法有：基于时间序列的多值缺失估计法，以及基于空间邻近点的多值缺失估计法等。为与下一节本书提出的方法比较，下面简单探讨上述两种传统方法处理不完整信息的原理。

(1) 基于时间序列的多值缺失补全法

假设混凝土坝服役状态监测信息在某一段时间内出现了一整段缺失的情况，其缺失信息补全方法如下。

利用已有的测点监测数据以及环境量建立相应的监测信息分析模型（例如统计模型等）：

$$\delta_{it} = f(\phi_1, \phi_2, \cdots) + \varepsilon \tag{2.4.1}$$

式中：ϕ_i 表示混凝土坝服役状态影响因素；ε 为误差。

模型建立以后，基于缺失段的影响因素对缺失的监测信息进行估计，若环境量未知或者模型精度不够，则只能利用每个测点的时间序列对混凝土坝服役状态监测信息的缺失进行补全，常用的方法有插值法、中位数法和均值法等。

(2) 基于空间邻近点的多值缺失估计法

假设某混凝土坝坝体有三个在空间上邻近且结构上相关的监测点 A、B、C，如图 2.4.1 所示。

其中测点 A 和 C 的监测信息序列是完整的，但是测点 B 序列中有一段监测信息是缺失的，具体如图 2.4.2 所示。

若考虑测点 A、B、C 在空间上的邻近性，则测点 B 的监测信息缺失段应该和测点 A 和测点 C 在对应时段的监测信息测值有关，因此以测点 A 和测点 C 的监测信息为基础，将测点 B 的监测信息序列表示为测点 A 和测点 C 监测值的函数，如式(2.4.2)所示，即

$$\delta_B = g(\delta_A) + g(\delta_C) + \varepsilon \tag{2.4.2}$$

式中：$g(\delta_A)$ 和 $g(\delta_C)$ 分别表示测点 A 和测点 C 的监测值关于 δ_B 的函数。

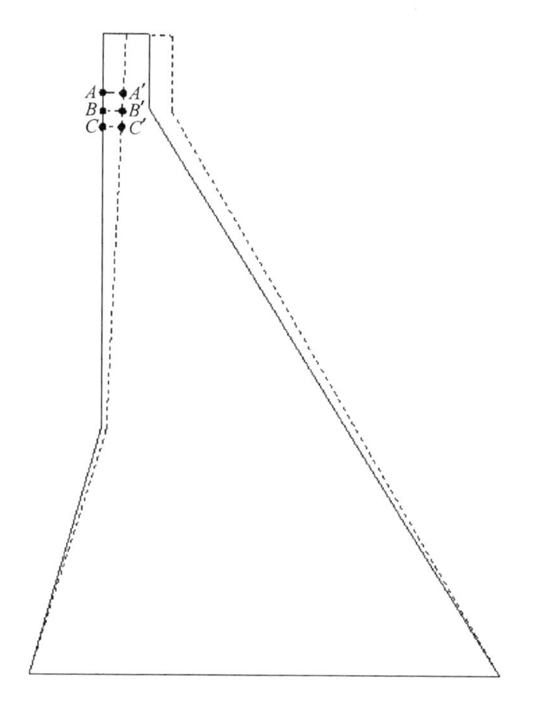

图 2.4.1 混凝土坝变形示意图

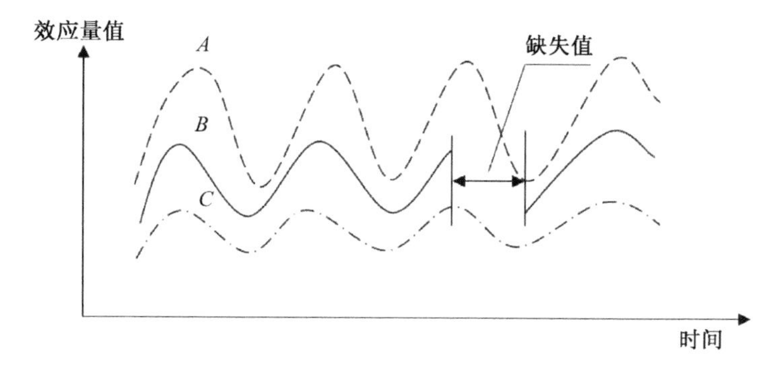

图 2.4.2 部分数据缺失示意图

利用式(2.4.2)对 δ_A 和 δ_B 、δ_B 和 δ_C 之间的关系进行表征，有

$$\delta_B = \alpha_A \sum_{i=1}^{K_A} \lambda_{Ai} \delta_A^i + \alpha_C \sum_{i=1}^{K_C} \lambda_{Ci} \delta_C^i + \beta_B + \varepsilon \tag{2.4.3}$$

式中：α_A 和 α_C 分别为含有 δ_A 和 δ_C 的多项式的系数；K_A 和 K_C 为多项式的最高次数，该值可以通过绘制 δ_B 和 δ_A 、δ_C 的相关关系散点图进行确定；β_B 为平移项。

在此基础上，考虑一般情况，针对任一有混凝土坝服役状态监测信息段缺失的

监测点 i 的监测信息序列 δ_{it} ，有

$$\delta_{it} = \sum_{j=1}^{L} \alpha_{ij} g(\delta_{jt}) + \beta_i + \varepsilon \tag{2.4.4}$$

式中：L 表示和测点 i 相邻近的测点的数量；δ_{jt} 表示 δ_{it} 相邻测点的混凝土坝服役状态监测信息序列；$g(\delta_{jt})$ 表示 δ_{it} 和 δ_{jt} 之间的关联函数；β_i 表示测点 i 的平移项。

根据 δ_{it} 和邻近测点已有的混凝土坝服役状态监测信息数据，利用最小二乘法可以对系数 α_{ij} 进行估计，从而最终确定模型的表达式。

2.4.2 基于支持向量机的混凝土坝服役状态不完整监测信息处理方法

传统的空间邻近点多值缺失补全法只利用了邻近测点对缺失段进行估计，并不能完全反映缺失段的变化特征，受此启发，本书在传统方法的基础上，提出了基于支持向量机[214]的混凝土坝服役状态监测信息缺失补全方法，该方法利用支持向量机刻画测点之间的相关性，并结合混凝土坝实际变化规律对缺失的混凝土坝服役状态监测信息进行补全，该方法的基本原理如下。

设混凝土坝服役状态监测信息的测点序列集为 $\{(\boldsymbol{x}_i, y_i), i = 1,2,\cdots,n\}$，其中 $\boldsymbol{x}_i = [x_i^1, x_i^2, \cdots, x_i^d]$；$d$ 为各测点序列中的测点个数；y_i 为对应的控制样本。将测点序列 $\boldsymbol{x}_i$ 作为输入量映射到高维空间中，则可以建立线性回归函数为

$$f(x) = \boldsymbol{w}^{\mathrm{T}} \Phi(x) + b \tag{2.4.5}$$

式中：$\boldsymbol{w}$ 为权值向量；b 为偏差；$\Phi(x)$ 为非线性映射函数；$f(x)$ 为回归运算的预测值，其对应的实测值为 y_i 。若式(2.4.5)中 $f(x)$ 与 y_i 之间的差值小于等于 ε，(ε 为线性不敏感损伤函数)，则损失等于 0，其表达式为

$$L[f(x), y, \varepsilon] = \begin{cases} 0, & |y - f(x)| \leqslant \varepsilon \\ |y - f(x)| - \varepsilon, & |y - f(x)| > \varepsilon \end{cases} \tag{2.4.6}$$

引入松弛变量 ξ_i、ξ_i^*，对式(2.4.5)$\boldsymbol{w}$、b 的寻优问题可以用式(2.4.7)表示：

$$\begin{cases} \min \dfrac{1}{2} \|\boldsymbol{w}\|^2 + C \sum\limits_{i=1}^{n} (\xi_i + \xi_i^*) \\ \begin{cases} y_i - \boldsymbol{w}\Phi(\boldsymbol{x}_i) - b \leqslant \varepsilon + \xi_i, i = 1,2,\cdots,n \\ -y_i + \boldsymbol{w}\Phi(\boldsymbol{x}_i) + b \leqslant \varepsilon + \xi_i^* \\ \xi_i \geqslant 0, \xi_i^* \geqslant 0 \end{cases} \end{cases} \tag{2.4.7}$$

式中：C 为惩罚因子，C 值越大表征对于训练误差大于 ε 的样本惩罚越大。

为了对式(2.4.7)进行求解，引入拉格朗日函数并将该式变化为对偶形式的最

大化函数，即

$$\max_{\boldsymbol{\alpha},\boldsymbol{\alpha}^*}\left[-\frac{1}{2}\sum_{i=1}^{n}\sum_{j=1}^{n}(\alpha_i-\alpha_i^*)(\alpha_j-\alpha_j^*)K(\boldsymbol{x}_i,\boldsymbol{x}_j)-\sum_{i=1}^{n}(\alpha_i-\alpha_i^*)y_i\right] \tag{2.4.8}$$

式中：$K(\boldsymbol{x}_i,\boldsymbol{x}_j)=\Phi(\boldsymbol{x}_i)\Phi(\boldsymbol{x}_j)$ 为核函数，其约束条件为

$$\begin{cases}\sum_{i=1}^{n}(\alpha_i-\alpha_i^*)=0\\0\leqslant\alpha_i\leqslant C\\0\leqslant\alpha_i^*\leqslant C\end{cases} \tag{2.4.9}$$

对式(2.4.8)和式(2.4.9)的求解可以看作二次规划问题，根据 Kuhn-Tucker 条件求得最优解为 $\boldsymbol{\alpha}=[\alpha_1,\alpha_2,\cdots,\alpha_n]$；$\boldsymbol{\alpha}^*=[\alpha_1^*,\alpha_2^*,\cdots,\alpha_n^*]$；则有

$$\boldsymbol{w}^*=\sum_{i=1}^{n}(\alpha_i-\alpha_i^*)\Phi(\boldsymbol{x}_i) \tag{2.4.10}$$

且

$$\begin{aligned}b^*=\frac{1}{N_{NSV}}\Big\{&\sum_{0<\alpha_i<C}\Big[y_i-\sum_{x_i\in\boldsymbol{SV}}(\alpha_i-\alpha_i^*)K(\boldsymbol{x}_i,\boldsymbol{x}_j)-\varepsilon\Big]+\\&\sum_{0<\alpha_j<C}\Big[y_i-\sum_{x_j\in\boldsymbol{SV}}(\alpha_j-\alpha_j^*)K(\boldsymbol{x}_i,\boldsymbol{x}_j)+\varepsilon\Big]\Big\}\end{aligned} \tag{2.4.11}$$

式中：N_{NSV} 为支持向量的个数。

由上分析，基于支持向量机的回归函数可以表示为

$$\begin{aligned}f(\boldsymbol{x})=\boldsymbol{w}^*\Phi(\boldsymbol{x})+b^*&=\sum_{i=1}^{n}(\alpha_i-\alpha_i^*)\Phi(\boldsymbol{x}_i)\Phi(\boldsymbol{x})+b^*\\&=\sum_{i=1}^{n}(\alpha_i-\alpha_i^*)K(\boldsymbol{x}_i,\boldsymbol{x})+b^*\end{aligned} \tag{2.4.12}$$

式中：部分权函数 $(\alpha_i-\alpha_i^*)$ 不为 0，其对应的样本 $\boldsymbol{x}_i$ 即为支持向量。

为了利用式(2.4.12)对混凝土坝服役状态不完整监测信息进行处理，需要解决核函数和损失函数的选择问题，下面重点探讨上述两个函数的选择方法。

(1) 核函数的选择

核函数能够通过构造最优分类超平面，利用非线性变换将输入量映射到高维特征空间中，从而消除维数灾难。因此，选择什么样的核函数是支持向量机研究中的关键问题，选取的核函数必须能够准确地反映出训练样本的分布特征，本书采用的核函数为径向基核函数(RBF)，即

$$K(\boldsymbol{x},\boldsymbol{x}_i)=\exp\left(-\frac{\|\boldsymbol{x}-\boldsymbol{x}_i\|^2}{2\sigma^2}\right) \tag{2.4.13}$$

(2) 线性不敏感损失函数的选择

损失函数为一非负函数,用以表征模型回归预测值与真实值的差距,损失函数越小,模型的鲁棒性越好。本书根据混凝土坝服役状态监测信息分析的要求,采用式(2.4.14)作为损失函数,即

$$e[f(x)-y]=\max(0,\ |f(x)-y|-\varepsilon) \tag{2.4.14}$$

通过上述分析,本书提出基于支持向量机的混凝土坝服役状态不完整监测信息处理方法,其缺失信息处理原理如下。

已知混凝土坝服役状态的监测信息变化规律相似的 n 个测点测值序列 $\boldsymbol{\delta}_i(i=1,2,\cdots,n)$,$\boldsymbol{\delta}_i=[\delta_i^1,\delta_i^2,\cdots,\delta_i^d]$,$d$ 为每个测点序列的实测值个数。利用支持向量机将 n 个测点信息序列 $\boldsymbol{\delta}_i$ 作为输入量,映射到高维特征空间中,相应的控制量为需要插补的与上述 n 个测点变化规律相似的第 $n+1$ 个测点监测序列 $\boldsymbol{\delta}_{n+1}[\delta_{n+1}^1,\delta_{n+1}^2,\cdots,\delta_{n+1}^d]$ 中部分已知测值,回归函数预测值为需要插补的该点的测值,其中 $\delta_{n+1}^1,\delta_{n+1}^2,\cdots,\delta_{n+1}^{q-k}$ 以及 $\delta_{n+1}^q,\delta_{n+1}^{q+1},\cdots,\delta_{n+1}^d$ 为需要插补的该点序列 $\boldsymbol{\delta}_{n+1}$ 中的已知测值,需要补差中间的 k 个测值。首先以缺失测值前的已知测值 $\delta_{n+1}^1,\delta_{n+1}^2,\cdots,\delta_{n+1}^{q-k}$ 作为控制量,输入量为 $\boldsymbol{\delta}_i$ $(i=1,2,\cdots,n)$,$\boldsymbol{\delta}_i=[\delta_i^1,\delta_i^2,\cdots,\delta_i^{q-k}]$,建立针对第 $n+1$ 测点的基于支持向量机的模型为

$$\boldsymbol{\delta}_{n+1}^{be}=\sum_{i=1}^{n}(\alpha_i-\alpha_i^*)K(\boldsymbol{\delta}_i,\boldsymbol{\delta}_{n+1})+b^* \tag{2.4.15}$$

式中:核函数 $K(\boldsymbol{\delta}_i,\boldsymbol{\delta}_{n+1})$ 取径向基核函数,即

$$K(\boldsymbol{\delta}_i,\boldsymbol{\delta}_{n+1})=\exp\left(-\frac{\|\boldsymbol{\delta}_{n+1}-\boldsymbol{\delta}_i\|}{2\sigma^2}\right) \tag{2.4.16}$$

式中:σ 为函数的宽度参数。

将式(2.4.16)代入式(2.4.15),则有

$$\boldsymbol{\delta}_{n+1}^{be}=\sum_{i=1}^{n}(\alpha_i-\alpha_i^*)\exp\left(-\frac{\|\boldsymbol{\delta}_{n+1}-\boldsymbol{\delta}_i\|}{2\sigma^2}\right)+b^* \tag{2.4.17}$$

其中:$\boldsymbol{\delta}_{n+1}$ 为需要插补的序列。

改变输入量 $\boldsymbol{\delta}_i$,$\boldsymbol{\delta}_i=[\delta_i^{q-k+1},\delta_i^{q-k+2},\cdots,\delta_i^{q-1}]$,代入式(2.4.17),进行回归计算,则可得到需要插补的第 $n+1$ 个测点 k 个混凝土坝服役状态监测量测值 $\overline{\boldsymbol{\delta}}_{n+1}^{be}=[\delta_{n+1}^{q-k+1},\delta_{n+1}^{q-k+2},\cdots,\delta_{n+1}^{q-1}]$。

同理利用上述方法,将需要插补的第 $n+1$ 个测点的已知测值 $\delta_{n+1}^q,\delta_{n+1}^{q+1},\cdots,\delta_{n+1}^d$ 作为控制量,输入量为 $\boldsymbol{\delta}_i(i=1,2,\cdots,n)$,$\boldsymbol{\delta}_i=[\delta_i^q,\delta_i^{q+1},\cdots,\delta_i^d]$,建立基于支持向量机的模型为

$$\boldsymbol{\delta}_{n+1}^{after} = \sum_{i=1}^{n} (\alpha_i - \alpha_i^*) \exp\left(-\frac{\| \boldsymbol{\delta}_{n+1} - \boldsymbol{\delta}_i \|}{2\sigma^2}\right) + b^* \tag{2.4.18}$$

改变输入量 $\boldsymbol{\delta}_i$，$\boldsymbol{\delta}_i = [\delta_i^{q-k+1}, \delta_i^{q-k+2}, \cdots, \delta_i^{q-1}]$，代入式(2.4.18)，进行回归计算，可得到需要插补的第 $n+1$ 个测点 k 个测值 $\bar{\boldsymbol{\delta}}_{n+1}^{after} = [\delta_{n+1}^{q-k+1}, \delta_{n+1}^{q-k+2}, \cdots, \delta_{n+1}^{q-1}]$。

则最终要插补的测值 $\boldsymbol{\delta}_{n+1}^{k} = [\delta_{n+1}^{q-k+1}, \delta_{n+1}^{q-k+2}, \cdots, \delta_{n+1}^{q-1}]$ 可以取 $\bar{\boldsymbol{\delta}}_{n+1}^{be}$ 与 $\bar{\boldsymbol{\delta}}_{n+1}^{after}$ 的均值，即：

$$\boldsymbol{\delta}_{n+1}^{k} = [\delta_{n+1}^{q-k+1}, \delta_{n+1}^{q-k+2}, \cdots, \delta_{n+1}^{q-1}] = \frac{1}{2}(\bar{\boldsymbol{\delta}}_{n+1}^{be} + \bar{\boldsymbol{\delta}}_{n+1}^{after}) \tag{2.4.19}$$

式中：若 $k = 1$ 则为混凝土坝服役状态监测信息单值缺失补全估计方法；若 $k > 1$ 则为混凝土坝服役状态监测信息多值缺失补全估计方法。

2.5　工程实例

我国某水电站是雅砻江干流梯级滚动开发的关键工程，位于四川省凉山彝族自治州木里、盐源、冕宁三县交界处，工程属大(1)型一等工程，水电站枢纽主要水工建筑物由混凝土双曲拱坝、坝后水垫塘及二道坝、右岸泄洪洞及右岸中部地下厂房等组成。水库正常蓄水位 1 880.0 m，死水位 1 800.0 m，正常蓄水位以下库容 77.6 亿 m^3，调节库容 49.1 亿 m^3。电站装机容量 3 600 MW(6×600 MW)，保证出力 1 086 MW，多年平均年发电量 166.2 亿 kW·h，年利用小时数 4 616 h。坝顶高程 1 885.0 m，坝基最低建基面高程 1 580.0 m，最大坝高 305.0 m，坝顶宽度 16.0 m，坝底厚度 63.0 m，厚高比 0.207。图 2.5.1 为该混凝土坝服役状态变形监测点布置图。

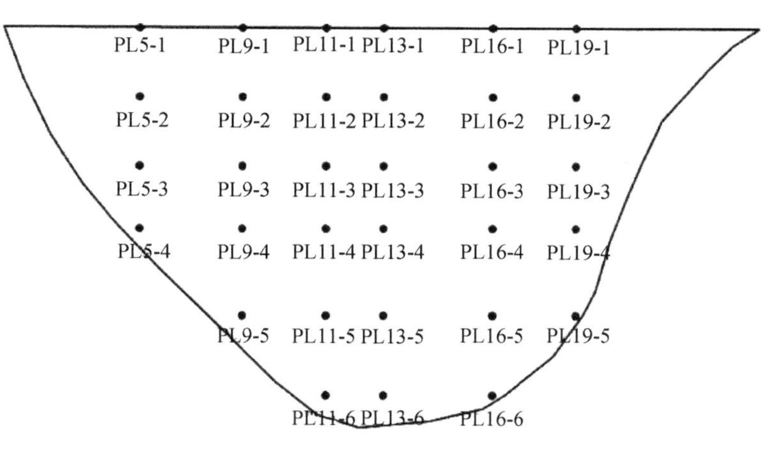

图 2.5.1　混凝土坝监测点布置图

2.5.1 混凝土坝服役状态监测不完整信息处理

为了更好地利用监测信息反映混凝土坝服役状态，首先要对监测信息进行预处理，本书提出了基于支持向量机的监测信息缺失补全方法，因为是首次运用，所以首先验证其有效性。

下面以该坝变形测点 PL9-4 为验证测点。由于所提出的方法需要选取所有变形规律类似的测点作为支持向量机的学习样本，故学习样本为测点 PL5-1、PL5-2、PL5-3、PL9-1、PL9-2、PL9-3、PL11-1、PL11-2、PL11-3，测点序列如图 2.5.2—图 2.5.4 所示。将测点 PL9-4 监测序列中 2014 年 12 月 25 日的监测值(24.68 mm)抹去，分别利用本书所提出的基于支持向量机的混凝土坝服役状态监测信息缺失补全方法及传统方法对缺失值进行估计，结果如表 2.5.1 所示。

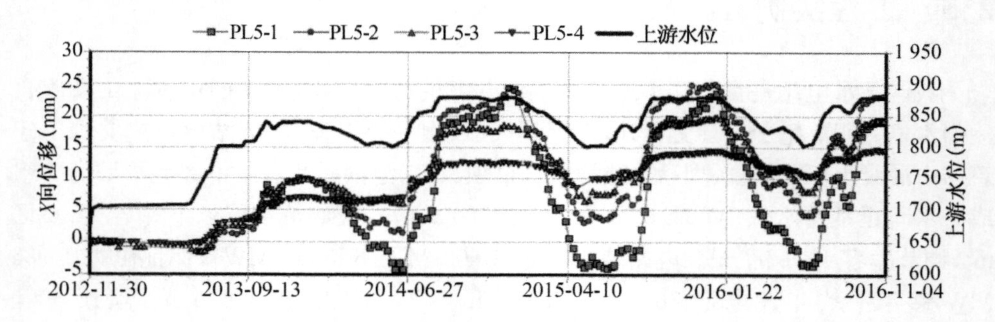

图 2.5.2 某混凝土坝变形测点测值序列 PL5-1—PL5-3

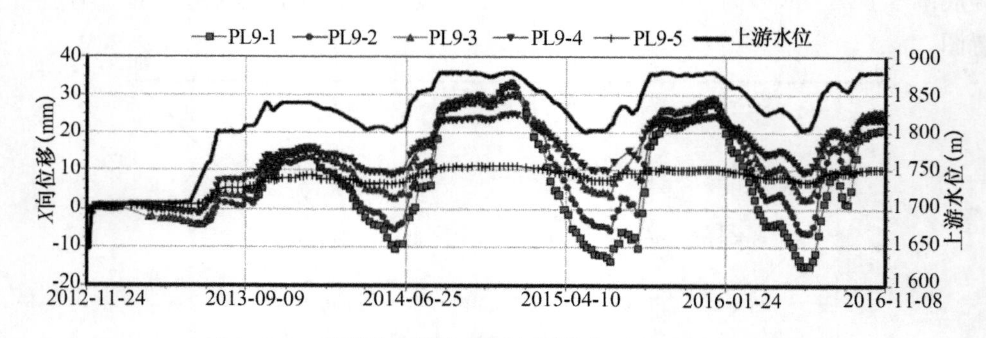

图 2.5.3 某混凝土坝变形测点测值序列 PL9-1—PL9-3

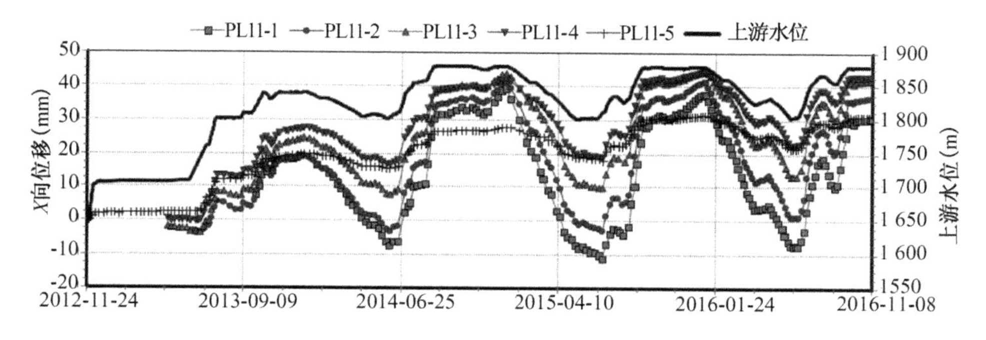

图 2.5.4　某混凝土坝变形测点测值序列 PL11-1—PL11-3

表 2.5.1　各方法缺失值处理结果

缺失真实值(mm)	各方法估计值(mm)				
	线性插值	邻近插值	样条插值	Hermite 插值	SVM 插值
24.68	23.85	24.12	24.93	24.90	24.62

由表 2.5.1 可知，本书提出的基于支持向量机的缺失值补全法得到的结果明显优于传统方法，其原因主要是支持向量机对变形规律相似的多样本进行了学习，从而得到了较为理想的结果，同时也验证了本书提出的方法是有效的，因此可将本书提出的方法运用于多值缺失问题处理中。图 2.5.4 中测点 PL11-4 的监测序列在 2014 年 10 月 14 日至 2014 年 11 月 2 日一段时间内测值是缺失的，需要处理。利用本书所提出的方法进行处理，由于该测点的变形规律与图 2.5.2—图 2.5.4中其他测点变化规律相似，因此利用支持向量机方法进行建模处理，最终处理结果如表 2.5.2 所示，由此为该坝的服役状态诊断提供了信息基础。

表 2.5.2　基于支持向量机多测值缺失插值结果

日期	插补的缺失值(mm)	日期	插补的缺失值(mm)
2014-10-14	39.71	2014-10-24	40.01
2014-10-15	39.74	2014-10-25	39.99
2014-10-16	39.77	2014-10-26	39.97
2014-10-17	39.80	2014-10-27	39.95
2014-10-18	39.83	2014-10-28	39.93
2014-10-19	39.86	2014-10-29	39.91
2014-10-20	39.89	2014-10-30	39.89
2014-10-21	39.92	2014-10-31	39.87
2014-10-22	39.95	2014-11-01	39.85
2014-10-23	39.98	2014-11-02	39.83

2.5.2 混凝土坝服役状态监测信息中的误差处理

为了首先验证所提出系统误差剔除方法的有效性，选取2014年2月至2014年3月监测序列，在测点PL11-1的变形测值中人为添加如图2.5.5所示的系统误差。利用所提出的动态迭代法将系统误差分离出来，具体操作步骤如下。

将该混凝土坝变形δ以式(2.5.1)进行表示：

$$\delta=\delta(H)+\delta(T)+\delta(\theta)=\sum_{i=1}^{4}a_iH^i+\sum_{i=1}^{2}\left(b_{1i}\sin\frac{2\pi it}{365}+b_{2i}\cos\frac{2\pi it}{365}\right)+\sum_{i=1}^{4}c_i\theta^i+d_0 \tag{2.5.1}$$

式中：d_0为常数项，其余符号意义同式(2.2.3)。

利用式(2.2.3)—式(2.2.13)，采用自编的动态迭代回归程序分离得到的系统误差$\delta(\theta)$的表达式为

$$\delta(\theta)=2.950\theta-1.775\theta^2+8.872\theta^3 \tag{2.5.2}$$

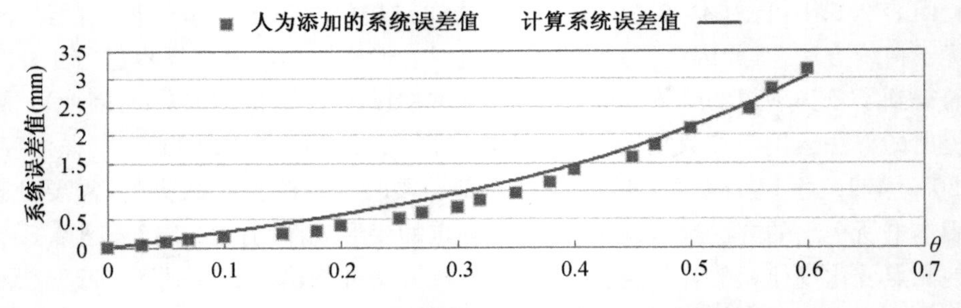

图2.5.5 分离出的系统误差与人为添加的系统误差对比

分离的系统误差与人为添加的系统误差如图2.5.5所示。由式(2.5.2)及图2.5.5可知，分离出的系统误差与人为添加的系统误差值比较接近，因此说明本书提出的基于动态迭代法的系统误差剔除方法是可行的。

接下来对该混凝土坝服役状态监测信息进行粗差识别。为了验证本书提出的GSO-WLS-SVM模型对粗差识别的可行性，以测点PL11-2为例，将其中A、B两点增加1.2倍扰动，形成不明显粗差，对C点增加2倍扰动，形成较为明显的粗差，如图2.5.6所示。

分别利用传统的拉依达法则和本书提出的GSO-WLS-SVM方法进行建模，其中GSO-WLS-SVM的建模过程为：首先利用萤火虫群算法对惩罚因子C和核宽度参数σ进行优化，优化后的参数与无优化参数对比结果如表2.5.3所示。得到优化参数后，利用最小二乘支持向量机进行回归建模，并计算每个测值的权值。

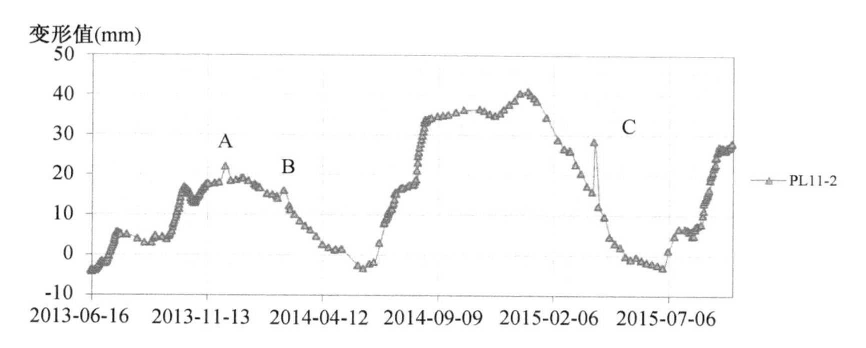

图 2.5.6　含有粗差的测点测值序列

表 2.5.3　支持向量机优化后的参数与无优化参数对比结果

建模方法	优化参数	
	惩罚因子 C	核宽度参数 σ
GSO-WLS-SVM	1 252	2.42
WLS-SVM	1 000	4.5

结果表明 C 点很容易就被检验出来，其计算出的权值为 0，A、B 的计算权值分别为 0.032 3 和 0.034 2，而未增加扰动的正常测值的计算权值均在 0.2 以上，因此本书所提出的方法可以检验显著误差（C 点）以及非显著误差（A、B 点）；而利用传统的拉依达法则对粗差进行识别，该方法检验出了 B、C 点，但未能识别出非明显粗差 A 点。因此，通过对比说明本书提出的粗差处理方法是有效的。

第 3 章　混凝土坝服役过程影响因素及其响应挖掘方法

3.1　概述

我国混凝土坝工程无论在数量、高度和规模方面均位居世界前列，与此同时，还在建、拟建一批混凝土坝。混凝土坝除了承受各种动、静荷载作用外，还承受各种突发性灾害的作用以及自然恶劣环境的影响。裂缝、渗漏、冻融、表面磨损和碱-骨料反应等都会对混凝土坝的长效服役产生不利影响。混凝土坝能否长效服役不仅受到混凝土材料性能演变的影响，还与混凝土坝施工质量、安全监测、检测与诊断及人类活动等多方面因素影响有关。混凝土坝服役过程性态是一个多因素协同作用下材料与结构交互影响的非线性动态演化过程，其能否长效健康服役不仅关系到整个工程的安危，而且对经济建设、社会安定与生态安全等具有重大影响。为了更好地掌握混凝土坝服役过程中的健康状况，首先应了解哪些因素影响着混凝土坝长效服役。

本章在分析混凝土坝服役过程影响因素的基础上，基于随机森林法思想，研究并提出混凝土坝服役过程影响因素随机森林挖掘方法，据此挖掘影响混凝土坝服役的主要因素；为分析主要影响因素对混凝土坝服役过程性态变化的作用效应，融合证据理论和随机森林方法，提出混凝土坝服役过程性态变化影响因素作用效应的证据理论-随机森林评价模型，并借助实际工程的应用，验证方法和模型的有效性。

3.2　混凝土坝服役过程影响因素分析

众所周知混凝土坝服役一段时间后，坝体混凝土的体积变形和徐变仍在发展，外界劣化因素以及多种荷载也对坝体混凝土和坝基岩体产生作用，使得混凝土坝性能劣化现象逐渐显露，混凝土坝的可靠性和安全等级降低，必须进行修补、加固或改造才能保证其安全服役。为了确保混凝土坝能够长效服役，需要从设计、施工和运行安全管理等方面，了解混凝土坝长效服役的影响因素。混凝土坝是否能够长效服役主要受到下列因素的影响。

(1) 防洪安全。引发防洪安全问题的主要原因有:水文现象随机、水文地质系列资料短缺或代表性不够等,导致泄水建筑物设计标准偏低;泄水建筑物启闭设施存在安全隐患、溢洪道破坏或下游河道设障等问题,造成洪水无法正常下泄。

(2) 地质勘探与地基处理。据统计,由于地基失稳造成的混凝土坝失事不占少数。地基处理不当有可能造成地基承载力不够,产生地基不均匀沉降,再加上偏心荷载的作用有可能导致结构失稳,也有可能诱发基础产生危害性渗水问题;与此同时,基坑开挖处理不当会导致坑底隆起,以及断层、节理和破碎带的处理不当可能造成坝基变形过大等。

(3) 坝工设计。大坝类型选择、断面设计、坝体混凝土标号及配比、抗冲耐磨以及温控抗裂设计等诸多方面因素均对混凝土坝能否安全长效服役产生重要影响。

(4) 抗震安全。地震波会在建筑物结构中产生复杂动应力,从而引起建筑物的震动甚至破坏。在我国西部强震地区,已建或在建的数座300 m级特高混凝土坝均存在一定的震害风险;20世纪50年代到70年代末,由于正常生产管理秩序被打乱,部分大坝设计和筑坝质量不满足抗震要求,造成一批抗震不达标的工程,影响了工程的安全运行。

(5) 施工质量。施工质量的好坏直接影响大坝的长效安全运行;此外,对混凝土坝而言,施工的工序十分复杂,包括基础开挖及处理,坝体混凝土制备、运输、浇筑与养护以及缺陷处理等环节,混凝土坝施工过程中任一环节出现问题,都会对施工质量产生不利影响,进而导致混凝土坝难以安全长效服役[215]。

(6) 荷载因素。水压力、扬压力、冰压力、泥沙压力、浪压力和温变等静力荷载以及地震等引起的动荷载均对混凝土坝长效安全服役产生较大影响。

(7) 渗流因素。混凝土坝裂缝及混凝土材料的孔隙会引起坝体渗漏及溶蚀等情况,严重时将导致大坝力学行为的改变;与此同时,混凝土坝建成蓄水后,随着水位抬高,孔隙水压力及扬压力的增加会引起坝体、坝基渗流及绕坝渗流等问题,改变了原地下水的渗流路径,也会增加坝基裂隙中的水压力。如果基础中存在不同性质的断层、节理等渗透结构面,这些结构面由于渗流作用可能形成集中渗流通道,可能产生渗流隐患,对混凝土坝长效安全服役产生不利影响。

(8) 混凝土性能劣化。碳化、裂缝、冻融破坏、渗漏溶蚀、表面磨损及碱-骨料反应等导致混凝土刚度下降、性能降低,破坏了结构整体性,降低了结构的承载能力,进而威胁混凝土坝长期安全运行。具体分析如下。

① 混凝土碳化

在正常条件下,混凝土中的碱元素易与空气中的二氧化碳发生化学反应,产生氢氧化钙;氢氧化钙是一种白色粉末状的无机化合物,氢氧化钙产生的同时混凝土内部形成诸多形状各异的孔隙,大气中的二氧化碳通过这些孔隙进入混凝土内部并侵蚀扩散,遇水形成碳酸;碳酸与混凝土水化产生的氢氧化钙发生反应,生成碳酸钙和其他物质,导致混凝土的碱性降低,造成混凝土碳化[216]。

② 冻融破坏

混凝土坝在低温工况作用下,坝体混凝土易受冻融循环荷载的影响,导致材料劣化不断累积,混凝土坝结构表面和坝体内部所含水分交替出现冻结和融化现象,引发混凝土坝表面剥落或内部开裂,进而导致混凝土坝各项功能的衰退,严重影响混凝土坝安全长效服役。在我国北方严寒地区,冻融破坏是混凝土坝长效安全服役的重要影响因素,这些地区都不同程度地存在冻融破坏问题[217]。

③ 混凝土裂缝

由混凝土加载试验成果可知,混凝土抗拉强度一般为抗压强度的 0.08 倍左右,在库水压力、变温荷载作用下,混凝土坝不可避免地会产生裂缝,裂缝的存在破坏了混凝土坝的整体性,造成坝体受力状况恶化,引起坝体渗漏和耐久性下降等。有关混凝土坝裂缝产生和扩展的成因,将在本书第七章中做详细研究。

④ 渗漏溶蚀

渗漏溶蚀是混凝土坝最为普遍的病害之一,渗漏溶蚀作用引起坝体混凝土中钙离子的流失,钙离子与空气中的二氧化碳反应生成碳酸钙,进而导致坝体混凝土孔隙率增加,强度和抗渗性降低;随着溶蚀过程进行,材料的刚度会有明显的下降,与未溶蚀的试样相比,溶蚀试样的微观孔隙结构改变导致塑性增大。坝体混凝土材料在水压力作用下会产生渗流效应,当坝体混凝土中存在裂缝并持续扩展时,混凝土坝易形成集中的渗漏通道,加剧混凝土坝渗漏溶蚀损伤程度,从而对混凝土强度和耐久性均产生不利影响[218]。

⑤ 表面磨损

混凝土坝表面磨损根据损害形式的不同可以分为两类:第一类是由于高速水流中泥沙、砾石颗粒冲刷、碰撞和摩擦作用引起的磨损损害;第二类是由于空蚀冲击作用导致的磨损损害[219]。

⑥ 碱-骨料反应

碱-骨料反应已导致世界范围内数百座大坝遭到破坏,因此混凝土碱-骨料反应必须高度重视。混凝土碱-骨料反应是混凝土骨料中特定成分和碱性溶液之间的反应,碱性成分主要存在于混凝土水泥、掺和剂及外加剂中,其与骨料中有害活性矿物成分易发生反应产生膨胀,引起混凝土膨胀并开裂[220];碱-骨料反应是一个较缓慢的过程,甚至可以长达几十年的时间,碱-骨料反应一般发生在混凝土碱性氧化物含量较高的情况下,碱-骨料反应发生后难以停止[221];因此,限制混凝土碱-

骨料反应的产生条件对确保混凝土坝安全长效服役具有十分重要的意义。

(9) 运行期间混凝土坝的安全监测、管理和正常维护。为了确保混凝土坝的安全长效服役,一般采取原位监测与现场检测相结合的方法,通过对原位监测资料分析,实时监控并诊断混凝土坝服役过程的安全状态;通过巡视检查、原位监测和现场检测可以获得混凝土坝隐患病害的信息和资料,并借助工程经验、监控模型和数值分析等方法实现对混凝土坝隐患病害的诊断,对可能出现的隐患病害及时预警,并进行补强加固。科学的安全监测方法、有效的管理和及时的维护,可延长混凝土坝安全服役的时间。

综上所述,混凝土坝长效服役的影响因素和演化过程非常复杂,既受到混凝土材料性能演化的影响,又受到运行管理水平的影响,两者之间存在着复杂的相互作用关系,对于不同地区和不同地质条件的混凝土坝,是否能够安全长效服役的影响因素各不相同,下面将重点研究挖掘混凝土坝服役过程主要影响因素的方法。

3.3 混凝土坝服役过程主要影响因素随机森林挖掘方法

随着云计算、大数据和人工智能等现代信息技术发展,现代混凝土坝工程建设与管理逐步由“常规大坝”到“数字大坝”再到“智能大坝”方向发展和转变。基于混凝土坝服役期间海量的安全监测数据,建立混凝土坝工程长效健康服役数据库,采用信息融合和数据挖掘技术等方法,构建科学、高效的混凝土坝监测数据分析和预测模型,实时反馈混凝土坝服役期间运行状态,对混凝土坝安全长效服役具有重要的意义。

数据挖掘(简称 DM),简而言之,就是从数据集中自动识别出有用的相关知识。针对混凝土坝长效服役的数据挖掘而言,数据来源最主要是混凝土坝的原位监测资料。数据挖掘利用统计学及机器学习技术[222],创建预测混凝土坝服役过程性态的模型,对安全监测资料中的海量数据进行分析处理,并以适当的形式展示出所得的结果。因此,数据挖掘有广泛的含义,它是一个多阶段的处理过程,其处理过程如图 3.3.1 所示。

由图 3.3.1 可知,数据挖掘包括了数据选择、数据预处理、数据压缩、数据挖掘和评价等方面,混凝土坝长效服役影响因素的数据挖掘也遵循上述几个方面[223]。数据挖掘技术可以从大量源数据中发现知识,并通过采用相关理论和方法来发掘有用知识和信息以供决策使用[224]。数据挖掘算法主要由三组核心技术组成,分别为:数据库技术、机器学习以及数理统计方法。基于这三种技术,可以构建多种数据挖掘方法,如基于数理统计的数据特征化和时序分析技术,机器学习技术中的决策树、人工神经网络、遗传算法和类聚算法等。其中,决策树算法是以数据分类为

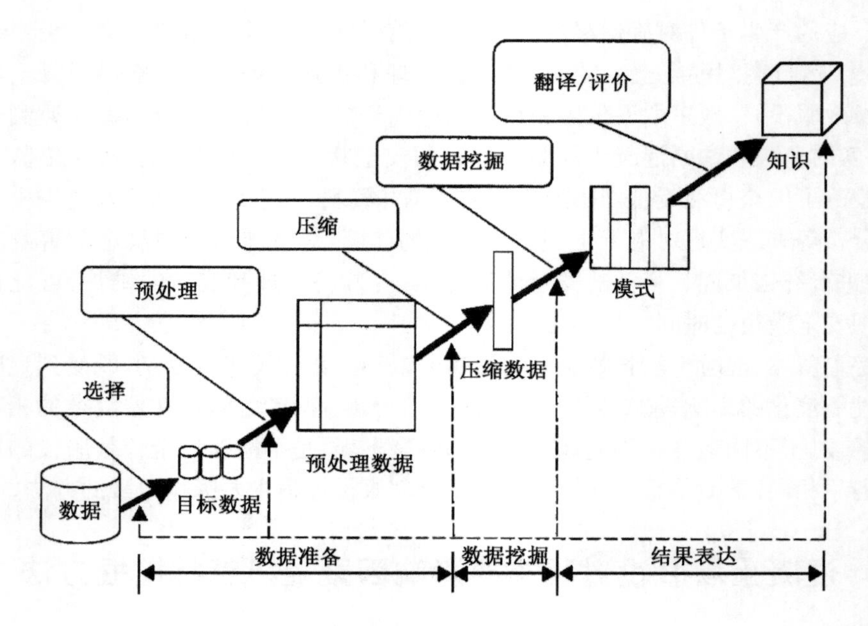

图 3.3.1 数据挖掘过程

基础的数据挖掘方法,该算法具有数据分析效率高和结果显示直观易懂等特点,目前该算法在数据挖掘和人工智能研究领域得到了广泛应用[225]。本书主要通过引入以决策树理论为基础的随机森林方法,并基于原位监测资料,对混凝土坝长效服役主要影响因素进行数据挖掘。

3.3.1 混凝土坝长效服役影响因素随机森林挖掘法分类原理

混凝土坝长效服役随机森林挖掘法是以决策树为基本分类器的组合分类器算法,该方法集成了随机子空间法的特点,其挖掘原理为:利用 Bagging 算法建立多棵混凝土坝长效服役影响因素的决策树,并且决策树建立过程中只随机选取训练集(影响因素)含有的部分影响因素而不采用所有的因素,通过投票得出最终分类或预测结果。混凝土坝长效服役影响因素随机森林挖掘法对异常值和噪声具有很好的容忍度,且不容易出现过拟合。对于随机森林影响因素挖掘法来说最基本的分类器就是决策树,故下面重点研究决策树的工作原理。

混凝土坝长效服役影响因素挖掘决策树模型主要用于对大坝健康影响因素执行分类和预测两种数据的处理方式。其中,分类算法主要用于构建分类标号(或离散值),而预测算法主要用于构建连续值函数模型。通过构建决策树模型,可以判断各因素和混凝土坝能否长效服役之间的关系,一旦确定这种关系,就能用它来预测混凝土坝长效服役的不同影响因素。混凝土坝长效服役影响因素挖掘决策树是按照一定逻辑关系或顺序构建的树形结构体系，其中每一组逻辑节点表征系统在对应因素分类上的测试，而每一组节点则代表一种分类类型，每一组树叶节点表征一组影响因素，决策树最高节点称为根节点。基于已知算法输入数据，生成对应的混凝土坝长效服役影响因素决策树就是一种分类规则，可用于对混凝土坝长效服役影响因素的分类排序。目前，用于混凝土坝长效服役影响因素挖掘的决策树算法较多，主要包括 C4.5、CLS、CART 和 ID3 等节点分裂算法。本书将决策树中的分类和回归树(CART)作为混凝土坝长效服役影响因素随机森林数据挖掘中的决策树算法。

分类和回归树(CART)最早由 Breiman 等[226]人提出，随后，Fabricius 等[227]将其应用于生态学领域，本书将 CART 模型引入混凝土坝长效服役影响因素随机森林数据挖掘中作为决策树的分类依据。CART 模型的建立是通过持续的(或递推的)分层将混凝土坝原位监测数据集不断细分，而分枝点是能够使得两分枝的反应变量的变异最大的影响因素，这样各节点内的原位监测数据同质性不断增强，最终达到节点内原位监测数据同质，避免由于原位监测数据数量过少无法继续分层问题的产生。CART 算法具有易于理解、可视化方便、训练时间和复杂度低、预测结果准确等优点。此外，CART 算法对异常值容忍度高，鲁棒性较好，允许一定程度的数据缺失等[228]。以下具体研究混凝土坝长效服役影响因素分类回归树分类原理。

取 $N(t)$ 代表决策树训练样本数据集(混凝土坝原型监测数据集)$\boldsymbol{L}$ 中的 x 包含于节点 t 的样本数目，$N_j(t)$ 代表节点 t 包含于类别 w_j 的样本数目，n 表征实际训练样本总数，基于决策树基本原理，可以定义如下。

(1) 节点 t 基于 $\boldsymbol{L}$ 的样本概率 $p(x \in t)$ 估计如下：

$$p(t) = \frac{N(t)}{n} \tag{3.3.1}$$

(2) 以训练集 $\boldsymbol{L}$ 为基础，相应节点 t 包含于类别 w_j 的样本概率 $p(y = w_j \mid x \in t)$ 可以估计如下：

$$p(w_j \mid t) = \frac{N_j(t)}{N(t)} \tag{3.3.2}$$

(3) 取节点 t 的左右子节点分别为 t_L 、t_R ，并采用 p_L 、p_R 用于表示样本概率 $p(x \in t_L \mid x \in t)$ 基于训练集 $\boldsymbol{L}$ 的估计如下：

$$p_L = \frac{p(t_L)}{p(t)} \quad p_R = \frac{p(t_R)}{p(t)} \tag{3.3.3}$$

基于节点 t 中属于各类的样本数目比例，可以确定每个节点 t 对应的类别标签，当 $p(w_j \mid t)=\max p(w_i \mid t)$ 时，指定 t 的标签为 w_j ；分裂过程中使用Gini不纯度算法，Gini不纯度函数为

$$i(t)=\sum_{i \neq j} p(i \mid t) p(j \mid t) \tag{3.3.4}$$

式中：$p(j \mid t)$ 为 j 类样本在对应节点 t 处的概率。

假设在分裂条件 w 影响下，节点 t 存在 t_L 和 t_R 两组样本；p_L 为对应于 t_L 的样本概率；p_R 为对应于 t_R 的样本概率。其中，将根节点分裂为 t_L 和 t_R 的分裂规则为：定义一个拆分 s_p，使得节点 t 的Gini不纯度函数下降最大，即使

$$\Delta i(s_p, t)=i(t)-p_L i(t_L)-p_R i(t_R) \tag{3.3.5}$$

达到最大。

利用上述分裂规则将根节点分裂为 t_L 和 t_R 后，接着分别将根节点分裂而成的 t_L 和 t_R 作为根节点递归进行上述分裂操作，由此构建出整棵CART。

上述递归分支算法中，满足分支后的叶节点中的混凝土坝原位监测数据属于同一个类（即纯节点）以及没有影响因素可以用作分支选择（即空属性向量集）两种条件之一，即被视作叶节点不再进行分支操作。

以上为混凝土坝长效服役影响因素CART算法的分类原理，然而CART算法虽然有很多优点，但毕竟只采用了单一的分类器，其缺点也比较明显，比如：分类规则复杂，剪枝较为烦琐，收敛到非全局的局部最优解以及过度拟合等。下面重点研究如何解决CART算法不足的问题。

3.3.2 混凝土坝长效服役影响因素随机森林法的数据挖掘原理及数学描述

针对CART算法的缺点，下面结合单个分类器组合成多个分类器的思想（构建多组混凝土坝长效服役影响因素决策树，并不需要每棵决策树都具有很高的分类精度），基于已有决策树，通过投票的方式进行决策，正如多个专家通过举手表决的方式对会议内容进行决策[229]，这就是混凝土坝长效服役影响因素随机森林挖掘方法的核心思想。混凝土坝长效服役影响因素随机森林挖掘法结合了Bagging算法和随机子空间法的优势，以决策树（本书使用CART）作为基本分类器，采用Bagging算法的无放回抽样法对混凝土坝原位监测数据集进行抽样时，基于随机子空间方法，只抽取部分影响因素对混凝土坝原位监测数据集进行训练，最终，由最多分类器认同的分类决定分类结果。

3.3.2.1 混凝土坝长效服役影响因素随机森林法的数据挖掘过程

结合混凝土坝长效服役的特点，随机森林法对混凝土坝长效服役影响因素数据挖掘的过程如下。

(1) 对混凝土坝原位监测数据训练集进行有放回随机抽样，获得的 k 个混凝土坝原位监测数据形成混凝土坝原位监测数据训练集的一个子集，将其作为新的混凝土坝原位监测数据训练集。

(2) 在新生成的混凝土坝原位监测数据训练集中随机抽出 p 个混凝土坝长效服役影响因素形成子集，利用该子集训练一棵 CART，并且不需要对这棵树进行剪枝。

(3) 重复步骤(1)和步骤(2)，直到训练出 n 棵 CART。

(4) 分别依据每棵分类回归树，对待挖掘的目标测试混凝土坝原位监测数据集进行长效服役影响因素分类，统计每棵分类回归树的影响因素对应的分类结果，并将最终获得最多分类回归树认同的类别，作为混凝土坝长效服役影响因素分类结果[230]，并据此对影响因素重要性进行排序。

具体到每棵 CART 的构建，主要包括两个关键步骤。

(1) 节点分裂。该步骤为 CART 算法的核心，只有经过节点分裂步骤，才能产生一棵完整的决策树，本书采用的 CART 决策树分裂规则为 Gini 不纯度函数下降最大原则，即式(3.3.5)达到最大。

(2) 随机影响因素 p 的选取。在训练过程中，无放回地从新生成的混凝土坝原位监测数据训练集中抽取的影响因素个数 p 对随机森林的分类性能有较大影响，因此，需对 p 值的选取进行研究，且 p 值往往远小于总的影响因素个数。在随机森林法的实际应用中，设总的影响因素个数为 F，则在每棵子树的生长过程中，不是将全部 F 个影响因素参与节点分裂，而是随机抽取指定 $p(p\leqslant F)$ 个影响因素，p 的取值一般为 $\mathrm{INT}[(\log_2 F)+1]$，选取这 p 个影响因素，并对节点进行分裂，从而达到节点分裂的随机性。

3.3.2.2　混凝土坝长效服役影响因素随机森林法的数学定义及误差估计

(1) 混凝土坝长效影响因素随机森林法的数学定义

为了客观地对混凝土坝长效服役主要影响因素进行挖掘，必须对其相应的随机森林挖掘方法核心要素进行数学定义。

① 边缘函数

设一系列分类回归树 $C_1(x)$、$C_1(x)$、…、$C_k(x)$ 所构成的森林的两个向量为 $\boldsymbol{X}$、$\boldsymbol{Y}$，则边缘函数定义为

$$Mg(\boldsymbol{X},\boldsymbol{Y}) = av_k\{I[C_k(\boldsymbol{X}) = \boldsymbol{Y}]\} - \max_{\boldsymbol{w}\neq \boldsymbol{Y}} av_k\{I[C_k(\boldsymbol{X}) = \boldsymbol{w}]\} \tag{3.3.6}$$

式中：$av(\cdot)$ 表示对函数值取平均值；$I(\cdot)$ 表示示性函数；$\boldsymbol{Y}$ 表示正确的分类向量；$\boldsymbol{w}$ 表示错误的分类向量。

边缘函数的意义是正确分类的认同度超过错误分类中最大认同度的程度，从

式(3.3.6)可看出,边缘函数值越大,此分类器的置信度越高。

② 泛化误差

$$GE = P_{\boldsymbol{X},\boldsymbol{Y}}[Mg(\boldsymbol{X},\boldsymbol{Y}) < 0] \tag{3.3.7}$$

式中:$P_{\boldsymbol{X},\boldsymbol{Y}}(\cdot)$ 表示了概率的定义空间。

③ 混凝土坝长效服役影响因素随机森林边缘函数

$$Mrf(\boldsymbol{X},\boldsymbol{Y}) = P[C_k(\boldsymbol{X}) = \boldsymbol{Y}] - \max_{\substack{m \neq Y \\ w=1}}^{c} P[C_k(\boldsymbol{X}) = \boldsymbol{w}] \tag{3.3.8}$$

式中:$P[C_k(\boldsymbol{X}) = \boldsymbol{Y}]$ 表示正确分类的概率;$\max_{\substack{m \neq Y \\ w=1}}^{c} P[C_k(\boldsymbol{X}) = \boldsymbol{w}]$ 表示错误分类概率的最大值。

按照随机森林的定义,在构建森林的过程中,会产生一个无放回随机抽取的初始混凝土坝原位监测数据训练集和一个未被抽取的数集,设未被抽取的数集为 $W_k(\boldsymbol{x})$,令 $R_k(\boldsymbol{x}, y_i)$ 表示输入的随机向量 $\boldsymbol{x}$ 在未被抽取数集 $W_k(\boldsymbol{x})$ 中正确分类的比例,则

$$R_k(\boldsymbol{x}, y_i) = \frac{\sum_k I[C_k(\boldsymbol{x}) = y_i, (\boldsymbol{x}, \boldsymbol{y}) \in W_k(\boldsymbol{x})]}{\sum_k I[C_k(\boldsymbol{x}), (\boldsymbol{x}, \boldsymbol{y}) \in W_k(\boldsymbol{x})]} \tag{3.3.9}$$

式中:$I[C_k(\boldsymbol{x}) = y_i, (\boldsymbol{x}, \boldsymbol{y}) \in W_k(\boldsymbol{x})]$ 表示在未被抽取数集中正确分类的个数;$I[C_k(\boldsymbol{x}), (\boldsymbol{x}, \boldsymbol{y}) \in W_k(\boldsymbol{x})]$ 表示未被抽取的混凝土坝原位监测数据。

④ 混凝土坝长效服役影响因素随机森林的强度

将混凝土坝长效服役影响因素随机森林的强度定义为随机森林边缘函数的期望,则

$$S = E[Mrf(\boldsymbol{X},\boldsymbol{Y})] = E\{P[C_k(\boldsymbol{X}) = \boldsymbol{Y}] - \max_{\substack{w \neq Y \\ w=1}}^{c} P[C_k(\boldsymbol{X}) = \boldsymbol{w}]\} \tag{3.3.10}$$

⑤ 混凝土坝长效服役影响因素随机森林各树间的平均相关度

将各树间的平均相关度定义为边缘函数的方差与随机森林标准差的比值,则

$$\bar{r} = \frac{var(Mrf)}{sd\,[C(*)]^2} = \frac{\frac{1}{n}\sum_{i=1}^{n}[R(x_i, \boldsymbol{y}) - \max_{\substack{w \neq Y \\ w=1}}^{c} R(x_i, \boldsymbol{w})]^2 - S^2}{\left[\frac{1}{k}\sum_{j=1}^{k}\sqrt{p_j + \overline{p_j} + (p_j - \overline{p_j})^2}\right]^2} \tag{3.3.11}$$

式中:p_j 为 $p[C_j(x_i) = \boldsymbol{y}]$ 的 OOB 估计(下节将给出 OOB 估计的定义);$\overline{p_j}$ 为

$p[C_j(x_i)=\overline{\boldsymbol{y}_w}]$ 的 OOB 估计。

$$p_j=\frac{\sum\limits_{(x_i,\boldsymbol{y})\in\boldsymbol{O}_x} I[C_j(x_i)=\boldsymbol{y}]}{\sum\limits_{(x_i,\boldsymbol{y})\in\boldsymbol{O}_x} I[C_j(x_i)]} \tag{3.3.12}$$

$$\overline{p_j}=\frac{\sum\limits_{(x_i,\boldsymbol{y})\in\boldsymbol{O}_x} I[C_j(x_i)=\overline{\boldsymbol{y}_w}]}{\sum\limits_{(x_i,\boldsymbol{y})\in\boldsymbol{O}_x} I[C_j(x_i)]} \tag{3.3.13}$$

(2) 混凝土坝长效服役影响因素随机森林法泛化误差与 OOB 袋外数据估计

为了更好地反映混凝土坝长效服役影响因素随机森林法对混凝土坝原位监测数据样本的适应性及影响因素分类的精度，本书利用了泛化误差描述随机森林的性质，为便于理解，下面对泛化能力相关概念进行分析。

机器学习以学习到隐含在数据内部的规律为目标，对于具有同一规律的学习集以外的数据，经过训练的分类器也能输出适当的结果，该能力称为泛化能力。对于混凝土坝长效服役影响因素随机森林法来说，它的泛化能力是指经过随机的无放回抽样，训练出多棵混凝土坝长效服役影响因素分类回归树并进行投票，选择投票最多的分类作为影响因素的分类结果，将这个训练后的模型用于未被抽取的另一部分样本输出正确影响因素分类结果的能力。简单地说，泛化能力是指机器学习算法对新鲜样本的适应能力。

泛化误差是反应泛化能力的一个指标，泛化误差越小，则该模型学习性能越好，反之则性能越差。上文中给出了随机森林的泛化误差的理论式，然而，在实际操作过程中，混凝土坝原位监测数据样本的期望输出和分布情况通常都是未知的，故无法直接通过式(3.3.7)估计混凝土坝长效服役影响因素随机森林法的泛化误差。因此，通常采用 OOB 估计混凝土坝长效服役影响因素随机森林法的泛化误差。OOB 估计即 Out Of Bag 袋外数据估计，在随机森林算法中，是一种相对较好的泛化误差的估计方式。按照混凝土坝长效服役影响因素随机森林法的定义，随机森林采用 bagging 方法进行随机无放回抽样，在生成的新数据集中，并不会完全抽取初始混凝土坝原位监测数据训练集中所有监测数据，相应样本未被抽到的概率为 $(1-1/N)^N$ (N 为初始混凝土坝原位监测数据训练集中样本的个数)。不难证明，当 $N\rightarrow\infty$，$(1-1/N)^N$ 收敛于 $\mathrm{e}^{-1}\approx 0.368$。可以看出，在所有样本数据中，大约有近 37% 的样本会被遗漏，相应这些样本数据组成的集合为袋外数据(Out Of Bag,OOB)。采用 OOB 数据计算混凝土坝长效服役影响因素随机森林算法的泛化能力，称为 OOB 估计。根据该方法，以一组 CART 为基本单元，采用未被该森林选中的所有的袋外数据集，计算该决策树的 OOB 误分率，通过取误分率平均值,可以求出随机森林法的 OOB 误分率,也就是混凝土坝长效服役影响因素随机森林法的 OOB 误差估计。

3.4 影响因素对混凝土坝服役过程性态作用效应分析方法

上一节中,探讨了利用随机森林法挖掘混凝土坝长效服役主要影响因素的原理,混凝土坝长效服役影响因素随机森林法是一种智能学习算法,不仅能对长效服役影响因素进行分类排序,通过对样本的学习,还可以对影响因素对混凝土坝服役过程性态作用效应进行评价。为了利用随机森林法分析影响因素对混凝土坝服役过程性态的影响,首先要对混凝土坝当前的服役性态有一个总体评价,将其作为样本供随机森林学习。本书利用 D-S 证据理论对混凝土坝服役过程性态进行评价,并将评价结果作为随机森林算法的学习样本,由此建立混凝土坝服役过程性态的影响因素作用效应的证据理论-随机森林评价模型,从而评价影响因素对混凝土坝服役过程性态的作用效应。

3.4.1 混凝土坝服役过程性态 D-S 证据理论评价方法

证据理论是由 Dempster 和 Shafer 于 20 世纪 60 年代所提出的,其全称为 Dempster-Shafer 证据理论,常缩写为 D-S 证据理论[231]。证据理论基于概率论的扩充,它通过建立命题和集合之间的对应关系,把命题的不确定性问题转化为集合的不确定性问题,从而把该问题转化为可以用证据理论处理的集合不确定性问题。

要利用 D-S 证据理论对混凝土坝服役过程性态进行评价,首先要针对混凝土坝服役状态进行分级,本书在研究过程中,依据《水电站大坝安全检查实施细则》[232]中对大坝安全的分级,将混凝土坝分为 3 级,即

$$\boldsymbol{S}=[S_1,S_2,S_3]=[\text{正常},\text{基本正常},\text{异常}] \tag{3.4.1}$$

(1) 数学定义

设 $\boldsymbol{U}$ 表示混凝土坝服役状态 $\boldsymbol{S}$ 的所有可能取值的论域集合,并且 $\boldsymbol{U}$ 内的所有元素间是互不相容的,则称 $\boldsymbol{U}$ 为 $\boldsymbol{S}$ 的识别框架。

定义一个集函数 $m: 2^U \to [0,1]$,且满足:

$$m(\varnothing)=0 \tag{3.4.2}$$

$$\sum_{A\subseteq U} m(\boldsymbol{A})=1 \tag{3.4.3}$$

式中: m 为 2^U 上的概率分配函数; $m(\boldsymbol{A})$ 为 $\boldsymbol{A}$ 的基本概率赋值, $m(\boldsymbol{A})$代表对应于

命题 $\boldsymbol{A}$ 的精确信任程度，表征对 $\boldsymbol{A}$ 的精确信任或直接支持；信任函数 $Bel(\boldsymbol{A})=\sum_{\boldsymbol{B}\subset\boldsymbol{A}}m(\boldsymbol{B})$，表示 $\boldsymbol{A}$ 的所有子集的可能性度量之和（对 $\boldsymbol{A}$ 的子集的信任也是对 $\boldsymbol{A}$ 的信任），即表示对 $\boldsymbol{A}$ 的总信任。由上述概率分配函数定义可以推求如下：

$$Bel(\varnothing)=m(\varnothing)=0 \tag{3.4.4}$$

$$Bel(\boldsymbol{U})=\sum_{\boldsymbol{B}\subseteq\boldsymbol{U}}m(\boldsymbol{B})=1 \tag{3.4.5}$$

引入对 $\boldsymbol{A}$ 怀疑程度的度量为 $Bel(\overline{\boldsymbol{A}})$，取 $Pl:2^U\to[0,1]$，且有 $Pl(\boldsymbol{A})=1-Bel(\overline{\boldsymbol{A}})$，其中，$\boldsymbol{A}\subseteq\boldsymbol{U}$，$Pl:2^U\to[0,1]$ 表征为似真度函数，用于表征 $\boldsymbol{A}$ 非假的信任程度。可以推求信任函数和似然函数满足如下表达式：

$$Pl(\boldsymbol{A})\geqslant Bel(\boldsymbol{A}) \tag{3.4.6}$$

$\boldsymbol{A}$ 的不确定性可以通过 $u(\boldsymbol{A})=Pl(\boldsymbol{A})-Bel(\boldsymbol{A})$ 表征，其中，偶区间 $(Bel(\boldsymbol{A}),Pl(\boldsymbol{A}))$ 为信任区间。

（2）证据理论的组合

设 $\boldsymbol{U}$ 中两组相互独立的基本概率赋值为 m_1 和 m_2，其组合后的基本概率赋值为 $m=m_1\oplus m_2$，焦元分别是 $\boldsymbol{A}_1,\boldsymbol{A}_2,\cdots,\boldsymbol{A}_k$ 和 $\boldsymbol{B}_1,\boldsymbol{B}_2,\cdots,\boldsymbol{B}_r$，令

$$K=\sum_{\boldsymbol{A}_j\cap\boldsymbol{B}_j=\varnothing}m_1(\boldsymbol{A}_i)m_2(\boldsymbol{B}_j) \tag{3.4.7}$$

则组合规则为

$$m(\boldsymbol{C})=\begin{cases}\dfrac{\sum\limits_{\boldsymbol{A}_j\cap\boldsymbol{B}_j=\boldsymbol{C}}m_1(\boldsymbol{A}_i)m_2(\boldsymbol{B}_j)}{1-K}\\[2ex] 0,\boldsymbol{C}=\varnothing\end{cases} \tag{3.4.8}$$

若 $K\neq1$，则 m 确定一个基本概率赋值；若 $K=1$，则认为两条证据相互矛盾，不能进行组合。

通过式(3.4.8)，可以对两个证据相互组合，而对于多个证据可以根据以上证据组合的方法进行递推。

（3）基本概率赋值

要利用 D-S 证据理论对混凝土坝服役过程性态进行评价，首先要对监测信息进行基本概率赋值，对于混凝土坝的原位监测信息，通常采用模糊数学的方法来生成基本概率赋值。

模糊数有很多种类型，例如三角形、梯形和高斯型等，具体模糊数的选取需要视实际情况而定，本书采用三角形模糊数对混凝土坝实测信息进行基本概率赋值。

三角形模糊数可以表示为一个三元组 (a,b,c)，则其隶属函数表示为

$$\mu_A(x)=\begin{cases}0, & x<a\\ \dfrac{x-a}{b-a}, & a\leqslant x\leqslant b\\ \dfrac{c-x}{c-b}, & b\leqslant x\leqslant c\\ 0, & x>c\end{cases} \tag{3.4.9}$$

将三角形模糊数应用于本书的混凝土坝服役过程性态评价，令混凝土坝服役过程性态的识别框架为 $\boldsymbol{S}=[S_1,S_2,S_3]$，则传感器对某底层指标 A 进行监测产生了一个测值 R，测值 R 隶属于各安全评价等级的程度分别为 μ_R^A1、μ_R^A2、μ_R^A3，$\mu_R^Ai(i=1,2,3)$ 表示对于第 i 个监测指标 A，传感器测值为 R 时隶属于安全评级 S_i 的程度。因此，本书采用的基本概率赋值 BPA 的公式如下：

$$m(S_1)=\begin{cases}1-\dfrac{|u_i-0.15|}{0.15}, & 0\leqslant u_i<0.3\\ 0, & \text{其他}\end{cases} \tag{3.4.10}$$

$$m(S_2)=\begin{cases}1-\dfrac{|u_i-0.5|}{0.2}, & 0.3\leqslant u_i<0.7\\ 0, & \text{其他}\end{cases} \tag{3.4.11}$$

$$m(S_3)=\begin{cases}1-\dfrac{|u_i-0.85|}{0.15}, & 0.7\leqslant u_i<1\\ 0, & \text{其他}\end{cases} \tag{3.4.12}$$

式中：u_i 为第 i 个底层指标原始监测数据经过标准化之后的标准化值；$m_i(S_i)$ 表示各指标对应各评级的基本概率赋值。

通过对各层监测指标概率赋值的层层融合，最终可以得到混凝土坝服役过程监测信息的概率赋值。依照该融合结果，依据《水电站大坝安全检查实施细则》，可以对混凝土坝服役过程性态做出相应的评级，并将评价结果作为随机森林法的学习样本进行学习。学习完成后，利用随机森林法对待估样本进行预测评价，并估计误分率。

3.4.2 影响因素对混凝土坝服役过程性态作用效应证据理论-随机森林评价模型

以上两节分别研究了混凝土坝长效服役影响因素随机森林挖掘法以及 D-S 证据理论，为了进一步评估影响因素对混凝土坝服役过程性态的作用效应，需要对

混凝土坝服役过程性态做出安全评级。因此，下面基于 D-S 证据理论和混凝土坝长效服役影响因素随机森林挖掘法，作者提出建立影响因素对混凝土坝服役过程性态作用效应证据理论-随机森林评价模型，具体建模步骤如下：

Step 1　选择合适的原位监测数据进行回归分析，确定监测数据的拟合值及相应的方差，并对数据归一化；

Step 2　将处理完的数据代入 BPA 计算公式，对每个监测数据进行基本概率赋值，并进行两两融合，重复以上步骤；

Step 3　将最终融合得到的概率赋值与规范对照可得到混凝土坝服役过程性态安全评级，将其作为混凝土坝长效服役影响因素随机森林挖掘法的学习样本；

Step 4　将 Step 3 中的学习样本作为训练集进行有放回随机抽样，获得的 k 个混凝土坝原位监测数据，形成混凝土坝原位监测数据训练集的一个子集并作为新的混凝土坝原位监测数据训练集；

Step 5　在新生成的混凝土坝原位监测数据训练集中随机抽出 p 个混凝土坝长效服役影响因素形成子集，利用该子集训练一棵 CART，并且不需要对这棵树进行剪枝；

Step 6　重复 Step 4 和 Step 5，直到训练出 n 棵 CART，将最多认同的类别作为最终结果，学习完成；

Step 7　把待挖掘的目标测试混凝土坝原位监测数据集分给每棵 CART 进行长效服役影响因素分类及安全评级，并对每棵 CART 的结果进行统计，最多 CART 认同的类别作为最终的混凝土坝服役过程性态安全评级的结果，并对影响因素对混凝土坝服役过程性态影响的重要度进行排序。

影响因素对混凝土坝服役过程性态作用效应证据理论-随机森林评价模型建模流程图如图 3.4.1 所示。

3.5　工程实例

3.5.1　工程概况

某混凝土重力坝位于四川省宜宾县和云南省水富县交界处，最大坝高 162.0 m，正常蓄水位 380.0 m，死水位 370.0 m。泄洪建筑物位于河床中部略靠右侧，一级垂直升船机位于左岸坝后厂房左侧，左岸灌溉取水口位于左岸岸坡坝段，右岸灌溉取水口位于右岸地下厂房进水口右侧，冲沙孔和排沙洞分别设在升船机坝段的左侧及右岸地下厂房的进水口下部。图 3.5.1 为水电站大坝上游立视图。

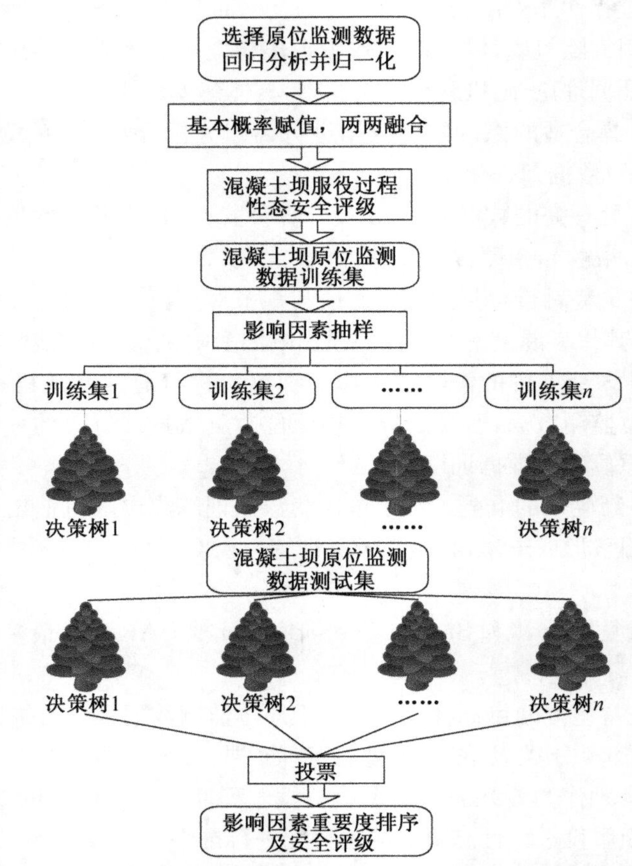

图 3.4.1 影响因素对混凝土坝服役过程性态作用效应证据理论-随机森林评价模型建模流程

该坝于 2012 年 10 月 10 日下闸蓄水，第一期蓄水蓄至初期发电水位 354 m；第二期蓄水阶段，水位于 2013 年 6 月 26 日至 7 月 6 日由 355.90 m 水位蓄至水库死水位 371.51 m；第三期蓄水阶段，自 2013 年 9 月 7 日（起蓄水位 372.14 m）抬升水位，9 月 12 日水库蓄至正常水位 380 m，对应下游水位由 270.13 m 上升至 274.20 m。该水电站在 2015 年初库水位逐渐降低，2015 年 6 月 27 日至 2015 年 8 月 29 日期间维持在 371.0 m 水位运行；此后保持在 378.0 m 高水位运行。本书选取的监测资料序列从该大坝第一阶段蓄水开始（2012 年 10 月 10 日）直到 2015 年 12 月 31 日，图 3.5.2 为上游水位变化过程线。

该水电站气温变化过程线如图 3.5.3 所示，气温监测序列为 2006 年 1 月—2015 年 12 月。最高日平均气温为 33.15 ℃，最低日平均气温为 0.875 ℃，年变幅最大值为 31.2 ℃，气温年均值在 17.2～19.01 ℃之间变化。

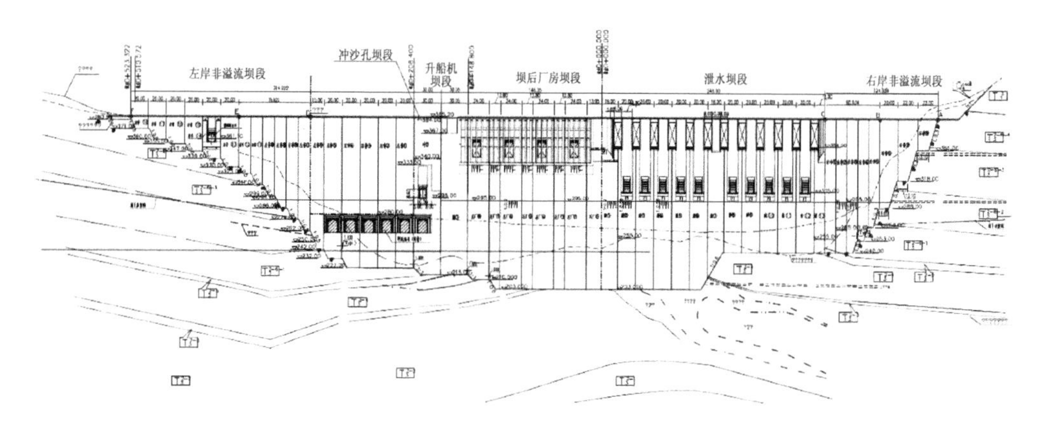

图 3.5.1　某水电站大坝上游立视图

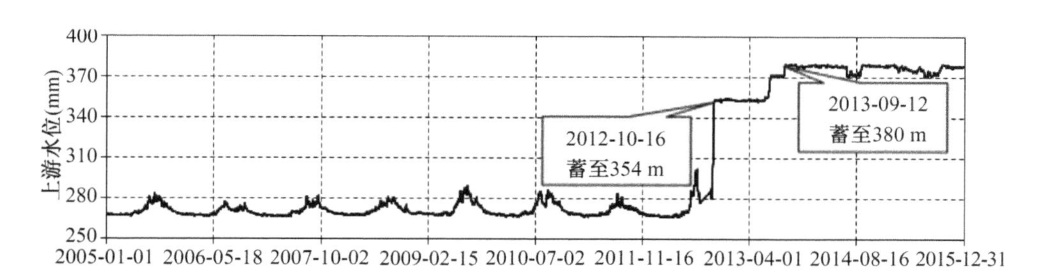

图 3.5.2　上游水位变化过程线

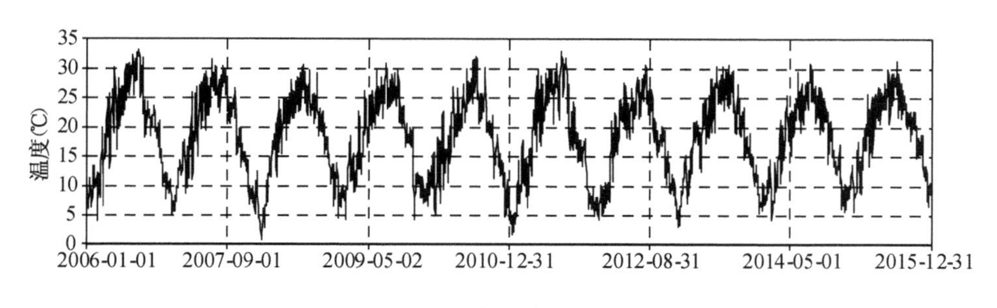

图 3.5.3　气温变化过程线

该水电站降雨量变化过程线如图 3.5.4 所示，该坝降雨量呈一定的年周期性变化，一般春夏季降雨充沛，降雨强度大，且雨季时间长，冬季降雨较少。每年的日最大降雨基本发生在 5—9 月，其余月份的降雨量较少。

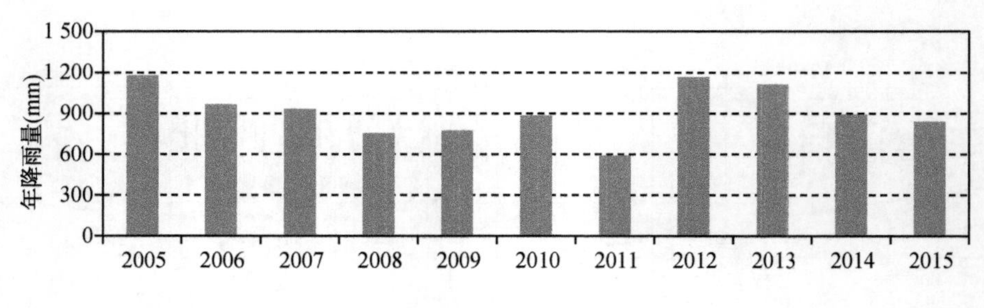

图 3.5.4　坝区年降雨量统计图

3.5.2　分区融合及 D-S 证据理论安全评价

为了利用 D-S 证据理论进行概率赋值及安全评价，首先要对典型坝段的变形监测资料进行融合。利用该水电站的监测、地质和结构设计等资料，依据坝基的地质条件，结合垂线和引张线等监测仪器的布置情况，选取非溢流坝段—升船机坝段、厂房坝段和泄水坝段等 3 个典型坝段部位变形监测资料，并按照坝体混凝土材料的不同将坝体分区，对每个分区测点的变形资料进行概率赋值并融合，最终选择概率赋值中最大值进行安全评价，据此得到安全评价的结果。具体做法如下。

首先建立统计模型对原位监测位移数据进行回归分析，确定监测数据的拟合值及相应的方差，并对测点数据归一化，将处理完的数据代入 BPA 公式对每个分区的测点进行基本概率赋值，可以得到该分区中每个测点位移的基本概率赋值。

在此基础上，将每个分区中各个测点的位移基本概率值进行融合，得到每个分区位移基本概率赋值，找出各分区基本概率赋值中的最大值，并根据《水电站大坝安全检查实施细则》中大坝安全评级确定对应的安全评级，则此安全评级即为该分区的安全评级，其评价结果如表 3.5.1 所示。

表 3.5.1　各分区位移概率赋值及安全评级

坝段	分区	$m(S_1)$	$m(S_2)$	$m(S_3)$	$m(\mathbf{S})$	安全评级
泄水坝段	Ⅰ分区	0.430	0.203	0	0.367	S_1
	Ⅱ分区	0.578	0.132	0	0.290	S_1
	Ⅲ分区	0.212	0.473	0	0.315	S_2
	Ⅳ分区	0.189	0.397	0.081	0.333	S_2
	Ⅴ分区	0.521	0.107	0.071	0.301	S_1
	Ⅵ分区	0.496	0.201	0.11	0.193	S_1
	Ⅶ分区	0.478	0.179	0.101	0.242	S_1

续表

坝段	分区	$m(S_1)$	$m(S_2)$	$m(S_3)$	$m(\mathbf{S})$	安全评级
厂房坝段	Ⅰ分区	0.415	0.214	0	0.290	S_1
	Ⅱ分区	0.191	0.387	0.12	0.302	S_2
	Ⅲ分区	0.215	0.406	0	0.379	S_2
	Ⅳ分区	0.710	0.008	0	0.282	S_1
	Ⅵ分区	0.588	0.071	0.026	0.315	S_1
	Ⅶ分区	0.501	0.151	0	0.348	S_1
非溢流坝段	CⅡ分区	0.192	0.445	0.014	0.349	S_2
	CⅠ分区	0.173	0.501	0	0.326	S_2
	RⅠ分区	0.492	0.210	0.008	0.290	S_1
	RⅡ分区	0.521	0.160	0.015	0.304	S_1
	RⅢ分区	0.462	0.202	0	0.336	S_1
	RⅣ分区	0.222	0.502	0.014	0.262	S_2
	Ⅳ分区	0.267	0.610	0	0.123	S_2
	Ⅵ分区	0.173	0.592	0.009	0.226	S_2
	Ⅲ-1分区	0.232	0.494	0	0.274	S_2

表3.5.1为3个典型坝段各分区利用D-S证据理论得到的该混凝土坝各分区的安全评级，为下面进一步分析各影响因素对大坝服役过程性态变化的作用效应提供了信息样本。

3.5.3 基于证据理论-随机森林法的影响因素对混凝土坝服役过程性态作用效应的评价

将利用D-S证据理论得到的该混凝土坝各分区的安全评级作为样本，依照3.4.2节建立影响因素对混凝土坝服役过程性态作用效应的证据理论-随机森林评价模型，下面重点研究其分析过程。

本书选取的时间序列是由2012年10月10日（开始蓄水）到2015年12月31日，由于影响混凝土坝服役的因素是多方面的，针对工程实际情况，选取的影响因素为：上游水位变化、下游水位变化、降雨、温变、扬压力、混凝土碳化、表面磨损、渗漏、裂缝和地基处理。选取的训练对象为各分区的典型测点共40个，4个典型日（2014年7月3日为高温低水位，2014年9月2日为高温较低水位，2015年2月5

日为低温高水位和 2015 年 9 月 22 日为较高温高水位)，共 160 组训练对象，测试对象选取为系列末尾的一天(2015 年 12 月 21 日)。本书将利用所建的模型对影响混凝土坝服役过程性态的因素进行重要性排序，并针对因素对混凝土坝服役过程性态的影响进行安全评级。

本书建立的评价模型选取的混凝土坝原位监测数据样本共 200 组，其中训练样本 160 组，测试样本 40 组，在训练过程中，无放回地从新生成的训练集中抽取的影响因素个数选取为 4，选择的迭代计算步数为 1 000。确定好各参数后，即可开始训练，在分析训练中，随机森林分类过程中会产生很多子树，其中一棵分类回归树的分类结果如图 3.5.5 所示。

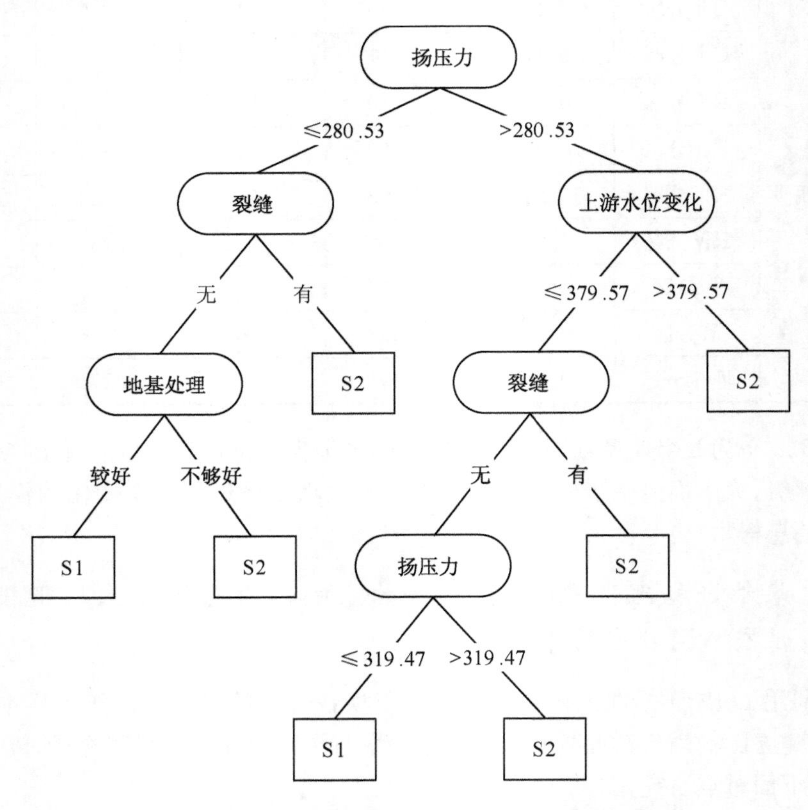

图 3.5.5　随机森林分类过程中一棵子树的分类结果

通过迭代计算，在 160 组训练样本中，影响因素对混凝土坝服役过程性态作用效应的证据理论-随机森林评价模型分类正确率为 91.875%，误分率为 8.125%，绝对平均误差为 0.111，误差均方根为 0.239 4。同时所建立的评价模型给出了基于平均不纯度减小的影响因素重要度排序及节点分裂时用到该影响因素的次数，如表 3.5.2 所示。

表 3.5.2　影响因素重要性排序

重要度排序	影响因素	平均不纯度	节点分裂时用到该属性的次数
1	扬压力	0.51	6 649
2	渗漏	0.28	860
3	上游水位变化	0.24	1 891
4	温变	0.2	1 428
5	裂缝	0.2	581
6	下游水位变化	0.2	1 022
7	降雨	0.19	950
8	地基处理	0.16	589
9	混凝土碳化	0.16	485
10	表面磨损	0.14	569

利用所建模型计算的训练样本的 OOB 误分率为 7.5%，说明本书建立的影响因素对混凝土坝服役过程性态作用效应的证据理论-随机森林评价模型具有良好的泛化能力，即训练后的该评价模型能对影响因素对混凝土坝服役过程性态作用效应进行有效评价。

将学习后的评价模型对 40 组测试数据进行测试，并与经典方法对该混凝土坝服役过程性态安全评级所得的结果进行比较，其安全评级准确率达到了 97.5%，绝对平均误差为 0.164，误差均方根为 0.216 5，测试准确率超过了 95%，超过了绝大多数模型。说明本书建立的影响因素对混凝土坝服役过程性态作用效应的证据理论-随机森林评价模型有较高的精度，并具有较好的分类及对各影响因素重要程度排序的能力，适合运用于混凝土坝长效服役影响因素的挖掘及影响因素对大坝服役过程性态作用效应的评价。

第4章　混凝土坝服役状态监测信息时空特征分析方法

4.1　概述

为了监测混凝土坝的服役状态，在混凝土坝上布置了大量监测设施，并且定期获取服役状态监测信息，这些服役状态监测信息不但具有随时间变化的性质，而且还具有变化的空间性质，是典型的时空变化数据。虽然混凝土坝服役状态监测测点在高程和区域上存在差异，但相互临近监测点的监测信息具有相互影响且相互关联关系，因此在邻近区域内分析混凝土坝服役状态监测信息时空变化特征，在很大程度上能避免传统单纯考虑单测点监测信息时间性质造成的偏误性。

混凝土坝服役状态监测信息序列包含了时间和截面（空间）两个维度的信息，属于典型的面板数据格式，因此利用面板数据模型能够较好地反映混凝土坝服役状态的时空变化特征；此外，面板数据模型具有信息量丰富、自由度多、可有效降低共线性问题等优点，可用于分析混凝土坝服役状态监测信息变化规律。为了建立有效的面板数据模型，首先要研究混凝土坝服役状态监测信息时空变化特征的表征方法，在此基础上，对同类相似变化的监测测点信息进行聚类，从而消除混凝土坝不同监测点变化规律的差异等对模型造成的干扰。与此同时，由于混凝土坝服役状态监测信息影响因素较多且相关性复杂，因此，需借助因子分析法寻求面板数据模型的公共影响因子，据此建立有效的混凝土坝服役状态监测信息面板数据分析模型，从而辨识混凝土坝服役状态监测信息时空变化特征。

由于混凝土坝服役状态监测信息面板数据分析模型与传统分析模型相比，可以从不同维度表征混凝土坝服役状态随时间及空间的变化特征，因而对混凝土坝服役状态变化规律评价更加客观有效。因此，本章在第二章混凝土坝服役状态监测有效信息获取的基础上，研究混凝土坝服役状态监测信息全时间序列的相似性指标及其度量方法。通过混凝土坝服役状态监测信息动态聚类分区，结合因子分析，提取相互独立的公共影响因子，据此建立混凝土坝服役状态监测信息随机系数面板数据分析模型，实现对混凝土坝服役状态监测信息时空特征的辨识，为混凝土服役状态的诊断提供理论基础。

4.2　混凝土坝服役状态监测信息时空特征辨识

为分析混凝土坝服役状态监测信息随时空变化的规律，需要解决各监测点信息时空特征的表征方法，以及对相似变化规律的测点进行聚类的问题，本章重点研究解决上述两个问题的方法。

4.2.1　混凝土坝服役状态监测信息时空变化特征表征方法

混凝土坝服役状态监测信息时间序列是按一定时间顺序排列的各个监测信息的数据集，对于监测系统中的任一测点，其监测信息与采集时间点一一对应，即在一系列时刻 $t_1, t_2, \cdots, t_k$，可得到混凝土坝服役状态监测信息时间序列 $X = [(x_1, t_1), (x_2, t_2), \cdots, (x_k, t_k)]$，其中 x_i 为 t_i 时刻的监测信息属性值。通常情况下混凝土坝服役状态监测信息为离散型时间序列，简记为 $X = (x_1, x_2, \cdots, x_k)$，则任一测点 $j(j = 1, 2, \cdots, N)$ 在 T 时期某健康监测信息值的均值 μ_j、标准差 σ_j 为

$$\mu_j = \frac{\sum_{t=1}^{T} x_j(t)}{T} \tag{4.2.1}$$

$$\sigma_j = \sqrt{\frac{\sum_{t=1}^{T} [x_j(t) - \mu_j]^2}{N}} \tag{4.2.2}$$

在某些特定情况下，需对混凝土坝同一时间(时期或点)的不同测点的服役状态监测值进行分析，这些服役状态监测值的分布规律反映了混凝土坝不同部位之间存在的相关性或相异性。假设某坝服役状态监测值共有 N 个测点，所有测点在时间 t 的监测值共同组成了横截面数据序列，其均值 $\mu(t)$、标准差 $\sigma(t)$ 为

$$\mu(t) = \frac{\sum_{j=1}^{N} x_j(t)}{N} \tag{4.2.3}$$

$$\sigma(t) = \sqrt{\frac{\sum_{j=1}^{N} [x_j(t) - \mu(t)]^2}{N-1}} \tag{4.2.4}$$

由上分析可知，混凝土坝服役状态监测信息时间序列反映了各测点监测信息随时间变化的过程，各测点监测信息客观上表征混凝土坝的服役状态，其信息为一时空面板数据，为了全面评估混凝土坝的服役状态，需综合考虑时间和横截面两个

维度的监测信息的变化。

面板数据从横截面上看，是由某一时刻若干测点测值构成，从纵剖面上看则是一个时间序列。混凝土坝服役状态监测信息时间序列和横截面序列具有典型的面板特征，因此可将其不同区域监测信息视为不同的“面板”。设混凝土坝服役状态某一监测量测点个数为 N，则第 j 个测点在 t 时间的监测值可表示为 $X_j(t)(j=1,2,\cdots,N;t=1,2,\cdots,T)$，其面板数据具体形式为

$$[X_j(t)]=\begin{bmatrix} X_1(1) & X_1(2) & \cdots & X_1(T) \\ X_2(1) & X_2(2) & \cdots & X_2(T) \\ \vdots & \vdots & \ddots & \vdots \\ X_N(1) & X_N(2) & \cdots & X_N(T) \end{bmatrix} \tag{4.2.5}$$

上式在数据形式上可以看作是多条时间序列构成的二维数据集，其均值 μ、标准差 σ 表征方式如下：

$$\mu=\frac{\sum_{t=1}^{T}\sum_{j=1}^{N}x_j(t)}{NT} \tag{4.2.6}$$

$$\sigma=\sqrt{\frac{\sum_{t=1}^{T}\sum_{j=1}^{N}[x_j(t)-\mu_j(t)]^2}{NT-1}} \tag{4.2.7}$$

利用式(4.2.1)—式(4.2.7)可表征混凝土坝服役状态监测信息的变化特征。

4.2.2 混凝土坝服役状态监测信息聚类方法

混凝土坝服役状态监测信息丰富，从不同的方面反映了混凝土坝的服役状态，在诊断其服役状态时，需要分别对拥有相似特征的监测信息进行聚类分析，为此下面研究服役状态监测信息的聚类方法。混凝土坝服役状态监测信息聚类的目标就是将具有相似特征或信息相关度高的测点划分为一类，而将特征不相似或信息相关度较低的测点划分到不同的类。同一类所包含测点的规律相似性越大，不同类包含测点的规律差异度越大，则反映聚类效果越好。

4.2.2.1 混凝土坝服役状态监测信息全时间序列模糊聚类

(1) 混凝土坝服役状态监测信息指标度量方法

在对混凝土坝测点监测信息进行聚类前，应选择合适的度量方法来表征测点变化规律之间的亲疏程度，从而对所有测点进行分区。混凝土坝服役状态监测信息反映了监测量的绝对量水平、监测时间序列的动态水平、监测量变化的波动水平等。因此，通过混凝土坝服役状态监测信息的“绝对量”和“增量”这两个指标来反

映监测序列的相似性。同时,距离可以作为一种对象之间相似性或相异性的度量方法,它具有非负性、对称性以及三角不等式这三个度量性质,且易于直观理解及方便运算[233]。下面研究用距离来度量上述两个指标的方法,常见的距离函数有以下几种形式。

①闵可夫斯基距离(Minkowski),其表达式为

$$d(\boldsymbol{X},\boldsymbol{Y}) = (\sum_{k=1}^{n} | X_k - Y_k |^q)^{1/q} \tag{4.2.8}$$

式中:$\boldsymbol{X}$、$\boldsymbol{Y}$ 代表高维空间中的两个样本点;n 代表指标的维数;X_k、Y_k 分别为 $\boldsymbol{X}$、$\boldsymbol{Y}$ 的第 k 个指标值;q 为距离的参数。

当 $q=1$ 时,为 Manhattan 距离或绝对距离,即

$$d(\boldsymbol{X},\boldsymbol{Y}) = \sum_{k=1}^{n} | X_k - Y_k | \tag{4.2.9}$$

当 $q=2$ 时,为 Euclidean 距离,也就是欧氏距离,其表达式为

$$d(\boldsymbol{X},\boldsymbol{Y}) = (\sum_{k=1}^{n} | X_k - Y_k |^2)^{1/2} \tag{4.2.10}$$

当 $q=\infty$ 时,为上确界距离,即切比雪夫距离,其表达式为

$$d(\boldsymbol{X},\boldsymbol{Y}) = \lim_{q\to\infty} (\sum_{k=1}^{n} | X_k - Y_k |^q)^{1/q} = \max(| X_1 - Y_1 |, | X_2 - Y_2 |, \cdots, | X_n - Y_n |) \tag{4.2.11}$$

②兰氏距离(Lance and Williams),其表达式为

$$d(\boldsymbol{X},\boldsymbol{Y}) = \frac{1}{n}\sum_{k=1}^{n} \frac{| X_k - Y_k |}{X_k + Y_k} \tag{4.2.12}$$

式(4.2.12)表征的兰氏距离对数据的测量单位不敏感,适合于高度偏倚的数据。

③余弦相似性(Cosine Similarity)

余弦相似性是常用的度量数据相似性的方法,其表达式为

$$similarity = \cos(\boldsymbol{x},\boldsymbol{y}) = \frac{\boldsymbol{x}\cdot\boldsymbol{y}}{\|\boldsymbol{x}\|\ \|\boldsymbol{y}\|} \tag{4.2.13}$$

式中:$\boldsymbol{x}\cdot\boldsymbol{y} = \sum_{k=1}^{n} x_k y_k$;$\|\boldsymbol{x}\| = \sqrt{\sum_{k=1}^{n} x_k^2} = \sqrt{\boldsymbol{x}\cdot\boldsymbol{x}}$。

本书在进行混凝土坝服役状态监测信息聚类前,采用欧氏距离的形式给出测

点之间的相似性指标的度量公式。对于监测数据集 $X_j(t)$（$j=1,2,\cdots,N;t=1,2,\cdots,T$），令 d_{ij} 为测点 i 和测点 j 之间的距离，当 d_{ij} 表征测点 i 和测点 j 间在全时间序列 T 内的远近程度时[234]，则

$$d_{ij}=\left\{\sum_{t=1}^{T}\left[X_i(t)-X_j(t)\right]^2\right\}^{1/2} \tag{4.2.14}$$

此时 d_{ij} 描述了全时间序列的“绝对量”距离，记为 $d_{ij}^{(1)}$。

当 d_{ij} 表征测点 i 和测点 j 的监测值增量随时间变化的趋势差异时，则

$$d_{ij}=\left\{\sum_{t=1}^{T}\left[\frac{\Delta X_i(t)}{X_i(t-1)}-\frac{\Delta X_j(t)}{X_j(t-1)}\right]^2\right\}^{1/2} \tag{4.2.15}$$

此时 d_{ij} 描述了测点 i 和测点 j 之间全时间序列的“增长速度”距离，记为 $d_{ij}^{(2)}$。其中：$\Delta X_i(t)=X_i(t)-X_i(t-1)$；$\Delta X_j(t)=X_j(t)-X_j(t-1)$；$\Delta X_i(t)$ 和 $\Delta X_j(t)$ 为两个相邻时期的绝对量差异。

为准确描述混凝土坝各测点服役状态监测信息的变化特性，引入测点 i 和测点 j 之间的“综合”距离，记为 d_{ij}，则

$$d_{ij}=\omega_1 d_{ij}^{(1)}+\omega_2 d_{ij}^{(2)} \tag{4.2.16}$$

式中：ω_1、ω_2 分别表示 $d_{ij}^{(1)}$ 与 $d_{ij}^{(2)}$ 的权重，且满足 $\omega_1+\omega_2=1$，权重系数可以根据研究问题的实际情况来确定。

（2）混凝土坝服役状态监测信息模糊 C 均值(FCM)聚类方法

模糊聚类分析是一种无先验知识的模式识别方法，即为一个无监督的学习过程，对混凝土坝服役状态监测信息模糊聚类而言，聚类过程中根据测点监测信息之间的相似性，对测点进行分组，使得同一组内的测点监测信息相似性尽可能大，同时不同组之间的差异性也尽可能大。模糊 C 均值(FCM)聚类是典型的模糊聚类方法，FCM 算法基于模糊集合理论，把聚类归结成一个带约束的非线性规划问题，在初始化聚类数和聚类中心的基础上，不断更新隶属度和聚类中心，通过迭代优化求解获得数据集的模糊划分和聚类结果[235]。

对一个包含 N 个混凝土坝服役状态监测测点的数据集 $\boldsymbol{X}$，通过聚类将其分成 c 类，即 $\boldsymbol{C}=\{C_1,C_2,\cdots,C_c\}$，令 $\boldsymbol{V}$ 为聚类中心矩阵，$\boldsymbol{V}=\{v_1,v_2,\cdots,v_c\}$，$v_i$ 为第 i 类的聚类中心。令矩阵 $\boldsymbol{U}(\boldsymbol{X})=[\mu_{ij}]_{c\times N}(i=1,2,\cdots,c;j=1,2,\cdots,N)$，其中 μ_{ij} 为测点 x_j 到 C_i 类的隶属度，则其目标函数为

$$J(\boldsymbol{U},\boldsymbol{C})=\sum_{i=1}^{c}\sum_{j=1}^{N}\mu_{ij}^{k}d_{ij}^{2} \tag{4.2.17}$$

其中，k 为模糊度参数；μ_{ij} 满足以下约束条件：

$$\begin{cases} \sum_{i=1}^{c} \mu_{ij} = 1(1 \leqslant j \leqslant N) \\ \mu_{ij} \in [0,1](1 \leqslant j \leqslant N, 1 \leqslant i \leqslant c) \\ N > \sum_{j=1}^{N} \mu_{ij} > 0(1 \leqslant i \leqslant c) \end{cases} \tag{4.2.18}$$

则隶属度 μ_{ij} 和聚类中心 v_i 的更新公式分别为

$$\mu_{ij} = \frac{1}{\sum_{r=1}^{c} \left(\frac{d_{ij}}{d_{rj}}\right)^{\frac{2}{k-1}}} \tag{4.2.19}$$

$$v_i = \frac{\sum_{j=1}^{N} (\mu_{ij})^k x_j}{\sum_{j=1}^{N} (\mu_{ij})^k} \tag{4.2.20}$$

由上分析可知，加权指数 k 会影响算法的收敛性。通过学者们的研究表明，k 的最佳选取区间为[1.5,2.5]，一般在无特殊要求的情况下，可取 $k = 2$ 。

(3) 混凝土坝服役状态监测信息全时间序列模糊聚类步骤

利用上文给出的混凝土坝服役状态监测信息全时间序列的聚类度量方法，运用 FCM 算法，则可对混凝土坝服役状态监测信息进行聚类，其聚类过程如下：

① 输入数据集 $\boldsymbol{X}$、聚类类别数 c 及终止阈值 ε，用 0～1 之间的随机数初始化隶属矩阵 $\boldsymbol{U}$，使其满足 $\sum_{i=1}^{c} \mu_{ij} = 1(1 \leqslant j \leqslant N)$；

② 利用式(4.2.20)计算 c 个聚类中心 v_i（$i = 1,2,\cdots,c$）；

③ 根据式(4.2.17)构建目标函数，并进行计算，若 $|J^{(l)} - J^{(l-1)}| < \varepsilon$，则计算停止；否则用式(4.2.19)计算新的矩阵 $\boldsymbol{U}$，返回步骤②；

④输出混凝土坝服役状态监测信息全时间序列测点聚类结果。

4.2.2.2 混凝土坝服役状态监测信息动态模糊聚类方法

混凝土坝服役状态监测信息可以看作为多条时间序列，因此其存在随时间演化的动态性，若将混凝土坝服役状态监测信息全时间序列作为整体聚类，则难以反映其随时间变化的特性。针对上述问题，本书提出了一种混凝土坝服役状态监测信息动态聚类的方法，通过提取混凝土坝服役状态监测信息时间序列的关键点，改进上节中的 FCM 算法[236]，从而获得混凝土坝健康信息各测点随时间变化的动态聚类。该方法需要解决混凝土坝服役状态监测信息时间序列中的关键点提取和 FCM 新算法的构建两大技术核心问题[237]。

(1) 混凝土坝服役状态监测信息关键点选取

由于混凝土坝服役状态监测信息可以看作为多条时间序列，若某时间序列上

的点 (x_i, t_i)，其中 x_i 为 t_i 时刻的监测信息属性值，满足以下两个条件：

① $-1 \leqslant \cos\alpha = \dfrac{\boldsymbol{m} \cdot \boldsymbol{n}}{|\boldsymbol{m}| \cdot |\boldsymbol{n}|} \leqslant a, a \in [-1, 0]$ 或 $0 \leqslant \cos\alpha = \dfrac{\boldsymbol{m} \cdot \boldsymbol{n}}{|\boldsymbol{m}| \cdot |\boldsymbol{n}|} \leqslant b, b \in [0, 1]$；

② 满足条件①的另一点 (x_j, t_j) 与 (x_i, t_i) 相邻且满足 $|t_j - t_i| \geqslant \lambda \Delta t$。

则点(x_i, t_i)为该时间序列上的关键点。其中：$\boldsymbol{m} = (x_i - x_{i-1}, t_i - t_{i-1})$；$\boldsymbol{n} = (x_{i+1} - x_i, t_{i+1} - t_i)$；$\Delta t = t_{i+1} - t_i$；$a$、$b$、$\lambda$ 为阈值。时间序列上的这些关键点是趋势变化的分界点，含有重要的混凝土坝服役状态监测信息，条件②是使关键点之间保持一定时间间隔，从而排除噪声干扰，并将时间序列的起点、终点放入其关键点集合中，即可得到混凝土坝服役状态监测信息每条时间序列的关键点集合。

（2）混凝土坝服役状态监测信息 FCM 动态聚类

设混凝土坝任意的两个服役状态监测信息时间序列的关键点序列为 $\widetilde{\boldsymbol{X}_i} = (x_{it_1}, x_{it_2}, \cdots, x_{it_p})$ 和 $\widetilde{\boldsymbol{X}_j} = (x_{ir_1}, x_{ir_2}, \cdots, x_{ir_s})$，显然这些关键点序列不等步且不等长。因此，可通过合并两者的下标集合并按升序排列获得新的等长序列，在合并过程中，下标若有重复，只记一次。新的等长序列为 $\widetilde{\boldsymbol{X}_i^*} = (x_{id_1}, x_{id_2}, \cdots, x_{id_l})$，$\widetilde{\boldsymbol{X}_j^*} = (x_{jd_1}, x_{jd_2}, \cdots, x_{jd_l})$，其中 $l \leqslant p + s$。基于新得到的等长关键点序列，用对测量单位不敏感的兰氏距离定义其相似度，即可获得时间序列的相似度量，即

$$d(\widetilde{\boldsymbol{X}_i^*}, \widetilde{\boldsymbol{X}_j^*}) = \frac{1}{l} \sum_{t=1}^{l} \frac{|x_{id_t} - x_{jd_t}|}{|x_{id_t}| + |x_{jd_t}|} (i, j = 1, 2, \cdots, N) \tag{4.2.21}$$

将混凝土坝服役状态监测信息关键点序列定义的相似度量引入上节所述的 FCM 算法中，其目标函数、更新公式如下：

$$J = \sum_{i=1}^{N} \sum_{j=1}^{c} \mu_{ij}^{k} d(\boldsymbol{X}_i^*, \boldsymbol{C}_j^*) = \sum_{i=1}^{N} \sum_{j=1}^{c} \left(\mu_{ij}^{k} \frac{1}{l} \sum_{q=1}^{l} \frac{|x_{it_q} - \nu_{jt_q}|}{|x_{it_q}| + |\nu_{jt_q}|} \right) \tag{4.2.22}$$

$$\mu_{ij} = \frac{[1/d(x_i^*, \nu_j^*)]^{\frac{1}{k-1}}}{\sum_{r=1}^{c} [1/d(x_i^*, \nu_r^*)]^{\frac{1}{k}}} \tag{4.2.23}$$

$$\nu_j = \frac{\sum_{i=1}^{N} (\mu_{ij})^k x_i}{\sum_{i=1}^{N} (\mu_{ij})^k} \tag{4.2.24}$$

式中：$\sum_{j=1}^{c} \mu_{ij} = 1 (1 \leqslant i \leqslant N)$ 且 $\mu_{ij} \in [0, 1] (1 \leqslant i \leqslant N, 1 \leqslant j \leqslant c)$；$\boldsymbol{C}_j^* = (\nu_{jt_1},$

$\nu_{jt_2},\cdots,\nu_{jt_l}$）为第 j 类的聚类中心关键点序列，其获取方式与时间序列 $\boldsymbol{X}_i$ 关键点序列获取方式相同。

在上述 FCM 算法得到的隶属度矩阵中，对每条混凝土坝服役状态监测信息时间序列的最大隶属度设定一个阈值 δ（一般可取 0.7），当 $\mu_{ij} \geqslant \delta$ 时，说明时间序列 $\boldsymbol{X}_i$ 的整体结构很大程度上属于第 j 类；反之，则可对此序列进行逐段聚类，重新命名该序列为 $\boldsymbol{S}$，则

$$d(\boldsymbol{sub}-\boldsymbol{S},\boldsymbol{sub}-\boldsymbol{C}_j)=\frac{1}{2}\left[\frac{|S_{it_{q-1}}-\nu_{jt_{q-1}}|}{|S_{it_{q-1}}|+|\nu_{jt_{q-1}}|}+\frac{|S_{it_q}-\nu_{jt_q}|}{|S_{it_q}|+|\nu_{jt_q}|}\right] \tag{4.2.25}$$

式中：$\nu_{jt_{q-1}}$、ν_{jt_q} 为聚类中心序列端点值；$S_{it_{q-1}}$、S_{it_q} 为序列 $\boldsymbol{S}$ 的端点值。计算每段序列 $\boldsymbol{sub}-\boldsymbol{S}$ 与等长序列 $\boldsymbol{sub}-\boldsymbol{C}_j$ 的距离，将序列 $\boldsymbol{S}$ 逐段聚类到距离最近的类中。

综上所述，混凝土坝服役状态监测信息 FCM 动态聚类步骤如下：

① 输入混凝土坝服役状态监测信息数据集 $\boldsymbol{X}$、聚类类别数 c 及终止阈值 ε，用 0～1 之间的随机数初始化隶属矩阵 $\boldsymbol{U}$，使其满足 $\sum_{i=1}^{c}\mu_{ij}=1(1\leqslant j\leqslant N)$；

② 利用式（4.2.24）计算 c 个聚类中心 ν_j；

③ 提取 $\boldsymbol{X}$ 关键点序列及每个聚类中心关键点序列，合并两者的下标集合，并按升序排列获得新的等长序列 $\boldsymbol{X}_j^*$ 及 $\boldsymbol{C}_i^*$，利用式（4.2.21）计算距离 $d(\boldsymbol{X}_j^*,\boldsymbol{C}_i^*)$；

④ 根据式（4.2.22）构建目标函数，并进行计算，若 $|J^{(l)}-J^{(l-1)}|<\varepsilon$，则输出隶属度矩阵 $\boldsymbol{U}$；否则用式（4.2.23）计算新的矩阵 $\boldsymbol{U}$，返回步骤②；

⑤ 将输出隶属度矩阵每个 $\mu_{ij}\geqslant\delta$ 的时间序列聚到相应类中，并更新聚类中心序列，否则重新命名此序列为 $\boldsymbol{S}$；提取 $\boldsymbol{S}$ 与聚类中心序列关键点序列，利用式（4.2.25）计算相应段距离，将此段归类入最近的类中；

⑥ 输出混凝土坝服役状态监测信息动态聚类结果。

4.3　混凝土坝服役状态监测信息面板数据分析模型

由 4.2.1 节可知，混凝土坝服役状态监测信息时间序列和横截面序列具有典型的面板特征，因此，利用本书提出的聚类方法，可对混凝土坝服役状态监测信息进行聚类分区。基于聚类得到的各分区混凝土坝服役状态监测信息的横截面序列和时间序列，建立如式（4.3.1）的混凝土坝服役状态监测信息面板数据分析模型，即

$$\boldsymbol{y}_{it}=\beta\boldsymbol{X}_{it}+\boldsymbol{\nu}_{it}+\varepsilon\quad i=1,\cdots,N;t=1,\cdots,T \tag{4.3.1}$$

式中：i 为混凝土坝服役状态监测点序号；t 为时间下标；N 为测点数；T 为时间序列的长度；$\boldsymbol{y}_{it}$ 为第 i 个测点 t 时期的混凝土坝服役状态信息监测值；$\boldsymbol{X}_{it}$ 为第 i 个测点监测值因子矩阵，$\boldsymbol{X}_{it}=\begin{bmatrix}\boldsymbol{x}_{11} & \boldsymbol{x}_{12} & \cdots & \boldsymbol{x}_{1t}\\ \boldsymbol{x}_{21} & \boldsymbol{x}_{22} & \cdots & \boldsymbol{x}_{2t}\\ \vdots & \vdots & \ddots & \vdots\\ \boldsymbol{x}_{i1} & \boldsymbol{x}_{i2} & \cdots & \boldsymbol{x}_{it}\end{bmatrix}$，$\boldsymbol{x}_{it}=[1, H_t^1, H_t^2, H_t^3, H_t^4, T_{1,t}, \cdots, T_{m,t}, \theta_t, \ln\theta_t]^{\mathrm{T}}$；$\beta$ 为待估参数；ϵ 为时空上的共同均值项；ν_{it} 为误差项；H_t 为上游水深；$T_{m,t}$ 为第 m 个温度影响因子；θ_t 为监测日至始测日的累计天数除 100。

利用式(4.3.1)来表征同一分区内混凝土坝服役状态监测信息的变化规律。由式(4.3.1)可知，合理选择各测点信息的影响因子和同一分区的测点群信息公共影响因子是关键，下面重点研究因子优选方法。

4.3.1 混凝土坝服役状态监测信息公共影响因子优选方法

由上节分析可知，要建立混凝土坝服役状态监测信息面板数据分析模型，需解决各测点监测信息的影响因子选取问题。下面以混凝土坝变形监测为例，研究影响混凝土坝服役状态监测信息影响因子的选择方法。

4.3.1.1 单测点监测信息常规影响因子

混凝土坝在水压力、扬压力、泥沙压力和温度等荷载作用下，任意一点产生一个位移矢量 $\boldsymbol{\delta}$，按其成因可分为三个部分：水压分量 $\boldsymbol{\delta}_H$、温度分量 $\boldsymbol{\delta}_T$ 和时效分量 $\boldsymbol{\delta}_\theta$，即

$$\boldsymbol{\delta}=\boldsymbol{\delta}_H+\boldsymbol{\delta}_T+\boldsymbol{\delta}_\theta \tag{4.3.2}$$

(1) 水压分量 δ_H 影响因子

对于重力坝，库水压力依靠悬臂梁传给地基，重力坝上任一变形监测点，由库水压力作用产生的水压分量 δ_H 与水深 H、H^2、H^3 有关，δ_H 可表示为

$$\delta_H=\sum_{i=1}^{3}a_iH^i \tag{4.3.3}$$

式中：a_i 为影响系数。

对于拱坝，由一系列水平拱和悬臂梁共同承担水荷载，其中水压力分配到梁上的荷载 P_c 呈非线性变化，见图 4.3.1，因此 P_c 通常用上游水深 H、H^2(或 H^3)来表示，即

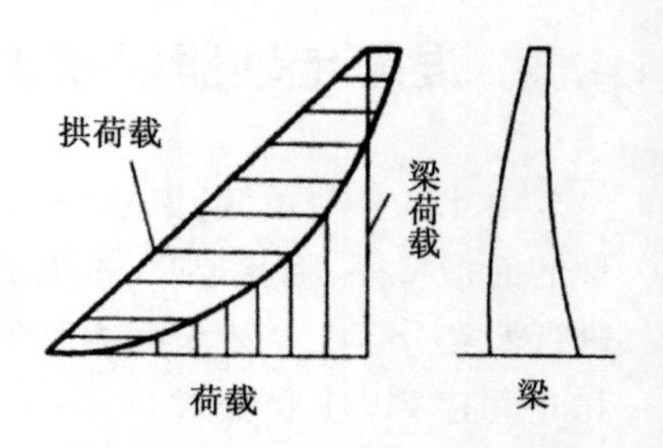

图 4.3.1 拱坝悬臂梁的分配荷载

$$P_c = \sum_{i=1}^{2(3)} a_i' H^i \tag{4.3.4}$$

式中：a_i' 为影响系数。

由于 P_c 与 H 、H^2（或 H^3 ）有关，则在 P_c 作用下引起混凝土拱坝某点变形的水压分量 δ_H 与 H 、H^2 、H^3 、H^4（或 H^5 ）有关，因此 δ_H 的表达式为

$$\delta_H = \sum_{i=1}^{4(5)} a_i'' H^i \tag{4.3.5}$$

式中：a_i'' 为影响系数。

（2）温度分量 δ_T 影响因子

温度分量 δ_T 是由于坝体混凝土和基岩温度变化引起的变形，从力学观点看，δ_T 应选择坝体混凝土和基岩的温度计测值作为因子，当布设足够数量的内部温度计时，则其测值可作为影响因子，即

$$\delta_T = \sum_{i=1}^{m_2} b_i T_i \tag{4.3.6}$$

式中：T_i 为第 i 支温度计测值；b_i 为对应 T_i 的影响系数；m_2 为温度计支数。

若温度计支数很多，则会大量增加数据处理的工作量，因此可采用等效平均温度 $\overline{T}$ 和温度梯度 β 作为影响因子，利用等效温度代替温度计测值，则温度分量 δ_T 的表达式为

$$\delta_T = \sum_{i=1}^{m_3} b_{1i} \overline{T}_i + \sum_{i=1}^{m_3} b_{2i} \beta_i \tag{4.3.7}$$

式中：$\overline{T}_i$ 、β_i 分别为第 i 层等效平均温度和梯度；b_{1i} 、b_{2i} 分别对应 $\overline{T}_i$ 、β_i 的影响系数；m_3 为温度计层数。

（3）时效分量 δ_θ 影响因子

混凝土坝时效分量产生的原因复杂，综合反映坝体混凝土徐变和基岩的蠕变以及基岩地质构造的压缩变形，同时还包括坝体裂缝引起的不可逆以及自生体积变形等。一般正常运行的大坝，时效分量变化规律如图 4.3.2 所示。

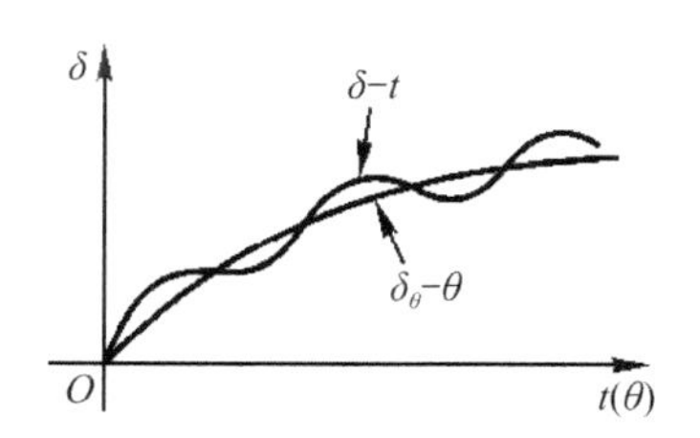

图 4.3.2　时效变形变化规律（δ_θ-θ）

参考文献[30]，本书选取对数函数来表示时效分量影响因子，即

$$\delta_\theta = c_1\theta + c_2 \ln\theta \tag{4.3.8}$$

式中：θ 为始测日至监测日的累计天数除以 100；c_1 、c_2 分别对应 θ 、$\ln\theta$ 的影响系数。

由上分析可知：混凝土坝服役状态监测信息的影响因子较多，由于不同部位的监测点信息变化存在个性化问题，因此其影响因子除用上面介绍的方法进行选择外，还需针对具体问题加以选择。为了充分反映同一分区监测测点群信息的变化规律，需要从众多影响因子中提炼出能表征同一分区信息变化规律的公共影响因子，这对综合分析混凝土坝服役状态的监测信息变化规律至关重要，下面着重研究公共影响因子的提取方法[238]。

4.3.1.2 混凝土坝服役状态多测点监测信息公共影响因子提取

(1) 公共影响因子的提取方法

设 m 个同一分区混凝土坝服役状态监测测点信息构成的变量为 $X_1,X_2,\cdots,X_m$ ，标准化后为 $Z_1,Z_2,\cdots,Z_m$ ，其含有 n 个独立的公共影响因子 $F_1,F_2,\cdots,F_n$ ($n<m$)。每个变量 Z_i 含有非公共影响因子 U_i ，各个 U_i 之间互不相关，且与 F_j($j=1,2,\cdots,n$) 亦互不相关，则每个 Z_i 可由 n 个公共影响因子和对应的独立因子 U_i 线性表示：

$$Z_i = a_{i1}F_1 + a_{i2}F_2 + \cdots + a_{in}F_n + U_i \tag{4.3.9}$$

其中：a_{ij} 为第 i 个表征混凝土坝服役状态变化的变量 Z_i 在第 j 个公共影响因子 F_j 上的负荷，也就是因子载荷；$[Z_i]$ 的矩阵形式的表达式为

$$\boldsymbol{Z} = \boldsymbol{AF} + \boldsymbol{U} \tag{4.3.10}$$

式中：

$$\boldsymbol{Z} = \begin{bmatrix} Z_1 \\ Z_2 \\ \vdots \\ Z_m \end{bmatrix}, \boldsymbol{A} = \begin{bmatrix} a_{11} & a_{12} & \cdots & a_{1n} \\ a_{21} & a_{22} & \cdots & a_{2n} \\ \vdots & \vdots & \vdots & \vdots \\ a_{m1} & a_{m2} & \cdots & a_{mn} \end{bmatrix}, \boldsymbol{F} = \begin{bmatrix} F_1 \\ F_2 \\ \vdots \\ F_n \end{bmatrix}, \boldsymbol{U} = \begin{bmatrix} U_1 \\ U_2 \\ \vdots \\ U_m \end{bmatrix} \tag{4.3.11}$$

$\boldsymbol{F}$ 与 $\boldsymbol{U}$ 满足不相关，$F_1,F_2,\cdots,F_n$ 互不相关，则 $\boldsymbol{F}$ 与 $\boldsymbol{U}$ 的协方差为

$$Cov(\boldsymbol{F},\boldsymbol{U}) = 0 \tag{4.3.12}$$

$$D(\boldsymbol{F}) = \begin{bmatrix} 1 & & & \\ & 1 & & \\ & & \ddots & \\ & & & 1 \end{bmatrix} = \boldsymbol{I} \tag{4.3.13}$$

由

$$Cov(Z_i, F_j) = Cov(\sum_{k=1}^{n} a_{ik} F_k + U_i, F_j) = a_{ij} \tag{4.3.14}$$

可知，a_{ij} 为 Z_i 与 F_j 的相关系数，其绝对值越大，则 Z_i 与 F_j 的密切程度越高；在因子载荷矩阵 $\boldsymbol{A}$ 中，第 i 行元素的平方和为

$$h_i^2 = \sum_{j=1}^{n} a_{ij}^2 \tag{4.3.15}$$

式中：h_i^2 为变量 Z_i 的共同度。

第 j 列元素的平方和为

$$g_j^2 = \sum_{i=1}^{m} a_{ij}^2 \tag{4.3.16}$$

式中：g_j^2 为表征混凝土坝服役状态的监测量公共影响因子 F_j 对 $\boldsymbol{Z}$ 的全部分量的总贡献，它是衡量每一个公共影响因子相对重要性的尺度。

通过上述分析实现 $\boldsymbol{F}$ 代替 $\boldsymbol{Z}$，从而达到降低变量维数的目的。

(2) 混凝土坝服役状态监测信息公共影响因子提取步骤

由上分析可知，提取表征混凝土坝服役状态的监测信息影响因子的主要步骤如下。

Step 1　混凝土坝服役状态监测信息标准化。

混凝土坝服役状态监测信息标准化的计算表达式为

$$Z_{ij} = \frac{X_{ij} - \overline{X_j}}{\sqrt{Var(X_j)}} \quad i = 1,2,\cdots,m; j = 1,2,\cdots,n \tag{4.3.17}$$

式中：X_{ij} 为混凝土坝服役状态监测信息第 j 个变量的第 i 次测值；$\overline{X_j}$ 为第 j 个变量的平均值；$\sqrt{Var(X_j)}$ 为第 j 个变量的标准差。

Step 2　变量间关联性检验。

本书采用 Bartlett 球形检验与 KMO 统计量检验两种方法来检验变量间关联性，前者用于检验各变量独立性，若检验值较大，且对应的相伴概率值小于指定的显著性水平(一般显著性水平取为 0.05)，则说明变量间的相关性较大，可以对混凝土坝服役状态监测信息进行公共影响因子提取；后者用于比较变量间简单相关系数和偏相关系数，检验值介于 0～1 之间，大于 0.6 时可以对混凝土坝服役状态监测信息进行公共影响因子提取。

Step 3　求解影响因子载荷。

运用主成分法求解，令 $\boldsymbol{R}$ 为 $\boldsymbol{Z}$ 的协方差阵，其特征根为 $\lambda_1 \geqslant \lambda_2 \geqslant \cdots \geqslant \lambda_m > 0$，标准正交特征向量为 $\boldsymbol{e}_1, \boldsymbol{e}_2, \cdots, \boldsymbol{e}_m$，由于 $\boldsymbol{R}$ 是实对称矩阵，则有 $\boldsymbol{\Gamma} = [\boldsymbol{e}_1, \boldsymbol{e}_2, \cdots, \boldsymbol{e}_m]$ 使

得 $\boldsymbol{\Gamma}^{\mathrm{T}}R\Gamma=\boldsymbol{\Lambda}$，故

$$\boldsymbol{R}=\boldsymbol{\Gamma}\begin{bmatrix}\lambda_1 & & & \\ & \lambda_2 & & \\ & & \ddots & \\ & & & \lambda_m\end{bmatrix}\boldsymbol{\Gamma}^{\mathrm{T}} = [\sqrt{\lambda_1}\boldsymbol{e}_1,\sqrt{\lambda_2}\boldsymbol{e}_2,\cdots,\sqrt{\lambda_m}\boldsymbol{e}_m][\sqrt{\lambda_1}\boldsymbol{e}_1,\sqrt{\lambda_2}\boldsymbol{e}_2,\cdots,\sqrt{\lambda_m}\boldsymbol{e}_m]^{\mathrm{T}} \tag{4.3.18}$$

对 $\boldsymbol{Z}=\boldsymbol{AF}+\boldsymbol{U}$ 的两边求方差，得

$$\boldsymbol{R}=D(\boldsymbol{Z})=D(\boldsymbol{AF})+D(\boldsymbol{U})=\boldsymbol{A}D(\boldsymbol{F})\boldsymbol{A}^{\mathrm{T}}+D(\boldsymbol{U})=\boldsymbol{A}\boldsymbol{A}^{\mathrm{T}}+D(\boldsymbol{U}) \tag{4.3.19}$$

假定非公共影响因子方差不显著，即为 0，则可得影响因子载荷阵为

$$\boldsymbol{A}=[\sqrt{\lambda_1}\boldsymbol{e}_1,\sqrt{\lambda_2}\boldsymbol{e}_2,\cdots,\sqrt{\lambda_m}\boldsymbol{e}_m] \tag{4.3.20}$$

Step 4　确定公共影响因子个数。

令 $\alpha_k=\lambda_k/\sum_{i=1}^{m}\lambda_i$ 为第 K 个因子的贡献率，则 $\sum_{i=1}^{k}\lambda_i/\sum_{i=1}^{m}\lambda_i$ 为前 K 个因子的累积贡献率，一般而言，因子累积贡献率达到 80%以上即可选取那些影响因子作为公共影响因子。

Step 5　公共影响因子旋转。

公共影响因子旋转的目的是通过旋转坐标轴，重新分配各个公共影响因子所解释的方差的比例，使公共影响因子结构更简单，更易于解释。其基本思路就是在寻求极值的前提下，用一个正交阵或非正交阵右乘公共影响因子载荷阵，从而达到简化公共影响因子载荷阵结构的目的，相应的计算表达式为

$$\begin{aligned}\boldsymbol{A}^{*}&=\boldsymbol{AT}=[a_{ij}^{*}]_{m\times n}\\ d_{ij}&=a_{ij}^{*}/h_i\\ \overline{d_j}&=\frac{1}{m}\sum_{i=1}^{m}d_{ij}^{2}\end{aligned} \tag{4.3.21}$$

式中：$\boldsymbol{T}$ 为正交旋转阵。$\boldsymbol{A}^{*}$ 的第 j 列元素平方的相对方差为

$$V_j=\frac{1}{m}\sum_{i=1}^{m}(d_{ij}^{2}-\overline{d_j})^{2} \tag{4.3.22}$$

其全部公共影响因子各自载荷之间的总方差为

$$V=\sum_{j=1}^{n}V_j \tag{4.3.23}$$

经若干次旋转后，当载荷阵的总方差 V 改变不大时则停止旋转，最终得到的 $\boldsymbol{A}^*$ 即为正交旋转后方差最大的公共影响因子载荷矩阵。

Step 6　公共影响因子提取。

当公共影响因子载荷确定以后，便可以计算各公共影响因子在每个测点上的具体数值，即为公共影响因子得分。由于公共影响因子得分函数中方程个数 n 小于变量个数 m ，因此不能精确计算公共影响因子得分，只能对公共影响因子得分进行估计，本书采用回归法进行求解，则公共影响因子得分可由下式求得：

$$\boldsymbol{F} = \boldsymbol{A} \cdot \boldsymbol{R}^{-1}\boldsymbol{X} \tag{4.3.24}$$

式中：$\boldsymbol{W} = \boldsymbol{A} \cdot \boldsymbol{R}^{-1}$ 为公共影响因子得分系数矩阵。

根据上述 Step 1 至 Step 6 的分析，可提取同一分区混凝土坝服役状态监测信息的公共影响因子。

4.3.2　混凝土坝服役状态监测信息随机系数面板数据分析模型

利用 4.3.1 节获得的同一分区混凝土坝服役状态监测信息公共影响因子，可建立相应的监测信息面板数据模型。面板数据模型可从维数、影响因素、参数、数据类型等方面进行不同的分类，由于同一分区混凝土坝服役状态不同测点监测信息变化规律不完全相同，因此式(4.3.1)中参数 β 不是固定值，故本节选择变系数面板数据模型中的随机系数面板数据模型，在 4.2 节聚类得到每个分区的基础上，建立混凝土坝服役状态监测信息随机系数面板分析模型。

如果考虑用同一分区内测点的监测信息共同属性来反映所属区域监测信息的总体规律，混凝土坝服役状态监测信息随机系数面板分析模型可表示为

$$y_{it} = \sum_{k=1}^{K} (\bar{\beta}_k + \alpha_{ki}) x_{kit} + u_{it} \tag{4.3.25}$$

式中：x_{kit} 为解释变量；K 为解释变量的个数；y_{it} 为混凝土坝健康监测信息序列；$\bar{\boldsymbol{\beta}} = [\bar{\beta}_0, \cdots, \bar{\beta}_K]^{\mathrm{T}}$ 为共同均值系数向量；$\boldsymbol{\alpha}_i = [\alpha_{0i}, \cdots, \alpha_{Ki}]^{\mathrm{T}}$ 为分区内混凝土坝不同测点监测信息对共同均值 $\bar{\boldsymbol{\beta}}$ 的随机偏差；α_{ki} 为均值为零、方差与协方差均为常数的随机变量。假定：

$$E\boldsymbol{\alpha}_i = 0\ ,\ \underset{K\times K}{E\boldsymbol{\alpha}_i\boldsymbol{\alpha}_j^{\mathrm{T}}} = \begin{cases} \Delta, & \text{如果 } i = j \\ 0, & \text{如果 } i \neq j \end{cases}\ ,\ E\boldsymbol{x}_{it}\boldsymbol{\alpha}_j^{\mathrm{T}} = 0\ ,\ E\boldsymbol{\alpha}_i\boldsymbol{u}_j^{\mathrm{T}} = 0\ ,$$

$$E\boldsymbol{u}_i\boldsymbol{u}_j^{\mathrm{T}} = \begin{cases} \sigma_i^2\boldsymbol{I}_T, & \text{如果 } i = j \\ 0, & \text{如果 } i \neq j \end{cases}$$

则式(4.3.25)可以表示为

$$\boldsymbol{y} = \boldsymbol{X}\bar{\boldsymbol{\beta}} + \tilde{\boldsymbol{X}}\boldsymbol{\alpha} + \boldsymbol{u} \tag{4.3.26}$$

式(4.3.26)中，$\underset{NT\times 1}{\boldsymbol{y}} = [\boldsymbol{y}'_1,\cdots,\boldsymbol{y}'_N]^{\mathrm{T}}$，$\underset{NT\times K}{\boldsymbol{X}} = \begin{bmatrix}\boldsymbol{X}_1\\ \boldsymbol{X}_2\\ \vdots \\ \boldsymbol{X}_N\end{bmatrix}$，$\boldsymbol{\alpha} = [\boldsymbol{\alpha}'_1,\cdots,\boldsymbol{\alpha}'_N]^{\mathrm{T}}$，$\boldsymbol{u} = [\boldsymbol{u}'_1,\cdots,\boldsymbol{u}'_N]^{\mathrm{T}}$，$\underset{NT\times NK}{\tilde{\boldsymbol{X}}} = \begin{bmatrix}\boldsymbol{X}_1 & & \boldsymbol{0}\\ & \boldsymbol{X}_2 & \\ & & \ddots \\ \boldsymbol{0} & & \boldsymbol{X}_N\end{bmatrix} = \mathrm{diag}(\boldsymbol{X}_1,\boldsymbol{X}_2,\cdots,\boldsymbol{X}_N)$。复合扰动项$\tilde{\boldsymbol{X}}\boldsymbol{\alpha} + \boldsymbol{u}$的协方差矩阵是分块对角矩阵，第$i$个对角子块为

$$\boldsymbol{\Phi}_i = \boldsymbol{X}_i\boldsymbol{\Delta}\boldsymbol{X}_i^{\mathrm{T}} + \sigma_i^2\boldsymbol{I}_T \tag{4.3.27}$$

$\bar{\boldsymbol{\beta}}$的最优线性无偏估计量是广义最小二乘(GLS)估计量，即

$$\hat{\bar{\boldsymbol{\beta}}}_{\mathrm{GLS}} = (\sum_{i=1}^{N}\boldsymbol{X}_i^{\mathrm{T}}\boldsymbol{\Phi}_i^{-1}\boldsymbol{X}_i)^{-1}(\sum_{i=1}^{N}\boldsymbol{X}_i^{\mathrm{T}}\boldsymbol{\Phi}_i^{-1}\boldsymbol{y}_i) = \sum_{i=1}^{N}\boldsymbol{W}_i\hat{\boldsymbol{\beta}}_i \tag{4.3.28}$$

根据文献[239] Rao公式，可以得到：

$$\begin{aligned}\boldsymbol{X}_i^{\mathrm{T}}\boldsymbol{\Phi}_i^{-1}\boldsymbol{X}_i &= \boldsymbol{X}_i^{\mathrm{T}}(\sigma_i^2\boldsymbol{I}_T + \boldsymbol{X}_i\boldsymbol{\Delta}\boldsymbol{X}_i^{\mathrm{T}})^{-1}\boldsymbol{X}_i\\ &= \boldsymbol{X}_i^{\mathrm{T}}\left[\frac{1}{\sigma_i^2}\boldsymbol{I}_T - \frac{1}{\sigma_i^2}\boldsymbol{X}_i(\boldsymbol{X}_i^{\mathrm{T}}\boldsymbol{X}_i + \sigma_i^2\boldsymbol{\Delta}^{-1})^{-1}\boldsymbol{X}_i^{\mathrm{T}}\right]\boldsymbol{X}_i\\ &= \frac{1}{\sigma_i^2}(\boldsymbol{X}_i^{\mathrm{T}}\boldsymbol{X}_i - \boldsymbol{X}_i^{\mathrm{T}}\boldsymbol{X}_i\{(\boldsymbol{X}_i^{\mathrm{T}}X_i)^{-1} - (\boldsymbol{X}_i^{\mathrm{T}}X_i)^{-1}\\ &\quad\times\left[(\boldsymbol{X}_i^{\mathrm{T}}\boldsymbol{X}_i)^{-1} + \frac{1}{\sigma_i^2}\boldsymbol{\Delta}\right]^{-1}(\boldsymbol{X}_i^{\mathrm{T}}\boldsymbol{X}_i)^{-1}\}\boldsymbol{X}_i^{\mathrm{T}}\boldsymbol{X}_i)\\ &= [\boldsymbol{\Delta} + \sigma_i^2(\boldsymbol{X}_i^{\mathrm{T}}\boldsymbol{X}_i)^{-1}]^{-1}\end{aligned} \tag{4.3.29}$$

式(4.3.28)中的$\boldsymbol{W}_i$为

$$\boldsymbol{W}_i = \left\{\sum_{i=1}^{N}[\boldsymbol{\Delta} + \sigma_i^2(\boldsymbol{X}_i^{\mathrm{T}}\boldsymbol{X}_i)^{-1}]^{-1}\right\}^{-1}[\Delta + \sigma_i^2(\boldsymbol{X}_i^{\mathrm{T}}\boldsymbol{X}_i)^{-1}]^{-1}, \hat{\boldsymbol{\beta}}_i = (\boldsymbol{X}_i^{\mathrm{T}}\boldsymbol{X}_i)^{-1}\boldsymbol{X}_i^{\mathrm{T}}\boldsymbol{y}_i \tag{4.3.30}$$

GLS估计量的协方差矩阵为

$$Var(\hat{\bar{\boldsymbol{\beta}}}_{\mathrm{GLS}}) = \left(\sum_{i=1}^{N}\boldsymbol{X}_i^{\mathrm{T}}\boldsymbol{\Phi}_i^{-1}\boldsymbol{X}_i\right)^{-1} = \left\{\sum_{i=1}^{N}[\boldsymbol{\Delta} + \sigma_i^2(\boldsymbol{X}_i^{\mathrm{T}}\boldsymbol{X}_i)^{-1}]^{-1}\right\}^{-1} \tag{4.3.31}$$

采用最小二乘估计量$\hat{\boldsymbol{\beta}}_i = (\boldsymbol{X}_i^{\mathrm{T}}\boldsymbol{X}_i)^{-1}\boldsymbol{X}_i^{\mathrm{T}}\boldsymbol{y}_i$和残差$\hat{\boldsymbol{u}}_i = \boldsymbol{y}_i - X_i\hat{\boldsymbol{\beta}}_i$，得到$\sigma_i^2$和$\boldsymbol{\Delta}$

的无偏估计量为

$$\hat{\sigma}_i^2 = \frac{\hat{\boldsymbol{u}}_i^{\mathrm{T}} \hat{\boldsymbol{u}}_i}{T-K} = \frac{1}{T-K} \boldsymbol{y}_i^{\mathrm{T}} [\boldsymbol{I} - \boldsymbol{X}_i (\boldsymbol{X}_i^{\mathrm{T}} \boldsymbol{X}_i)^{-1} \boldsymbol{X}_i^{\mathrm{T}}] \boldsymbol{y}_i \tag{4.3.32}$$

$$\hat{\boldsymbol{\Delta}} = \frac{1}{N-1} \sum_{i=1}^{N} (\hat{\boldsymbol{\beta}}_i - N^{-1} \sum_{i=1}^{N} \hat{\boldsymbol{\beta}}_i)(\hat{\boldsymbol{\beta}}_i - N^{-1} \sum_{i=1}^{N} \hat{\boldsymbol{\beta}}_i)^{\mathrm{T}} - \frac{1}{N} \sum_{i=1}^{N} \hat{\sigma}_i^2 (\boldsymbol{X}_i^{\mathrm{T}} \boldsymbol{X}_i)^{-1} \tag{4.3.33}$$

估计量式(4.3.33)若出现负值情形，可采用式(4.3.34)估计，即

$$\hat{\boldsymbol{\Delta}} = \frac{1}{N-1} \sum_{i=1}^{N} (\hat{\boldsymbol{\beta}}_i - N^{-1} \sum_{i=1}^{N} \hat{\boldsymbol{\beta}}_i)(\hat{\boldsymbol{\beta}}_i - N^{-1} \sum_{i=1}^{N} \hat{\boldsymbol{\beta}}_i)^{\mathrm{T}} \tag{4.3.34}$$

还可假定 $\boldsymbol{\Delta}^{-1}$ 服从自由度为 ρ 、矩阵为 $\boldsymbol{R}$ 的 Wishart 分布，由此得到 Bayes 估计量为

$$\boldsymbol{\Delta}^* = \frac{[\boldsymbol{R} + (N-1)\hat{\boldsymbol{\Delta}}]}{(N+\rho-K-2)} \tag{4.3.35}$$

式中：$\boldsymbol{R}$ 和 ρ 分别为先验参数，参考文献[164-166]，可令 $\boldsymbol{R} = \hat{\boldsymbol{\Delta}}$ 及 $\rho = 2$ 。

在式(4.3.29)中用 $\hat{\sigma}_i^2$ 和 $\hat{\boldsymbol{\Delta}}$ 代替 σ_i^2 和 $\boldsymbol{\Delta}$ 后，$\bar{\boldsymbol{\beta}}$ 的估计量是渐近正态分布的有效估计量，该 GLS 估计量的协方差矩阵为

$$\begin{aligned} Var(\hat{\bar{\boldsymbol{\beta}}}_{\mathrm{GLS}})^{-1} &= N\boldsymbol{\Delta}^{-1} - \boldsymbol{\Delta}^{-1} \left[\sum_{i=1}^{N} \left(\boldsymbol{\Delta}^{-1} + \frac{1}{\sigma_i^2} \boldsymbol{X}_i^{\mathrm{T}} \boldsymbol{X}_i \right)^{-1} \right] \boldsymbol{\Delta}^{-1} \\ &= O(N) - O(N/T) \end{aligned} \tag{4.3.36}$$

由上述分析可得共同均值系数 $\bar{\boldsymbol{\beta}}$ 的有效估计值，针对不同时间对混凝土坝不同测点从多次监测的角度考察样本的抽样性质，则得到 $\boldsymbol{\beta}_i$ 的预测值 $\hat{\boldsymbol{\beta}}_i^*$ 为

$$\hat{\boldsymbol{\beta}}_i^* = \hat{\bar{\boldsymbol{\beta}}}_{\mathrm{GLS}} + \Delta \boldsymbol{X}_i^{\mathrm{T}} (\boldsymbol{X}_i \Delta \boldsymbol{X}_i^{\mathrm{T}} + \sigma_i^2 \boldsymbol{I}_T)^{-1} (\boldsymbol{y}_i - \boldsymbol{X}_i \hat{\bar{\boldsymbol{\beta}}}_{\mathrm{GLS}}) \tag{4.3.37}$$

利用式(4.3.37)建立式(4.3.25)混凝土坝服役状态监测信息随机系数面板分析模型，从而实现对混凝土坝服役状态监测信息时空变化规律的分析。

4.4　工程实例

4.4.1　混凝土坝服役状态监测信息模糊聚类

仍以第二章 2.5 节的工程实例为例进行分析，选取该混凝土坝 2013 年 6 月 16 日至 2015 年 9 月 28 日的监测资料，以径向变形监测信息为例，利用本章提出的方

法，对混凝土坝的 26 个变形监测点进行变形聚类分区，得到的聚类分区共 6 个，其结果见图 4.4.1 及表 4.4.1。由图 4.4.1 及表 4.4.1 可知，第Ⅰ分区主要为接近基础面的变形测点；第Ⅱ分区主要为靠近两岸对称坝段的变形测点；第Ⅲ分区主要为四分之一拱坝段的变形测点；第Ⅳ分区主要为河床坝段接近三分之二和三分之一坝高部位的变形测点；第Ⅴ分区为河床坝段三分之二坝高附近部位变形测点；第Ⅵ分区为河床坝段二分之一坝高附近部位变形测点。聚类得到的类内测点变形变化趋势和规律基本一致，每类测点可以综合描述混凝土坝对应区域的总体变形特征。

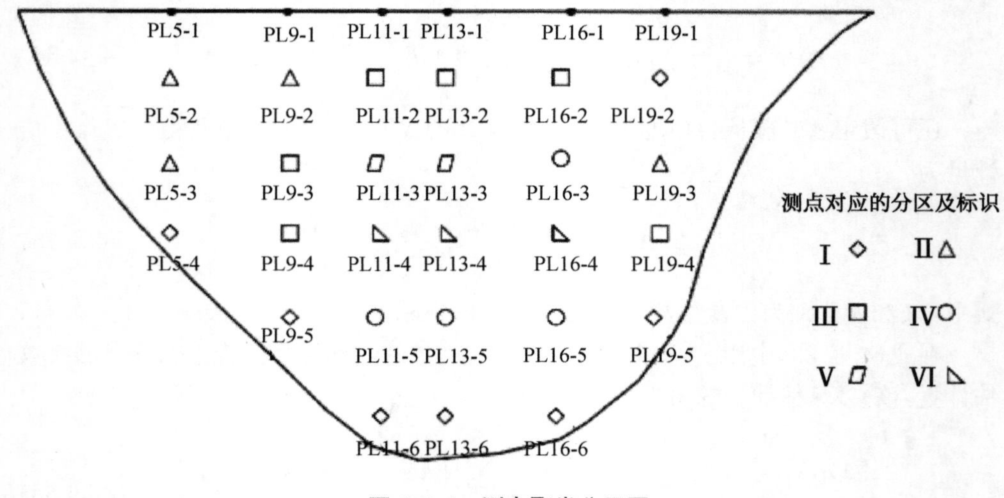

图 4.4.1　测点聚类分区图

表 4.4.1　测点分类

分区	测点
Ⅰ	PL11-6　PL13-6　PL9-5　PL19-5　PL5-4　PL19-2　PL16-6
Ⅱ	PL5-3　PL19-3　PL5-2　PL9-2
Ⅲ	PL9-4　PL19-4　PL9-3　PL11-2　PL16-2　PL13-2
Ⅳ	PL11-5　PL13-5　PL16-5　PL16-3
Ⅴ	PL11-3　PL13-3
Ⅵ	PL11-4　PL13-4　PL16-4

图 4.4.2 为该坝的上游库水位过程线，由图可知，该坝于 2013 年 6 月 16 日、2014 年 5 月 30 日、2015 年 6 月 17 日分别进行了蓄水。提取该监测资料序列的关键点序列，并利用改进的模糊 C 均值聚类算法，得到混凝土坝服役状态变形监测信息随时间变化的动态模糊聚类分区，以测点 PL16-5 与测点 PL9-4 为例，其动态聚

类分区结果如图 4.4.3 与图 4.4.4 所示。

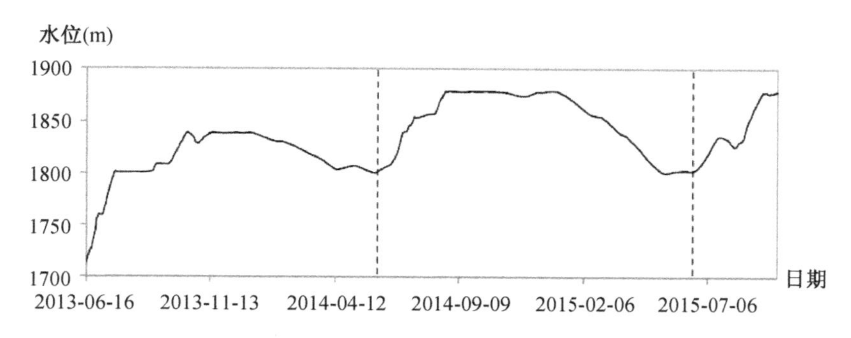

图 4.4.2　某水电站混凝土坝水位过程线

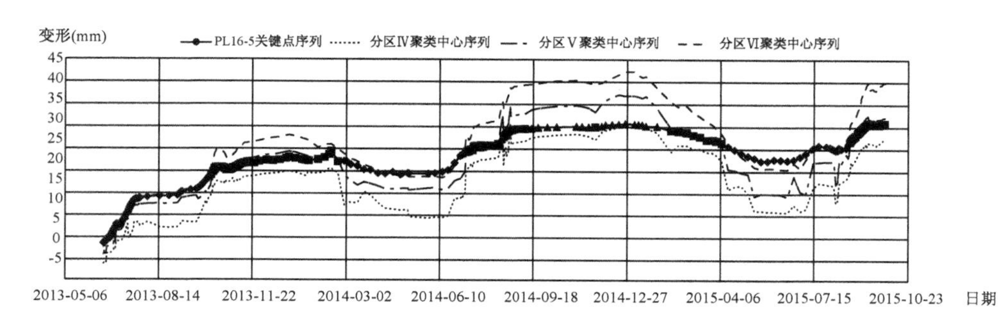

图 4.4.3　测点 PL16-5 动态聚类分区结果

由图 4.4.3 与图 4.4.4 可知，混凝土坝蓄水引起测点变形监测值变化，从而导致测点分区发生了变化，说明本书提出的动态模糊聚类分区方法能有效反映测点随监测值变化动态分区的特点，间接地验证了所提出方法的有效性。

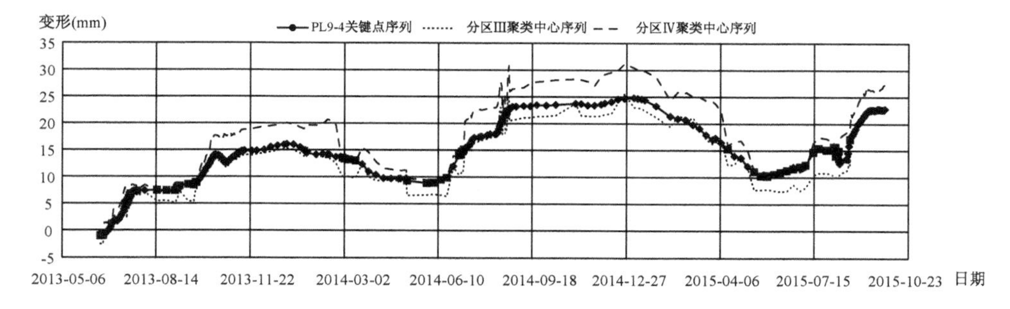

图 4.4.4　测点 PL9-4 动态聚类分区结果

4.4.2 混凝土坝服役状态监测信息面板数据影响因子选取

采用第Ⅳ分区4个测点PL11-5、PL13-5、PL16-5以及PL16-3在2013年6月16日至2015年9月28日期间的监测资料。选取4个水压分量影响因子H、H^2、H^3、H^4和2个时效分量影响因子θ、$\ln\theta$以及4个测点处的变温作为温度分量影响因子，分别记为变量v_1—v_{10}。将影响因子变量数据进行标准化后进行因子可行性检验，因子分析检验结果显示KMO值为0.603>0.6，Bartllet球形检验值为8 706.9，其相伴概率$P=0.000<0.05$（显著性水平），故适合用因子分析法分析。

由4.3.1节可知，在确定影响测点变形的影响因子前，需先利用主成分法确定影响因子个数，见表4.4.2及图4.4.5。由表4.4.2及图4.4.5可看出，前3个主成分的累积贡献率已超过80%，故提取3个公共影响因子。

表4.4.2 因子贡献率

主成分	初始特征值		
	特征值	贡献率(%)	累计贡献率(%)
1	5.689	56.891	56.891
2	1.560	15.600	72.490
3	1.108	11.077	83.568
4	0.775	7.754	91.321
5	0.535	5.351	96.672
6	0.196	1.962	98.634
7	0.131	1.312	99.946
8	0.005	0.053	99.999
9	0.000	0.001	100.000
10	1.229E-7	1.229E-6	100.000

对选取的因子进行因子旋转后得到的公共影响因子载荷矩阵见表4.4.3，由表4.4.3可看出，公共影响因子1在变量v_1—v_4上的载荷很大，表明公共影响因子1代表水位方面变量对测点变形的影响，同理，公共影响因子2代表温度方面对测点变形的影响，公共影响因子3代表时效方面对测点变形的影响。为最终确定公共影响因子，利用回归法求解得因子得分，其因子得分系数矩阵见表4.4.4。

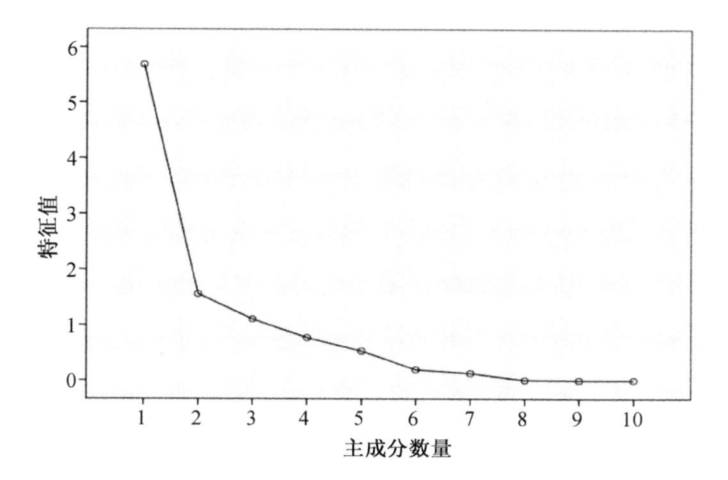

图 4.4.5　主成分碎石图

表 4.4.3　因子旋转矩阵

	公共影响因子		
	1	2	3
v_1	0.931	−0.197	0.240
v_2	0.933	−0.178	0.258
v_3	0.924	−0.157	0.273
v_4	0.910	−0.137	0.285
v_5	0.038	0.270	−0.875
v_6	0.133	0.013	−0.791
v_7	0.061	0.866	0.148
v_8	−0.287	0.863	−0.039
v_9	0.108	0.829	0.008
v_{10}	−0.446	0.171	−0.470

表 4.4.4　因子得分系数矩阵

	公共影响因子		
	1	2	3
v_1	0.163	−0.054	0.033
v_2	0.161	−0.041	0.049
v_3	0.158	−0.027	0.065
v_4	0.154	−0.015	0.078
v_5	0.224	0.218	−0.191
v_6	0.233	0.059	−0.237
v_7	−0.144	0.104	0.801
v_8	−0.007	0.529	0.068
v_9	0.074	0.535	0.039
v_{10}	−0.013	0.053	−0.313

由表 4.4.4 可得 3 个公共影响因子的因子得分表达式 F_1 、F_2 、F_3 为

$$F_1=0.163v_1+0.161v_2+0.158v_3+0.154v_4+0.224v_5+0.233v_6-0.144v_7-0.007v_8+0.074v_9-0.013v_{10}$$

$$F_2=-0.054v_1-0.041v_2-0.027v_3-0.015v_4+0.218v_5+0.059v_6+0.104v_7+0.529v_8+0.535v_9+0.053v_{10}$$

$$F_3 = 0.033v_1 + 0.049v_2 + 0.065v_3 + 0.078v_4 - 0.191v_5 - 0.237v_6 + 0.801v_7 + 0.068v_8 + 0.039v_9 - 0.313v_{10}$$

将各变量标准化值代入即可得每个测点各公共影响因子的得分。

4.4.3 混凝土坝服役状态变形监测信息随机系数面板数据分析模型

利用上节求得的公共影响因子及因子得分，对聚类得到的 6 个分区分别建立混凝土坝服役状态变形监测信息随机系数面板数据分析模型。以第Ⅳ分区为例，建立混凝土坝服役状态变形监测信息面板数据分析模型。

表 4.4.5 数据拟合相关系数

测点号	随机系数面板模型	传统的逐步回归模型
PL13-5	0.998 7	0.996 2
PL16-3	0.986 7	0.965

由表 4.4.5 数据拟合相关系数可看出，与传统的逐步回归方法相比，本章所建立的混凝土坝服役状态监测信息随机系数面板数据分析模型的理论计算值与实测值吻合性好，能较好地表征监测量测值的变化规律。因此，该模型可用于混凝土坝服役状态监测信息变化特征的分析，同时也验证了本书所提出模型的有效性。

第5章 混凝土坝服役状态的监测量诊断指标拟定方法

5.1 概述

应用实测资料进行混凝土坝服役状态诊断，是一个由点到局部再到整体的时空多尺度诊断过程，由于混凝土坝服役状态监测信息构成多样，各类监测量所表征的混凝土坝服役状态侧重不同，如变形监测信息总体反映混凝土坝结构变化方面的服役状态，而渗流监测信息则反映混凝土坝防渗能力的服役状态。因此，在对混凝土坝总体服役状态诊断时，需要解决基于监测量的诊断指标拟定问题。

对于混凝土坝服役状态监测量而言，最基本的是单测点的监测量，目前对监测量的分析方面，主要集中在荷载作用下的传统确定性效应量分析。研究表明，混凝土坝监测信息常含有混沌特性，如果将监测量中各测点效应量变化特性，包括反映混凝土坝服役状态的混沌特性提取出来，并拟定相应的诊断指标，则可提高和完善诊断混凝土坝服役状态的理论和方法。在利用监测量诊断混凝土坝服役状态时，需要研究基于单测点监测量的诊断混凝土坝服役状态的指标拟定方法，在此基础上，结合第四章聚类分区结果，提出同类分区监测量诊断混凝土坝服役状态的指标拟定方法。

为此，本章在前几章研究的基础上，为全面反映单测点和同类分区多测点监测量所表征的混凝土坝服役状态变化特征，综合考虑监测量测值信息的混沌特性及有序性，研究混凝土坝服役状态单测点监测信息中混沌分量的提取方法，据此拟定基于单测点监测量诊断混凝土坝服役状态的指标；并综合应用同类分区监测量面板数据分析模型和信息熵理论，考虑监测量的有序和无序属性，研究并提出混凝土坝服役状态多测点监测量信息熵诊断指标的拟定方法，也为第六章综合诊断混凝土坝的服役状态提供理论基础。

5.2 混凝土坝服役状态的单测点监测量诊断指标拟定

混凝土坝的服役状态由不同类型监测量来反映，而同一类型监测量（如变形、渗流等）均由不同的测点监测量组成，本节重点研究由单测点监测量测值信息来诊断混凝土坝服役状态的指标拟定方法。单测点监测信息由确定分量、混沌和随机混合分量组成，确定性系统和随机系统是两种对立的体系，然而它们并不是完全不可调和的，可以利用混沌作为桥梁将两者联系起来。混沌是指用微分方程描述的确定性系统在相当长的时间后，其演变不再具有确定性，而是呈现出一种类似随机的非线性动力系统"混乱"状态[240]。监测信息中的混沌反映了该动力系统的特征，可以用于评价混凝土坝的服役状态。为此下面重点研究混凝土坝服役状态监测量测值信息中混沌时间序列的提取方法。

5.2.1　混凝土坝服役状态单测点监测量测值中混沌时间序列提取方法

混凝土坝单测点监测量 K 的数学模型可以表示为

$$K = K(H) + K(T) + K(\theta) + \varepsilon \tag{5.2.1}$$

式中：$K(H)$为水压分量；$K(T)$为温度分量；$K(\theta)$为时效分量；ε 为误差。

式(5.2.1)中，ε 内包含大量随机和混沌成分。令 $\varepsilon = K(C) + \varepsilon'$，其中，$K(C)$为混沌成分，$\varepsilon'$ 为随机成分。则相应混凝土坝服役状态单测点监测量测值中混沌及随机混合分量 ε 为

$$\varepsilon = K(C) + \varepsilon' = K - K(H) - K(T) - K(\theta) \tag{5.2.2}$$

(1) 混凝土坝服役状态单测点监测量混合分量序列多尺度分解

基于小波多尺度分析技术，可将信号在 Hillbert 空间 $L^2(\mathbf{R})$内按照分辨率 2^{-j} 分解成嵌套的闭子空间 $\{V_j\}$，并通过正交补的塔式分解，将 $L^2(\mathbf{R})$分解为正交小波子序列 $\{W_j\}$，即对于一组一维信号 $f(x)$可以将其分解为

$$f(x) = \sum a_{j,k}\varphi_{j,k}(x) \tag{5.2.3}$$

式中：$\{a_{j,k}, k \in \mathbf{Z}\}$ 为在当前尺度将其分解为 V_{j-1} 和 W_{j-1} 空间内的两组分量之和，即为 $f(x) = \sum a_{j-1,k}\varphi_{j-1,k}(x) + \sum d_{j-1,k}\varphi_{j-1,k}(x)$。

对于一组混凝土坝服役状态单测点监测量混合分量 $\{a_{j,k}, k \in \mathbf{Z}\}$ 序列，可以将其分解为一组 $j-1$ 级的近似序列 $\{a_{j-1,k}\}$ 和细节序列 $\{d_{j-1,k}\}$，相应两尺度关系可以表示为

$$\begin{aligned}\varphi_{j-1,k} &= 2^{(j-1)/2}\varphi(2^{j-1}x - k) = 2^{(j-1)/2}\sqrt{2}\sum_s h_s\varphi[2(2^{j-1}x-k)-s] \\ &= \sum_s h_s 2^{j/2}\varphi[2^j x - (2k+s)] = \sum_s h_s\varphi_{j,2k+s}(x)\end{aligned} \tag{5.2.4}$$

同理可以推求得到：

$$\psi_{j-1,k}(x)=\sum_{s}g_{s}\varphi_{j,2k+s}(x) \tag{5.2.5}$$

由此可得到：

$$\begin{aligned}a_{j-1,k}&=\langle f(x),\varphi_{j-1,k}(x)\rangle=\langle f(x),\sum_{s}h_{s}\varphi_{j,2k+s}(x)\rangle\\&=\sum\overline{h}_{s}\langle f(x),\varphi_{j,2k+s}(x)\rangle=\sum_{s}\overline{h}_{s}a_{j,2k+s}\\&=\sum a_{j,n}\overline{h}_{n-2k}=a_{j}\times h'(2k)\end{aligned} \tag{5.2.6}$$

式中：h_s 、g_s 为滤波器权系数；$h'_k=\overline{h}_k$ 。

相同原理，可以推求得到：

$$d_{j-1,k}=a_{j}\times g'(2k) \tag{5.2.7}$$

对于上述分解得到的近似序列 $\{a_{j-1,k}\}$ ，可以采用相同的方法分解得到下一尺度 $\{a_{j-2,k}\}$ 和 $\{d_{j-2,k}\}$ ，以此类推，直到分解到指定的小波阶数为止，图 5.2.1 为其相应示意图。

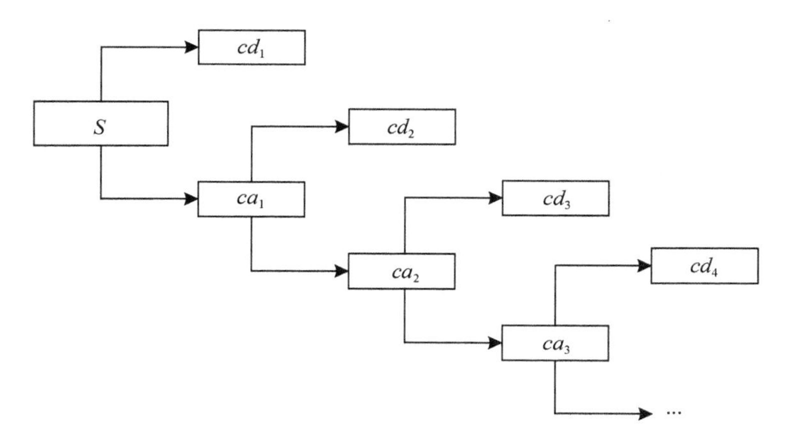

图 5.2.1　小波多尺度分解示意图

(2) 混凝土坝服役状态单测点监测量混合分量不同尺度混沌时间序列识别

假设对一 m 维混凝土坝服役状态监测量的混合分量重构混沌动力系统，定义其奇异吸引子变量为 $\boldsymbol{y}_j=[x_j,x_{j+\tau},x_{j+2\tau},\cdots,x_{j+(m-1)\tau}]$ ，其中 $x(t)$ 为系统内部向量序列，$j=1,2,\cdots,M$ ，$M=N-(m-1)\tau$ ，τ 为时滞。采用矢量最大分量差作为距离，相应两组吸引子距离可以表示为 $|\boldsymbol{y}_i-\boldsymbol{y}_j|=\max\limits_{1\leqslant k\leqslant m}|y_{ik}-y_{jk}|$ 。

假定所有相互距离小于 r(r 为正常数)的矢量为关联矢量，并取所有关联矢量

对数占 M^2 种配对总数的比例为关联积分 $C_m(r)$，其表达式为

$$C_m(r)=\frac{1}{M^2}\sum_{i,j=1}^{M}\theta(r-|\boldsymbol{y}_i-\boldsymbol{y}_j|) \tag{5.2.8}$$

式中：θ 为 Heaviside 阶跃函数，相应表达式如下。

$$\theta(x)=\begin{cases}0, & x\leqslant 0\\ 1, & x>0\end{cases} \tag{5.2.9}$$

由式(5.2.8)可得到，当 $r\to 0$ 时，关联积分 $C_m(r)$ 满足如下关系：

$$\lim_{r\to 0}C_m(r)=r^D \tag{5.2.10}$$

式中：D 即为关联维数。

由式(5.2.10)可以看出，通过适当选取正常数 r，关联维数 D 可以准确地描述混沌系统吸引子自相似结构，相应的关联维数 D 为

$$D=\lg C_m(r)/\lg r \tag{5.2.11}$$

然而，对于混凝土坝服役状态监测量而言，在利用式(5.2.11)计算关联维数 D 过程中，容易出现计算结果不稳定的情况，计算精度对 r 值的选取十分敏感。因此，本书利用混沌时间序列，基于最小二乘方法，构建混凝土坝服役状态监测量的关联维数 D 和 Kolmogorov 熵的联合求解方程，对上述两组参数进行同时求解。

对于一 n 维混凝土坝服役状态监测量混合分量的动力系统，将其相空间分解成边长为 l 的 n 维盒子，对状态空间中一组吸引子和一组落在吸引域中的混沌系统轨道 $x(t)$ 在每组时间间隔 τ 内度量系统状态。假定 $P(i_0,i_1,\cdots,i_d)$ 表征混沌系统轨道在初始时刻落在第 i_0 组盒子，在 $t=\tau$ 时刻落在第 i_1 组盒子，在 $t=2\tau$ 时刻落在第 i_2 组盒子，以此类推混凝土坝服役状态监测量的混沌系统轨道在 $t=d\tau$ 时刻落在第 i_d 组盒子中的联合概率，相应 Kolmogorov 熵可以表示为

$$K=-\lim_{\tau\to 0}\lim_{l\to 0}\lim_{d\to\infty}\frac{1}{\mathrm{d}\tau}\sum_{i_0,i_1,\cdots,i_d}P(i_0,i_1,\cdots,i_d)\ln P(i_0,i_1,\cdots,i_d) \tag{5.2.12}$$

对应 q 阶 Kolmogorov 熵为

$$K_q=-\lim_{\tau\to 0}\lim_{l\to 0}\lim_{d\to\infty}\frac{1}{\mathrm{d}\tau}\frac{1}{q-1}\log_2\sum_{i_0,i_1,\cdots,i_d}P^q(i_0,i_1,\cdots,i_d) \tag{5.2.13}$$

式中：若 $q=2$，则 K_2 称为二阶 Renyi 熵，该变量可以认为是对 Kolmogorov 熵的近似估计，其与关联积分 $C_d^2(l)$ 具有如下关系。

$$K_2=-\lim_{\tau\to 0}\lim_{l\to 0}\lim_{d\to\infty}\frac{1}{d\tau}\log_2 C_d^2(l) \tag{5.2.14}$$

通过固定离散时间 τ，分别在 d 和 $d+\Delta d$ 维空间对上式进行重构可得：

$$K_2 = \lim_{l \to 0} \lim_{d \to \infty} \frac{1}{\Delta d\tau} \log_2 \frac{C_d^2(l)}{C_{d+\Delta d}^2(l)} \tag{5.2.15}$$

在嵌入维数按照 Δd 维等间隔递增条件下，在无标度空间内对式(5.2.15)进行等斜率线性回归，即可实现对混凝土坝服役状态监测量混合分量的关联维数 D 和 Kolmogorov 熵的联合求解，其基本求解过程如下。

假定在嵌入维数为 i 条件下，$\log_2 l - \log_2 C_d^2(l)$ 关系在无标度空间内可以表征为 $x_{ij} = [\log_2 l]_{ij}$，$y_{ij} = [\log_2 C_d^2(l)]_{ij}$，$j$ 为在无标度空间内满足线性关系的点的角标。由 Kolmogorov 熵原理可得：

$$y_{ij} = ax_{ij} - b_i \tag{5.2.16}$$

基于上述假定，可以求得 Renyi 熵 K_2 满足如下关系：

$$K_2 = \lim_{i \to \infty} \frac{\Delta b_i}{\Delta d\tau} \tag{5.2.17}$$

式中：$\Delta b_i = b_i - b_{i+m}$。

基于最小二乘算法基本原理，则可通过残差平方和最小的方法求得 a 和 b_i 的最优估计值，即

$$Q(a, b_i) = \sum_i \sum_j [y_{ij} - (\hat{a}x_{ij} - \hat{b}_i)]^2 \tag{5.2.18}$$

若 $Q(a, b_i)$ 最小，则

$$\begin{cases} \dfrac{\partial Q}{\partial \hat{a}} = -\sum\limits_i \sum\limits_j 2[y_{ij} - (\hat{a}x_{ij} - \hat{b}_i)]x_{ij} \\ \dfrac{\partial Q}{\partial \hat{b}_i} = -\sum\limits_j 2[y_{ij} - (\hat{a}x_{ij} - \hat{b}_i)] = 0 \end{cases} \tag{5.2.19}$$

由式(5.2.19)可求得：

$$\begin{cases} \hat{a} = \dfrac{\sum\limits_i \sum\limits_j (x_{ij} - \overline{x}_i)(y_{ij} - \overline{y})_i}{\sum\limits_i \sum\limits_j (x_{ij} - \overline{x}_i)^2} \\ \hat{b} = \overline{y}_i - a\overline{x}_i \end{cases} \tag{5.2.20}$$

式中：$\overline{x}_i = \frac{1}{n_i} \sum_j x_{ij}$；$\overline{y}_i = \frac{1}{n_i} \sum_j y_{ij}$；$n_i$ 为在嵌入维数 i 条件下无标度区间内满足线性关系的点的个数。

对于不同空间尺度混凝土坝服役状态单测点监测量混合分量序列，即可基于上述原理，对其是否具有混沌动态特性进行辨识，该方法基本思路为：首先采用相空间重构技术，通过引入合理的延迟时间和嵌入维数，将混凝土坝服役状态单测点监测量混合分量不同尺度时间序列投影到多维相空间，并在相空间中对其时间序列进行重构，采用关联维数 D 对重构后时间序列是否具有混沌动态特性进行判断。

通常情况下，混凝土坝服役状态混沌时间序列各策动因素相互影响，因此，不同时间段序列数据仍然具有很强的相关性。鉴于此，本书引入延迟时间方法来实现对时间序列的相空间重构[171]。设混凝土坝服役状态单测点监测量混合分量 $\{x(t),x(t+\tau),\cdots,x(t+(m-1)\tau)\}$ 为一组 m 维相空间，其中：m 为嵌入维数，τ 为延迟时间。下面研究相空间重构技术中嵌入维数 m 和延迟时间 τ 的确定方法。

①相空间延迟时间 τ 的确定

通过合理地选择延迟时间 τ，可以实现在最小的嵌入空间内对相邻相空间轨道进行分离。若 $\{x(t)\}$ 延迟时间 τ 选取过大，则有可能导致前后时刻混沌时间序列动力学特性不一致，而产生不相关误差；若延迟时间 τ 选取过小，则不同维相空间有可能发生挤压，而产生冗余误差。本书采用互信息法确定最佳延迟时间 τ，该方法以 Shannon 信息熵为基础，可以计算混凝土坝服役状态监测量混合分量中不同时刻混沌时间序列之间的相关性，同时可考虑两组变量的整体依赖性，从而可以同时考虑混沌时间序列线性及非线性相关性特征。

设混凝土坝服役状态监测量混合分量中存在两组离散时间序列，分别为目标时间序列 $\boldsymbol{x}=\{x_1,x_2,\cdots,x_n\}$ 和基准时间序列 $\boldsymbol{y}=\{y_1,y_2,\cdots,y_m\}$。两组时间序列变量对应的 Shannon 信息熵分别为：$H(\boldsymbol{x})=-\sum_{i=1}^{n}P(x_i)\ln P(x_i)$，$H(\boldsymbol{y})=-\sum_{i=1}^{m}P(y_i)\ln P(y_i)$。其中，$P(x_i)$和 $P(y_i)$分别为时间序列取 x_i和 y_i时的概率，相应 $\boldsymbol{x}$ 和 $\boldsymbol{y}$ 的联合 Shannon 信息熵可以表示为

$$H(\boldsymbol{x},\boldsymbol{y})=-\sum_{i=1}^{n}\sum_{j=1}^{m}P(x_i,y_i)\ln P(x_i,y_i) \tag{5.2.21}$$

式中：$P(x_i,y_i)$为变量 x_i 和 y_i 的联合概率分布。相应 x_i 和 y_i 两组变量互信息为

$$I(x_i,y_i)=H(x_i)+H(y_i)-H(x_i,y_i) \tag{5.2.22}$$

在采用互信息法计算目标时间序列 $\boldsymbol{x}=\{x_1,x_2,\cdots,x_n\}$ 延迟时间 τ 的过程中，需要在单测点监测量混合分量分布区间上构建对应时间序列的概率分布函数，相应延迟时间 τ 的计算过程可以表示如下。

(a)归一化目标时间序列 $\boldsymbol{x}=\{x_1,x_2,\cdots,x_n\}$，通常取变量 $x_i'=\dfrac{x_i-x_{\min}}{x_{\max}-x_{\min}}$，式中：$x_i'\in[0,1]$；$x_{\max}$和 $x_{\min}$分别为变量 $\boldsymbol{x}$ 在整个时间序列内最大值和最小值。

(b)将目标时间序列 $\boldsymbol{x}=\{x_1',x_2',\cdots,x_n'\}$ 划分到区间[0,1]中的 b 个子区间中，令 $\tilde{x}_i=[x_i'b]$ 表征取大于 $x_i'b$ 的最小整数。

(c)计算概率 $P(x_i)=\dfrac{N(\tilde{x}_i)}{N}$ (式中：$N(\tilde{x}_i)$ 表征目标时间序列 $\boldsymbol{x}=\{x_1,x_2,\cdots,x_n\}$ 落在区间 $(\tilde{x}_{i-1},\tilde{x}_i]$ 中的数据个数)，从而实现对数据进行分组排频求概率。

(d)计算目标时间序列 $\boldsymbol{x}=\{x_1,x_2,\cdots,x_n\}$ 联合概率 $P(x_i,x_{i+\tau})=\dfrac{N(\tilde{x}_i,\tilde{x}_{i+\tau})}{N(N-\tau)}$ (式中：$N(\tilde{x}_i,\tilde{x}_{i+\tau})$ 为时间序列落在 $\tilde{x}_i$ 和 $\tilde{x}_{i+\tau}$ 之间的数据点数目的乘积；$N(N-\tau)$ 为 x_i 和 $x_{i+\tau}$ 联合组合的数据点数)。

(e)基于不同的延迟时间，求解时间序列互信息 $I(\tau)$ 为

$$
\begin{aligned}
I(\tau)&=H(x)+H(x_\tau)-H(x,x_\tau)\\
&=-\sum_{i=1}^{N}P(x_i)\ln P(x_i)-\sum_{i=1}^{N-\tau}P(x_{i+\tau})\ln P(x_{i+\tau})+\\
&\quad\sum_{i=1}^{N-\tau}P(x_i,x_{i+\tau})\ln P(x_i,x_{i+\tau})
\end{aligned}
\tag{5.2.23}
$$

利用式(5.2.23)绘制 τ - $I(\tau)$演化曲线，将相应演化曲线第一组极小值点取为最佳延迟时间 τ。

②相空间嵌入维数 m 的选取

通过合理选取嵌入维数 m，可以有效保证从原始时间序列分离出合理的混凝土坝服役状态测值混沌时间序列。当嵌入维数 m 选取过小时，有可能引发混沌时间序列吸引子发生折叠和交叉，导致重构后吸引子与原始吸引子完全不同；而当嵌入维数 m 选取过大时，会导致计算量增加，放大误差影响等。本书通过引入虚假临近点法对嵌入维数 m 进行优化选取，能够有效区分混沌系统和确定性系统，在计算过程中只需要延迟时间 τ 一组参数即可求得嵌入维数 m。

首先，基于虚假临近点理论，定义变量

$$
a(i,m)=\frac{\|Y_i(m+1)-Y_i^{NN}(m+1)\|_\infty}{\|Y_i(m)-Y_i^{NN}(m)\|_\infty},i=1,2,\cdots,N-m\tau
\tag{5.2.24}
$$

式中：$a(i,m)$ 为 $Y_i(m)$ 虚假临近点；$Y_i(m+1)$ 与 $Y_i^{NN}(m+1)$ 分别为变量 $Y_i(m)$ 与 $Y_i^{NN}(m)$ 在 $m+1$ 维相空间的延拓。

假定 $a(i,m)$关于变量 i 的均值为

$$E(m)=\frac{1}{N-m\tau}\sum_{i=1}^{N-m\tau}a(i,m) \tag{5.2.25}$$

为进一步表征变量 $E(m)$变化过程，定义变量

$$E_1(m)=\frac{E(m+1)}{E(m)} \tag{5.2.26}$$

由上述定义可以得出结论：当混凝土坝服役状态监测量混合分量时间序列与重构后混沌吸引子相互对应时，总是存在一临界值 m_0，当 $m>m_0$ 时，$E_1(m)$将停止变化，相应 m_0+1 即为重构相空间对应的最小嵌入维数。然而，在实际计算过程中，当选取的嵌入维数 m 足够大时，将难以判断 $E_1(m)$是停止变化还是缓慢增加。基于此，本书通过定义如下变量来识别混沌信号和完全随机信号，即

$$E^*(m)=\frac{1}{N-m\tau}\sum_{i=1}^{N-m\tau}\left|x_{i+m\tau}-x_{i+m\tau}^{NN}\right| \tag{5.2.27}$$

$$E_2(m)=\frac{E^*(m+1)}{E^*(m)} \tag{5.2.28}$$

对于混凝土坝服役状态监测量混沌时间序列，各时段数值相互独立，因此，对于任何 m，由式(5.2.28)可知，$E_2(m)=1$；而对于确定性时间序列，由于各时段数值具有相关关系，将导致 $E_2(m)$与 m 值相关，即 $E_2(m)\neq 1$。因此，最终可以通过判断 $E_2(m)$是否等于 1 来确定时间序列相空间重构嵌入维数 m。

由关联维数 D 定义可知，混沌时间序列关联维数作为关联积分幂指数，将随着嵌入维数 m 的增加而逐渐趋于稳定，最终随着关联维数的增加将保持不变。因此，可以通过关联维数 D 随嵌入维数 m 收敛情况，来判断混凝土坝服役状态监测量混合分量不同尺度时间序列是否具有混沌动态特性，当判断出重构后时间序列为完全随机时间序列后，需要剔除该部分数据，直到判断混凝土坝服役状态监测量混合分量所有尺度时间序列均具有混沌动态特性为止。

(3) 混凝土坝服役状态单测点监测量混合分量混沌时间序列重构

在剔除掉非混沌时间序列后，即可对筛选出的混凝土坝服役状态监测量混合分量中不同尺度混沌时间序列进行重构，该过程为混凝土坝服役状态监测量混合分量序列多尺度分离的反过程，此处不再赘述，相应的提取混凝土坝服役状态监测量中混沌时间序列基本流程见图 5.2.2。

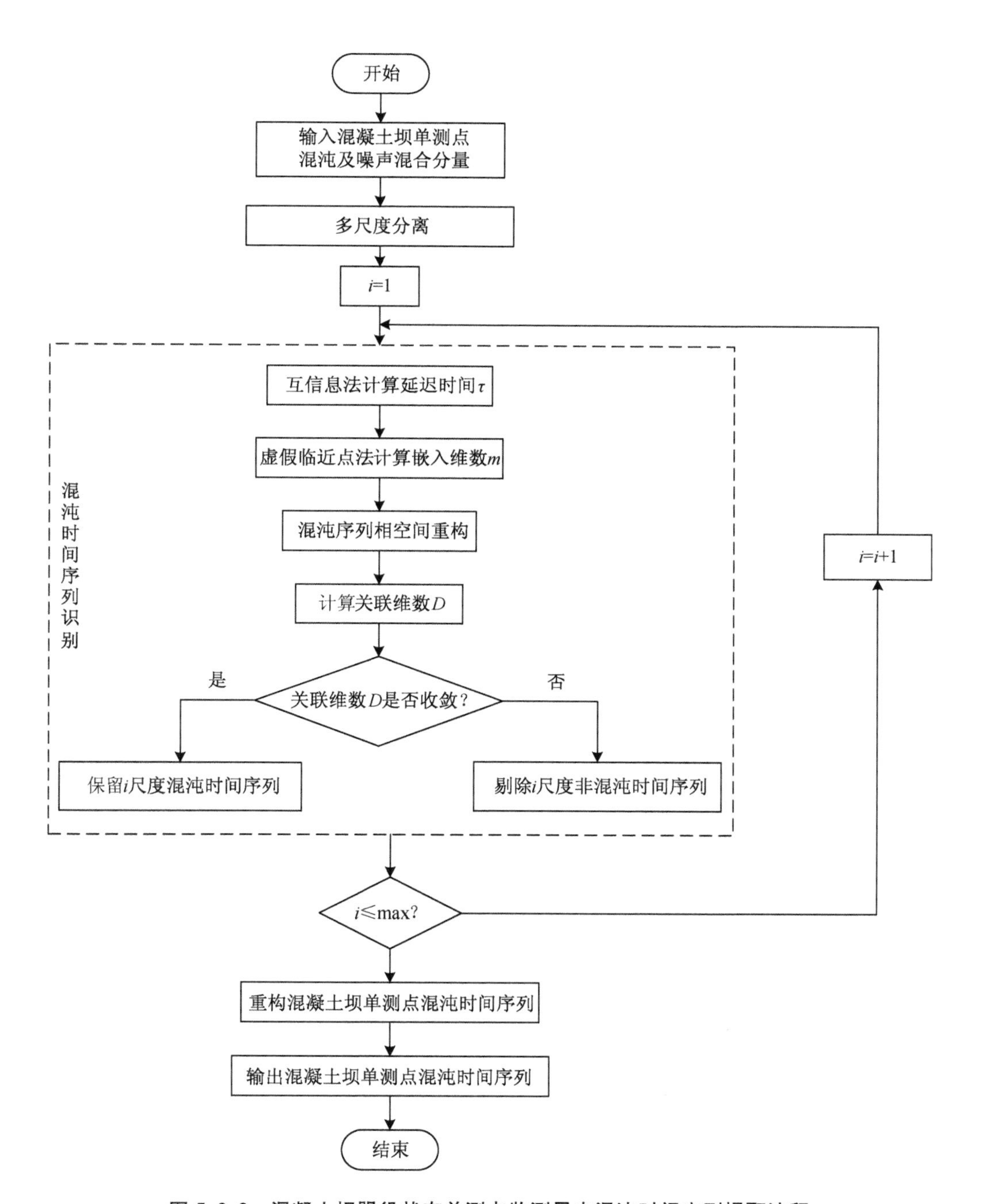

图 5.2.2　混凝土坝服役状态单测点监测量中混沌时间序列提取流程

5.2.2 基于混凝土坝服役状态单测点监测量混沌特性诊断的指标拟定方法

混凝土坝在实际运行过程中,受各种环境和荷载因素作用,自身将逐渐呈现各种变化特征,而这些特征将表现在混凝土坝服役状态各测点监测量中,表现为混凝土坝测点监测量混沌时间序列有可能由原始吸引子向新的吸引子过渡,即其内在演化方程出现动力学突变。因此,本书基于上节的混沌时间序列分离结果,通过引入模糊动力学互相关因子分析方法,分析混凝土坝服役状态监测量中混沌时间序列的动力学属性,由此拟定混凝土坝服役状态的诊断指标。

5.2.2.1 动力学模糊互相关因子指数法拟定混凝土坝服役状态诊断指标的基本原理

在混凝土坝服役状态监测值中,设存在一长度为 N 的混沌时间序列 $\{x(t),t=1,2,\cdots,N\}$ 。首先采用相空间重构技术将其在相空间上进行动力学轨线重构,得到$[N-\alpha(m-1)]\times m$ 维向量矩阵为

$$\boldsymbol{X}=\{X_i,i=1,2,\cdots,N-\alpha(m-1)\}\times m \tag{5.2.29}$$

定义变量 $\boldsymbol{X}$ 自关联和 $C_{XX}(\varepsilon)$为

$$\begin{aligned}C_{XX}(\varepsilon)&=P(\|X_i-X_j\|\leqslant\varepsilon)\\&=\frac{2}{[N-\alpha(m-1)-1][N-\alpha(m-1)]}\\&\quad\times\sum_{i=1}^{N-\alpha(m-1)-1}\sum_{j=i+1}^{N-\alpha(m-1)}\theta(\varepsilon-\|X_i-X_j\|)\end{aligned} \tag{5.2.30}$$

式中:α 为延迟参数;$\theta(\cdot)$是 Heaviside 阶跃函数,相应表达式如下。

$$\theta(x)=\begin{cases}0,x\leqslant 0\\1,x>1\end{cases} \tag{5.2.31}$$

为了对不同的混凝土坝服役状态监测值中混沌时间序列构成的变量集合 $\boldsymbol{X}$ 和 $\boldsymbol{Y}$ 进行比较,定义变量集 $\boldsymbol{X}$ 和 $\boldsymbol{Y}$ 交互关联和 $C_{XY}(\varepsilon)$为

$$\begin{aligned}C_{XY}(\varepsilon)&=P(\|X_i-Y_j\|\leqslant\varepsilon)\\&=\frac{2}{[N-\alpha(m-1)-1][N-\alpha(m-1)]}\\&\quad\times\sum_{i=1}^{N-\alpha(m-1)-1}\sum_{j=i+1}^{N-\alpha(m-1)}\theta(\varepsilon-\|X_i-X_j\|)\end{aligned} \tag{5.2.32}$$

式中:$C_{XY}(\varepsilon)$表征在变量集 X_i的 ε 邻域找到 Y_j的概率。

由上述自关联和 $C_{XX}(\varepsilon)$ 及交互关联和 $C_{XY}(\varepsilon)$ 定义可知，混凝土坝服役状态监测值中混沌时间序列构成的两组变量均能在一定程度上表征变量的动力学特性，但是两组变量还无法作为衡量混沌时间序列异同性的主要标志。因此，为了准确定义混凝土坝服役状态监测值中混沌时间序列内部动力学属性，并辨识其内部动力学属性变化，本书引入如下动力学互相关因子指数 R'，即

$$R' = \lim_{\varepsilon \to 0} \left| \ln \frac{C_{XY}(\varepsilon)}{\sqrt{C_{XX}(\varepsilon)}\ \sqrt{C_{YY}(\varepsilon)}} \right| \tag{5.2.33}$$

由上述动力学互相关因子指数 R' 定义可知，当统计上 R' 足够小时，混凝土坝服役状态监测值中混沌时间序列构成的变量集合 $\boldsymbol{X}$ 和 $\boldsymbol{Y}$ 将具有相似的动力学属性特征；反之，当统计上 R' 足够大时，混凝土坝服役状态监测值中混沌时间序列构成的变量集合 $\boldsymbol{X}$ 和 $\boldsymbol{Y}$ 将具有完全不同的动力学属性特征。因此，可以将该指标作为衡量不同混沌时间序列动力学属性特征的标识，从而拟定混凝土坝服役状态的诊断指标。

在定义上述动力学互相关因子指数 R' 的过程中，采用了 Heaviside 阶跃函数定义自关联和 $C_{XX}(\varepsilon)$ 及交互关联和 $C_{XY}(\varepsilon)$。事实上，Heaviside 阶跃函数刚性边界有可能导致被描述的动力学混沌时间序列相似性信息丢失，即当任一相点位于以另一相点为中心，半径为 ε 的超球面以外时，基于 R' 指数定义，将事先假定两相点完全不相关，这显然与实际情况并不相符。基于此，为了避免上述问题，本书采用 Gaussian 函数替代 Heaviside 阶跃函数，通过“模糊”刚性边界，相应混凝土坝服役状态单测点监测值混沌时间序列构成的两组变量的自关联和 $C_{XX}(\varepsilon)$ 及交互关联和 $C_{XY}(\varepsilon)$ 分别变为

$$\begin{aligned} C_{XX}^{F}(\varepsilon) &= P(\| X_i - X_j \| \leqslant \varepsilon) \\ &= \frac{2}{[N-\alpha(m-1)-1][N-\alpha(m-1)]} \\ &\quad \times \sum_{i=1}^{N-\alpha(m-1)-1} \sum_{j=i+1}^{N-\alpha(m-1)} \exp(\varepsilon - \| X_i - X_j \|) \end{aligned} \tag{5.2.34}$$

$$\begin{aligned} C_{XY}^{F}(\varepsilon) &= P(\| X_i - Y_j \| \leqslant \varepsilon) \\ &= \frac{1}{[N-\alpha(m-1)-1][N-\alpha(m-1)]} \\ &\quad \times \sum_{i=1}^{N-\alpha(m-1)-1} \sum_{j=i+1}^{N-\alpha(m-1)} \exp(\varepsilon - \| X_i - Y_j \|) \end{aligned} \tag{5.2.35}$$

相应修改后动力学模糊互相关因子指数 R 可以定义如下：

$$R = \lim_{\varepsilon \to 0} \left| \ln \frac{C_{XY}^{F}(\varepsilon)}{\sqrt{C_{XX}^{F}(\varepsilon)}\ \sqrt{C_{YY}^{F}(\varepsilon)}} \right| \tag{5.2.36}$$

通过上述定义可以看出，修改后动力学模糊互相关因子指数 R，可以表征混凝土坝服役状态监测值混沌时间序列在重构相空间内任一相点与其相邻相点之间的动力学特征相似性。由于本书采用 Gaussian 函数替代 Heaviside 阶跃函数，相空间中所有相点之间的距离可以通过相点 Gaussian 函数距离的宽度来定义，因而有效避免了传统动力学互相关因子指数 R' 的刚性边界问题。通过式(5.2.36)可以得到：Gaussian 函数越小，相点间相似性越高，动力学模糊互相关因子指数 R 越小；反之，Gaussian 函数越大，相点间相似性越小，动力学模糊互相关因子指数 R 也越大。

5.2.2.2 基于动力学模糊互相关因子指数法拟定混凝土坝服役状态诊断指标

上节通过动力学模糊互相关因子，可以定义不同混凝土坝服役状态监测值中混沌时间序列之间的差异性；然而，为了对混凝土坝服役状态进行诊断，还需要定义混凝土坝服役状态监测值中不同混沌时间序列之间的转异显著性水平。基于概率统计推断准则，采用最大熵理论，建立混沌时间序列模糊互相关因子概率分布。对于混凝土坝服役状态监测值中混沌时间序列模糊互相关因子构成的变量，其为一连续型随机变量 x，则其熵指标 $H(x)$ 为

$$H(x) = -\int_R f(x)\ln f(x)\mathrm{d}x \tag{5.2.37}$$

式中：$f(x)$ 为连续型随机变量 x 的概率密度分布函数。

基于最大熵理论，为了获得式(5.2.37)概率密度分布函数 $f(x)$ 最佳估计，应使熵指标 $H(x)$ 在已知样本数据信息约束条件下最大化，即

$$\max H(x) = -\int_R f(x)\ln f(x)\mathrm{d}x \tag{5.2.38}$$

相应约束条件为

$$\int_R f(x)\mathrm{d}x = 1 \tag{5.2.39}$$

$$\int_R x^i f(x)\mathrm{d}x = \mu_i, i = 1,2,\cdots,N \tag{5.2.40}$$

式中：R 为积分空间；$\mu_i(i=1,2\cdots,N)$ 为 i 阶原点；N 为原点矩总阶数。

采用 Lagrangian 乘子对上述优化求解问题进行求解，首先引入 Lagrangian 函数如下：

$$L = H(x) + (\lambda_0 + 1)\left[\int_R f(x)\mathrm{d}x - 1\right] + \sum_{i=1}^{N}\lambda_i\left[\int_R x^i f(x)\mathrm{d}x - \mu_i\right] \tag{5.2.41}$$

通过取 $\partial L/\partial f(x) = 0$，可以求得概率密度分布函数 $f(x)$，其表达式为

$$f(x) = \exp(\lambda_0 + \sum_{i=1}^{N}\lambda_i x^i) \tag{5.2.42}$$

其相应组合优化问题可转化为如下优化求解问题：

$$\max H(x) = -\int_R \exp(\lambda_0 + \sum_{i=1}^{N}\lambda_i x^i)\ln\exp(\lambda_0 + \sum_{i=1}^{N}\lambda_i x^i)\mathrm{d}x \tag{5.2.43}$$

因此，式(5.2.37)中概率密度分布函数 $f(x)$ 最佳估计求解问题被转化为 Lagrangian 乘子 $(\lambda_0,\lambda_1,\cdots,\lambda_N)$ 的求解问题。本书采用量子遗传算法对上述优化问题进行求解。传统遗传算法在进行非线性复杂问题优化时，容易出现收敛速度慢，容易陷入局部极值等问题。量子遗传算法(Quantum Genetic Algorithm，QGA)结合量子计算与遗传算法，是一种新发展起来的概率进化算法。

量子遗传算法中的最小信息单元为量子比特，一个量子比特的状态可以表示为如下形式：

$$|\varphi\rangle = \alpha|0\rangle + \beta|1\rangle \tag{5.2.44}$$

式中：α、β 分别为量子位对应态的概率幅。$|\alpha|^2$ 为量子态达到 $|0\rangle$ 态时相应的概率；$|\beta\rangle^2$ 为量子态达到 $|1\rangle$ 态的概率，并且满足如下归一化条件：

$$|\alpha|^2 + |\beta|^2 = 1 \tag{5.2.45}$$

因此

$$|\varphi\rangle = \cos\frac{\theta}{2}|0\rangle + \mathrm{e}^{i\varphi}\sin\frac{\theta}{2}|1\rangle \tag{5.2.46}$$

量子遗传算法采用复数对来编码量子信息，m 组量子比特组成的量子染色体可以表示为

$$\begin{bmatrix}\alpha_1 & \alpha_2 & \cdots & \alpha_m \\ \beta_1 & \beta_2 & \cdots & \beta_m\end{bmatrix} \tag{5.2.47}$$

式中：$|\alpha_i|^2 + |\beta_i|^2 = 1(i = 1,2,\cdots,m)$。式(5.2.47)这种编码方法可以表示任意量子态的线性叠加，相应量子门更新过程可以表示为

$$\begin{bmatrix}\alpha_i' \\ \beta_i'\end{bmatrix}=\boldsymbol{U}(\theta_i)\begin{bmatrix}\alpha_i \\ \beta_i\end{bmatrix}=\begin{bmatrix}\cos(\theta_i) & -\sin(\theta_i) \\ \sin(\theta_i) & \cos(\theta_i)\end{bmatrix}\begin{bmatrix}\alpha_i \\ \beta_i\end{bmatrix} \tag{5.2.48}$$

式中：$\boldsymbol{U}(\theta_i)=\begin{bmatrix}\cos(\theta_i) & -\sin(\theta_i) \\ \sin(\theta_i) & \cos(\theta_i)\end{bmatrix}$为量子旋转门；其中变量取值表达式为

$$\theta_i = k \cdot f(\alpha_i,\beta_i) \tag{5.2.49}$$

$$k = \pi \cdot \exp\left(-\frac{t}{iter_{\max}}\right) \tag{5.2.50}$$

式中：k 为自适应性变量；t 为演化种群；$iter_{\max}$ 为取决于优化问题复杂度的常量；函数 $f(\alpha_i,\beta_i)$ 的作用为使算法向最优化方向演化。

本书采用的搜索策略如表 5.2.1，其中：α_1、β_1 为全局最优解的概率幅值；$d_1=\alpha_1\times\beta_1$；$\xi_1=\tan^{-1}(\beta_1/\alpha_1)$；$\alpha_2$、$\beta_2$ 为当前解的概率幅值；$d_2=\alpha_2\times\beta_2$，$\xi_2=\tan^{-1}(\beta_2/\alpha_2)$。当 d_1 和 d_2 同时大于 0 时，表明当前解和全局最优解全部在第一象限或者第三象限；当 $|\xi_1|>|\xi_2|$ 时，当前解逆时针旋转，$f(\alpha_i,\beta_i)=+1$，否则 $f(\alpha_i,\beta_i)=-1$，同样的道理可以得出其他三个旋转准则。

表 5.2.1 $f(\alpha_i,\beta_i)$值查询表

d_1	d_2	$f(\alpha_i,\beta_i)$	
$d_1>0$	$d_2>0$	$\lvert\xi_1\rvert>\lvert\xi_2\rvert$	$\lvert\xi_1\rvert<\lvert\xi_2\rvert$
True	True	+1	−1
True	False	+1	+1
False	True	−1	−1
False	False	−1	+1

此外，为了防止算法寻优过程中陷入局部极值，该算法按照一定的概率引入变异操作，如一个量子位 $\alpha|0\rangle+\beta|1\rangle$ 经变异操作后可以表示为 $\alpha|1\rangle+\beta|0\rangle$。在混凝土坝服役状态诊断中，变异概率一般介于 0.1 到 0.01 之间，它可以保持种群的多样性，并起到防止陷入收敛于局部极值点的作用。采用该算法对式(5.2.43)组合优化问题进行求解，其求解过程如下。

(1) 初始化种群。确定初始种群 n 大小，本书按照式(5.2.43)中 Lagrangian 乘子 $(\lambda_0,\lambda_1,\cdots,\lambda_N)$ 总数的 10 倍进行选取，本书将初始化种群所有量子位概率幅统一取为 $\pm\sqrt{2}$。

(2) 量子位测量和解码。首先基于量子位测量表将种群中量子概率幅转化为由概率幅元素和随机数组成的二进制单元。转化完成后，将测量得到的二进制字符串根据参数取值范围进行解码，得到式(5.2.43)中 Lagrangian 乘子 $(\lambda_0, \lambda_1, \cdots, \lambda_N)$ 对应的十进制值。

(3) 适应度评价。对于优化问题，本书定义适应度值函数如下：

$$Fit_i = H_i(x) - \hat{H}_i(x) \tag{5.2.51}$$

式中：$H_i(x)$为当前熵指标；$\hat{H}_i(x)$ 为历史最佳熵指标。利用式(5.2.51)计算群体中的每一条量子 DNA 链适应度值 Fit_i。

(4) 量子门更新。基于当前最优个体的量子位幅值按照表 5.2.1 构建量子旋转门，并按照式(5.2.48)更新当前种群中各个个体对应的量子位，实现种群更新。每次更新完成后，需要对各个体适应度值进行评价：当 $Fit_i > 0$ 时，应用当前熵指标 $H_i(x)$ 替代历史最佳熵指标 $\hat{H}_i(x)$，并判断是否满足步骤(5)中的终止条件，若满足，则终止搜索，进入下一尺度搜索，否则，则执行步骤(4)。

(5) 判断算法是否满足如式(5.2.52)的终止条件，即

$$Fit_{\text{best}}^{\text{current}} - Fit_{\text{best}}^{\text{before}} < \varepsilon_0 \tag{5.2.52}$$

式中：ε_0 为对应计算尺度最大误差界限值。

当满足终止条件(5.2.52)时，则进入下一尺度循环，否则算法转至步骤(2)继续执行搜索。

(6) 转至下一尺度搜索，重复执行步骤(2)—(5)，直到算法满足最小尺度终止条件或搜索次数达到最小尺度的最大限度。

采用上述量子遗传算法对式(5.2.43)进行优化完成后，假定获得的最优解 Lagrangian 乘子估计为 $(\lambda_0^*, \lambda_1^*, \cdots, \lambda_N^*)$，在已知样本数据信息约束条件下，概率密度分布函数 $f(x)$最佳估计为

$$f^*(x) = \exp(\lambda_0^* + \sum_{i=1}^{N} \lambda_i^* x^i) \tag{5.2.53}$$

基于式(5.2.53)，构建混凝土坝服役状态测值中混沌时间序列动态模糊互相关因子分布形式，将式(5.2.53)分别代入式(5.2.39)与式(5.2.40)可得：

$$\int_R f^*(x)\mathrm{d}x = \int_R \exp(\lambda_0^* + \sum_{i=1}^{N} \lambda_i^* x^i)\mathrm{d}x = 1 \tag{5.2.54}$$

$$\int_R x^i f^*(x)\mathrm{d}x = \int_R x^i \exp(\lambda_0^* + \sum_{i=1}^{N} \lambda_i^* x^i)\mathrm{d}x_i = \mu_i, i = 1,2,\cdots,N \tag{5.2.55}$$

通过上述分析，可得到在给定显著性水平 α 条件下，由混凝土坝服役状态监测值中混沌时间序列的模糊互相关因子变化来拟定的诊断指标 R_a，其中 R_a 满足式

(5.2.56),即

$$P(R_a)=\int_{-\infty}^{R_a} f(R)\mathrm{d}R=1-\alpha \tag{5.2.56}$$

由式(5.2.56)确定的 R_a 判别混凝土坝是否健康,其判据如下:

$$R(x_i)>R_a\text{,混凝土坝有可能存在健康问题} \tag{5.2.57}$$

$$R(x_i)=R_a\text{,混凝土坝健康处于临界状态} \tag{5.2.58}$$

$$R(x_i)<R_a\text{,混凝土坝处于正常状态} \tag{5.2.59}$$

利用判据式(5.2.57)至式(5.2.59),即可初步对混凝土坝服役状态进行诊断。

5.3 基于面板数据模型的混凝土坝服役状态诊断指标拟定方法

混凝土坝服役状态体现在变形、应力和渗流等监测量测值变化中,事实上,混凝土坝作为空间高度非线性冗余系统,单测点监测数据只是混凝土坝服役状态局部信息的体现,难以整体反映对应混凝土坝结构和渗流等服役状态,因此需构建能够有效衡量同类分区多测点监测量表征混凝土坝服役状态的诊断指标。由5.2节可知,不同测点监测量中提取混沌时间序列的尺度不同,无法确定各测点监测量对表征混凝土坝服役状态的贡献程度。故本书在5.2节研究基础上,从表征混凝土坝服役状态的同类分区监测量测值有序与无序的角度,尝试引入信息熵理论,并结合上一章有关建立面板数据分析模型的研究成果,拟定能够有效衡量同类分区多测点监测量表征的如结构、渗流等方面的混凝土坝服役状态的信息熵指标,由此实现对混凝土坝服役状态的有效诊断。

5.3.1 基于面板数据模型的混凝土坝服役状态信息熵指标拟定

本节主要结合第四章混凝土坝监测信息聚类分区方法,以面板区域内混凝土坝监测量实测数据为基础,拟定各测点之间权重,并构建综合反映由监测量表征的混凝土坝服役状态的信息熵指标,从而为混凝土坝服役状态诊断奠定理论基础。

5.3.1.1 单测点监测量熵构建方法

混凝土坝服役状态是空间多尺度物理量在协同合作的基础上,对各种荷载和环境影响产生的具有自组织反应的唯象表现。基于协同学理论,混凝土坝各测点可以作为系统分析的特征点,相应混凝土坝面板区域监测量变化性态,可以由面板区域内各测点演化方程进行推求。下面基于信息熵理论,以熵的构造形式,尝试对表征混凝土坝服役状态的混凝土坝面板区域监测量的变化性态进行定量描述。

对于服役多年的混凝土坝，在各种随机荷载和环境因素作用下，混凝土坝服役状态监测值变化过程可以视为一组随机事件，由小概率理论可知，监测值出现的概率越低，表征混凝土坝健康出现问题可能性越大，反之，则表征混凝土坝健康出现问题可能性越小。基于概率学理论，下面以混凝土坝变形为例，定义单测点测值序列有序度 μ_{ij}。

①当混凝土坝测点变形指向下游时，相应单测点变形中有序度值为

$$\mu_{ij}=F(x_{ij})=\int_{-\infty}^{x_{ij}}f_i(\zeta)\mathrm{d}\zeta \tag{5.3.1}$$

②当混凝土坝测点变形指向上游时，相应单测点变形有序度值为

$$\mu_{ij}=1-F(x_{ij})=\int_{x_{ij}}^{+\infty}f_i(\zeta)\mathrm{d}\zeta \tag{5.3.2}$$

式中：$f_i(\zeta)$ 为第 i 组测点变形测值的概率密度函数；$F(x)$为第 i 组测点变形测值对应的概率分布函数。

由上述变形有序度值定义可知：当测点变形偏离初始状态越大，表明测点变形越危险，相应的混凝土坝健康出现问题的可能性越大，对应测点有序度值越大；当测点变形越接近初始状态，则表明测点变形越安全，相应的混凝土坝健康出现问题的可能性越小，其测点有序度值越小。

基于信息熵理论，相应表征混凝土坝服役状态的单测点变形熵 S_i^j 可以定义如下：

$$S_i^j=-[\mu_{ij}\ln\mu_{ij}+(1-\mu_{ij})\ln(1-\mu_{ij})]=-\sum_{k=1}^{2}\mu_{ij}^k\ln\mu_{ij} \tag{5.3.3}$$

式中：μ_{ij}^1 和 μ_{ij}^2 分别代表单测点变形的有序度值和无序度值。两组变量为非负性变量，满足 $\mu_{ij}^1+\mu_{ij}^2=1$，即表示单测点变形有序度值越大，无序度值越小，反之亦然。对于其他的监测量可仿照上述方法进行分析，这里不再赘述。

5.3.1.2 混凝土坝同类分区多测点监测量信息熵指标拟定

由于混凝土坝的高度非线性工作特性，混凝土坝各面板区域内不同测点监测量对表征混凝土坝服役状态的贡献程度并不相同，并且混凝土坝在服役周期内，由于荷载和环境作用随机，各测点特征权重是一组实时演进并相互关联的随机过程变量。因此，表征混凝土坝服役状态的测点监测量关联权重拟定过程与传统数据分析方法（如主成分分析法、因子分析法和独立成分分析法等）不同，需要采用优化算法来定义关联权重，其求权重的原理如下。

首先利用第四章提出的聚类分析方法，对监测量进行分类，在此基础上，确定同类分区的各测点监测量有序度值和无序度值，并通过最优化方法确定相应的权

重，具体实现过程如下。

某一分区内共有 n 个同步监测测点，令第 i 个测点第 j 个测值的有序度值为 μ_{ij}^{1}，对应的权重为 $w_{i}^{有序}$，设

$$F(\boldsymbol{W}_{有序}) = \sum_{i=1}^{n}\sum_{k=1}^{n}\sum_{j=1}^{m}(w_{i}^{有序}\mu_{ij}^{1} - w_{k}^{有序}\mu_{kj}^{1})^{2} \tag{5.3.4}$$

并满足以下约束条件：$\sum_{i=1}^{n} w_{i}^{有序} = 1$。

综合考虑表征混凝土坝服役状态的各测点监测量的影响程度，定义混凝土坝服役状态同类分区各测点监测量有序属性权重拟定的目标函数为

$$\min F(\boldsymbol{W}_{有序}) = \min\sum_{i=1}^{n}\sum_{k=1}^{n}\sum_{j=1}^{m}(w_{i}^{有序}\mu_{ij}^{1} - w_{k}^{有序}\mu_{kj}^{1})^{2} \tag{5.3.5}$$

式中：$\boldsymbol{W}_{有序} = (w_{1}^{有序}, w_{2}^{有序}, \cdots, w_{n}^{有序})$ 为同类分区各测点监测量有序属性对应的权重。

本书采用投影追踪方法（Projection Pursuit Analysis，PPA）对上述目标功能函数进行求解。PPA 为一种高维数据分析方法，其通过将高维监测数据投影到低维空间，并基于数据在结构空间中的分散程度和局部凝聚程度来计算各评价指标权重，基于该算法的有序属性梯度向量可表示为

$$\boldsymbol{p}^{有序} = \left(\frac{\partial F}{\partial w_{1}^{有序}}, \frac{\partial F}{\partial w_{2}^{有序}}, \cdots, \frac{\partial F}{\partial w_{n}^{有序}}\right) \tag{5.3.6}$$

基于投影梯度原理，用相应有序属性权重拟定目标函数投影梯度可以表示为

$$\boldsymbol{q}^{有序} = \boldsymbol{p}^{有序} - \left(\frac{1}{n}\sum_{i=1}^{n}\frac{\partial F}{\partial w_{i}^{有序}}\right)\boldsymbol{r}^{有序} \tag{5.3.7}$$

式中：$\boldsymbol{r}^{有序} = (1, 1, \cdots, 1)$ 为有界超平面的法向单位向量。

相应的混凝土坝服役状态同类分区各测点监测量有序属性权重更新过程方程为

$$w_{k,l+1}^{有序} = w_{k,l}^{有序} - \beta_{1}\left(\frac{\partial F}{\partial w_{k}^{有序}} - \frac{1}{n}\sum_{i=1}^{n}\frac{\partial F}{\partial w_{i}^{有序}}\right) \tag{5.3.8}$$

式中：l 表征混凝土坝测点有序属性权重更新代数；β_{1} 为有序属性投影梯度更新步长。

同理，定义混凝土坝服役状态同类分区各测点监测量无序属性权重目标函数为

$$\max F(\boldsymbol{W}_{无序}) = \max \sum_{i=1}^{n} \sum_{k=1}^{n} \sum_{j=1}^{m} (w_i^{无序} \mu_{ij}^2 - w_k^{无序} \mu_{kj}^2)^2 \tag{5.3.9}$$

式中：$\boldsymbol{W}_{无序} = (w_1^{无序}, w_2^{无序}, \cdots, w_n^{无序})$ 为表征混凝土坝服役状态同类分区各测点监测量无序属性对应的权重。

根据投影梯度原理，相应无序属性特征权重拟定更新过程可表示为

$$w_{k,l+1}^{无序} = w_{k,l}^{无序} - \beta_2 \left(\frac{\partial F}{\partial w_k^{无序}} - \frac{1}{n} \sum_{i=1}^{n} \frac{\partial F}{\partial w_i^{无序}} \right) \tag{5.3.10}$$

式中：β_2 为无序属性投影梯度更新步长。

综上，可以对混凝土坝服役状态同类分区各测点监测量的有序属性及无序属性权重进行拟定，其权重拟定流程见图 5.3.1。

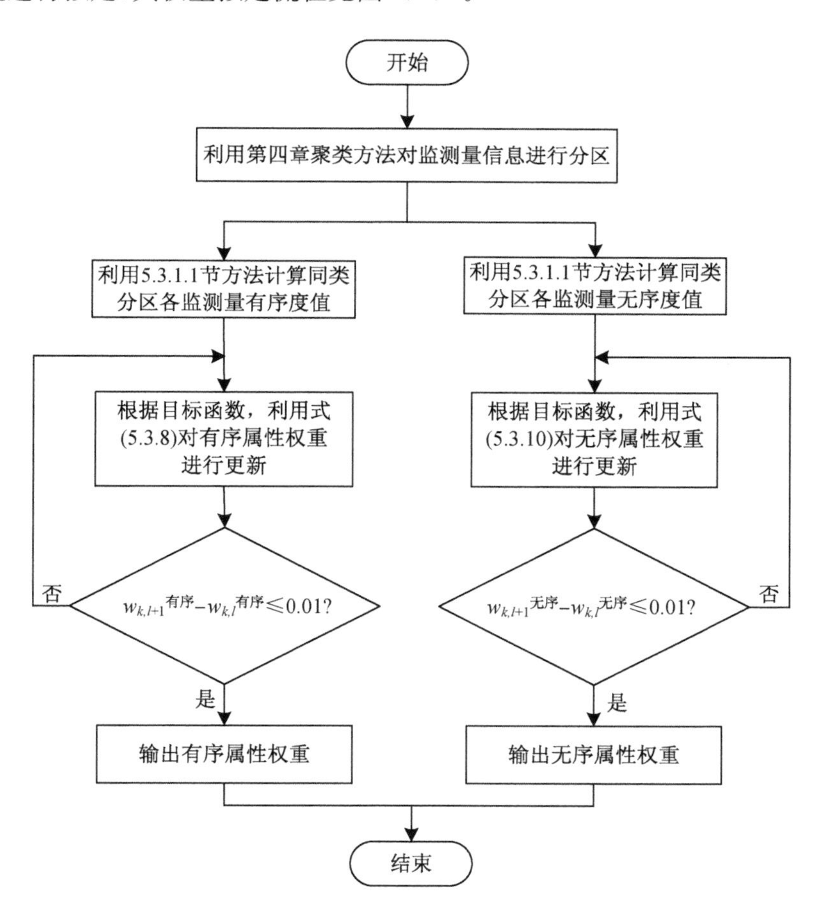

图 5.3.1　各测点有序属性及无序属性特征权重拟定流程

利用上述方法，得到同类分区各测点监测量有序度值和无序度值对应的属性权重，据此求得不同测点监测量对混凝土坝服役状态表征的贡献度。通过综合考虑同类分区各测点监测量有序度值和无序度值以及对应的权重，得到同类分区监测量空间多测点第 j 次测值熵指标 x_j 为

$$x_j = -\sum_{i=1}^{n}\left[w_i^{有序}\mu_{ij}^1\ln(w_i^{有序}\mu_{ij}^1) + w_i^{无序}\mu_{ij}^2\ln(w_i^{无序}\mu_{ij}^2)\right] \tag{5.3.11}$$

式中：n 为同类分区测点数目。

利用式(5.3.11)拟定表征混凝土坝服役状态的同类分区多测点监测量信息熵指标。

5.3.2 基于同类监测量信息熵拟定混凝土坝服役状态诊断指标

5.3.2.1 基于同类监测量信息熵构建极值理论 POT 模型的基本原理

在获得表征混凝土坝服役状态的同类分区监测量信息熵指标之后，即可采用概率学方法拟定混凝土坝服役状态的诊断指标，从而实现对混凝土坝服役状态的诊断。传统小概率方法在拟定表征混凝土坝服役状态的监测量指标过程中，通常选取一组在最不利荷载组合工况下的监测量 S_{mi} 为随机变量，并基于该监测随机变量构建样本数为 N 的样本空间，即

$$\boldsymbol{X} = \{S_{m1}, S_{m2}, \cdots, S_{mn}\} \tag{5.3.12}$$

通过式(5.3.12)可以求得子样本均值 $\overline{X}$ 和方差 σ_x，进而可以采用统计检验方法对其进行分布检验(常规统计检验方法包括 A-D 法和 K-S 法等)，确定相应样本概率密度函数 $f(x)$(常规变量统计分布形式包括正态分布和极值Ⅰ分布等)。

在确定上述统计分布形式后，通过选取显著性水平 α，即可采用式(5.3.13)确定反映混凝土坝服役状态的监测量指标 S_m：

$$P(S > S_m) = P_\alpha = \int_{S_m}^{\infty} f(x)\mathrm{d}x \tag{5.3.13}$$

该指标 S_m 拟定后，即可将监测量实测值 S_i 与 S_m 进行比较，当 $S_i < S_m$ 时，监测量在正常范围以内，混凝土坝处于正常服役状态；当 $S_i = S_m$ 时，混凝土坝健康处于临界状态；而当 $S_i > S_m$ 时，监测量超过该指标，混凝土坝服役状态可能有异常，须进一步分析其原因。

事实上，应用上述典型小概率法在拟定监测量指标过程中，需要通过统计检验方法对其分布形式进行假设，存在较多的人为因素。当实测的监测序列较短时，有可能产生较大的抽样误差。此外，由于该方法仅仅选取样本各年度极值参与统计

计算，将会丢失大量的有价值信息，例如，在某一年度，有可能出现次极值虽然小于该年度极值，但是仍然大于其他年度极值的情况，在采用该方法的情况下，将会弃用该次极值，造成有用信息的丢失。

鉴于上述传统概率方法在拟定混凝土坝服役状态的监测量诊断指标过程中存在的问题，本书引入基于极值理论的 POT 模型(Peaks Over Threshold)，来拟定表征混凝土坝服役状态的同类分区监测量信息熵监控指标。极值理论主要研究连续随机序列中极端值的分布特征[241]，基于极值理论的 POT 模型可以通过选取合理的阈值函数计算超阈值序列，超阈值序列可以作为子样本序列拟定混凝土坝服役状态监测量诊断指标。进一步可采用更具有普适性的广义帕累托分布(Generalized Pareto Distribution，GPD)来对子样本序列进行统计检验，在得到子样本序列统计分布函数后，利用统计学条件概率转化公式，计算母样本统计分布函数，从而拟定表征混凝土坝服役状态的同类分区监测量诊断指标。相比传统概率学方法，POT 模型可以显著扩充样本容量，增加样本有效信息，提高样本质量[242]，从而更加科学地拟定表征混凝土坝服役状态的监测量诊断指标。

POT 模型主要基于极值理论中的 GPD 分布模型，对提取得到反映混凝土坝服役状态的监测量的超阈值序列进行建模分析，相应的 GPD 分布模型可以表示为

$$G_{\xi,u,\sigma}(x)=\begin{cases}1-\left(1+\xi\dfrac{x-u}{\sigma}\right)^{-1/\xi},\xi\neq 0\\ 1-\mathrm{e}^{-\frac{x-u}{\sigma}},\xi=0\end{cases}\tag{5.3.14}$$

式中：ξ 为形状参数；u 为位置参数；σ 为尺度参数；当 $\xi\geqslant 0$ 时，$x\geqslant 0$；当 $\xi<0$ 时，$u<x<-\sigma/\xi$。

假定表征混凝土坝服役状态的同类分区监测量信息熵指标序列为 $\{x_1,x_2,\cdots,x_n\}$，其中，n 为同类分区监测量信息熵指标序列总数，并假定该样本序列总体分布函数为 $F(x)$。首先选取一组数值上充分大的临界阈值 u，取当 $x_i>u$ 时，称 x_i 为超阈值，相应超阈值的数目为 N_u，并取 $y_i=x_i-u$ 为超出量，则相应超出量时间序列为 $\{y_i,i=1,2,\cdots,N_u\}$，服从式(5.3.15)条件超额分布函数。

$$F_u(y)=P(x-u\leqslant y\mid x>u),0\leqslant y\leqslant x_F\tag{5.3.15}$$

式中：$x_F\leqslant\infty$ 为样本序列总体分布函数 $F(x)$ 右端点；x 为超阈值。

综合运用条件概率理论，式(5.3.15)可以进一步修改为

$$F_u(y)=\frac{F(u+y)-F(u)}{1-F(u)}=\frac{F(x)-F(u)}{1-F(u)}\tag{5.3.16}$$

相应样本总体分布函数可以表示为

$$F(x) = F_u(y)[1 - F(u)] + F(u), x > u; 0 \leqslant y \leqslant x_F \tag{5.3.17}$$

基于 Pickands-Balkema-de Haan 定理，当选取的临界阈值 u 足够大时，相应超额分布函数 $F_u(y)$ 可以采用 GPD 分布模型进行统计检验，其检验形式为

$$\lim_{u \to x_F} \sup_{0 \leqslant x \leqslant x_F - u} | F_u(y) - G_{\xi,\sigma}(y) | = 0 \tag{5.3.18}$$

上式可以近似求解为

$$F_u(y) \approx G_{\xi,\sigma}(y) \begin{cases} 1 - \left(1 + \dfrac{\xi}{\sigma} y\right)^{-1/\xi}, \xi \neq 0 \\ 1 - \mathrm{e}^{-y/\sigma}, \xi = 0 \end{cases} \tag{5.3.19}$$

式中：$\xi \geqslant 0$ 时，$y \geqslant 0$；$\xi < 0$ 时，$0 \leqslant y \leqslant -\sigma/\xi$。

相应的广义帕累托分布密度函数可表示为

$$g_{\xi,\sigma'}(y) = \begin{cases} \dfrac{1}{\sigma}\left(1 + \dfrac{\xi}{\sigma} y\right)^{-(1+1/\xi)}, \xi \neq 0 \\ \dfrac{1}{\sigma} \mathrm{e}^{-y/\sigma}, \xi = 0 \end{cases} \tag{5.3.20}$$

对于给定的表征混凝土坝服役状态的同类分区监测量信息熵指标序列 $\{x_1, x_2, \cdots, x_i, \cdots, x_n\}$，其对数似然函数 L 为

$$L = \begin{cases} -n\ln\sigma - \left(1 + \dfrac{1}{\xi}\right) \sum\limits_{i=1}^{n} \ln\left(1 + \dfrac{\xi}{\sigma} y_i\right), \xi \neq 0 \\ -n\ln\sigma - \dfrac{1}{\sigma} \sum\limits_{i=1}^{n} y_i, \xi = 0 \end{cases} \tag{5.3.21}$$

5.3.2.2 基于 POT 模型拟定混凝土坝服役状态诊断指标的方法

(1) 混凝土坝健康诊断临界阈值 u 的选取

由上述 POT 模型基本原理可知，混凝土坝服役状态诊断指标临界阈值 u 的选取，对 POT 模型计算精度将具有重要影响。当临界阈值 u 选取过高时，将导致超阈值样本数量较少，得到的参数估计方差过大；而当临界阈值 u 选取过小时，则会产生有偏或不相合的估计。下面基于 Hill 图法，重点研究拟定表征混凝土坝服役状态的同类分区监测量信息熵指标临界阈值 u 的方法，假定表征混凝土坝服役状态的同类分区监测量信息熵指标倒序统计量为 $x_{n,n} \geqslant \cdots \geqslant x_{i,n} \geqslant \cdots \geqslant x_{1,n}$，则相应极值指数 Hill 估计值 $H_{k,n}$ 可以表示为

$$H_{k,n} = \frac{1}{k} \sum_{i=1}^{k} \ln x_{n-i+1,n} - \ln x_{n-k,n}, 1 \leqslant k \leqslant n - 1 \tag{5.3.22}$$

由式(5.3.22)得到点集合 $\{(k, H_{k,n}^{-1}), 1 \leqslant k \leqslant n-1\}$ 所构成的曲线即为 Hill 图,利用 Hill 图确定相对稳定区域,则相对稳定区域起始点横坐标所对应的 $x_{i,n}$ 即为临界阈值 u。应注意的是,在选取临界阈值 u 过程中,应当使尾部样本数量不超过样本总规模的 10%。

(2) GPD 分布参数估计

由上分析可知,由混凝土坝服役状态的同类分区监测量信息熵指标时间序列计算得到超出量时间序列 $\{y_i, i=1,2,\cdots,N_u\}$ 后,需要对 GPD 分布参数进行估计。常规 GPD 参数估计方法主要包括:极大似然估计法、概率权距法以及 L 矩估计法。本书采用极大似然估计法对 GPD 参数进行估计,相应选取的似然函数具有如下形式:

$$L = L(y_1, y_2, \cdots, y_n; \varepsilon, \sigma) = \prod_{i=1}^{n_y} g_{\varepsilon,\sigma}(y_i) \tag{5.3.23}$$

式中:$g_{\varepsilon,\sigma}$ 为广义帕累托分布密度函数。

通过对式(5.3.23)取对数之后,对 ε 和 σ 求导数,并令偏导等于 0,即可求得 GPD 分布估计参数 $\hat{\varepsilon}$ 和 $\hat{\sigma}$。

(3) 基于 POT 模型的混凝土坝服役状态诊断指标拟定

当确定了混凝土坝服役状态监测量的临界阈值以及 GPD 分布参数后,即可采用 POT 模型对同类分区监测量信息熵指标进行拟定,由此实现对混凝土坝服役状态的诊断。

基于历史模拟法,采用 $(n-N_u)/n$ 近似函数 $F(u)$,样本总体分布函数可以表示为

$$F(x) = F_u(y)[1-F(u)] + F(u) = \begin{cases} 1 - \dfrac{N_u}{n}\left[1 + \dfrac{\xi}{\sigma}(x-u)\right]^{-1/\xi}, \xi \neq 0 \\ 1 - N_u \mathrm{e}^{-\frac{(x-u)}{\sigma}}/n, \xi = 0 \end{cases} \tag{5.3.24}$$

在确定样本总体分布函数后,即可通过对其求导得到样本概率密度函数 $f(x)$,则混凝土坝服役状态的同类分区监测量信息熵指标 x_m 可以由下式确定:

$$P(x > x_m) = \int_{x_m}^{\infty} f(x) \mathrm{d}x \tag{5.3.25}$$

通过上述研究,在一确定显著性水平 α 下,可得到混凝土坝服役状态的同类分区监测量信息熵指标 x_m 为

$$x_m=\begin{cases}u+\dfrac{\sigma}{\xi}\left(\alpha\dfrac{n}{N_u}-1\right),\xi\neq 0\\ u-\sigma\ln\left(\alpha\dfrac{n}{N_u}\right),\xi=0\end{cases}\tag{5.3.26}$$

利用式(5.3.26),则可初步对混凝土坝的服役状态进行诊断,当表征混凝土坝服役状态的同类分区监测量信息熵 x 大于 x_m,则混凝土坝较大可能处于不服役状态;当 x 等于 x_m 时,则混凝土坝健康处于临界状态;当熵 x 小于 x_m 时,则混凝土坝处于服役状态。

5.4 工程实例

5.4.1 混凝土坝服役状态的单测点监测量诊断指标拟定

本章仍以第二章 2.5 节中实际工程为背景,以该坝变形监测资料为例,研究本章所提出的方法的可行性和有效性。

5.4.1.1 混凝土坝单测点变形混沌时间序列提取

以本书第四章 4.4.1 中的混凝土坝测点 PL16-5 为例进行研究,其变形实测过程线如图 5.4.1 所示。

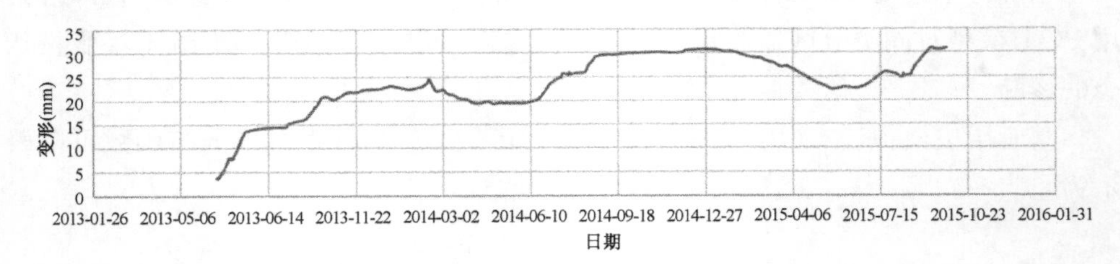

图 5.4.1 测点 PL16-5 变形实测过程线

利用小波多尺度分析方法,对由式(5.2.2)得到 PL16-5 测点变形的混沌及噪声混合分量按频率由高到低分解为高频信号 $d_1 \sim d_7$ 和低频信号 a_1,如图 5.4.2 所示。分别对高频信号 $d_1 \sim d_7$ 进行相空间重构,并计算其关联维数 D,可知高频信号 d_1 的关联维数 D 随 m 的增大是发散的,如图 5.4.3 所示,即高频信号 d_1 中噪声占主要成分,其余高频信号的关联维数 D 随 m 的增大而趋于收敛,即其余高频信号中混沌分量占主要成分。因此,该坝 PL16-5 测点变形的混沌分量即为原混沌及噪声混合分量中去除高频信号 d_1 后所得到的信号,如图 5.4.4 所示。

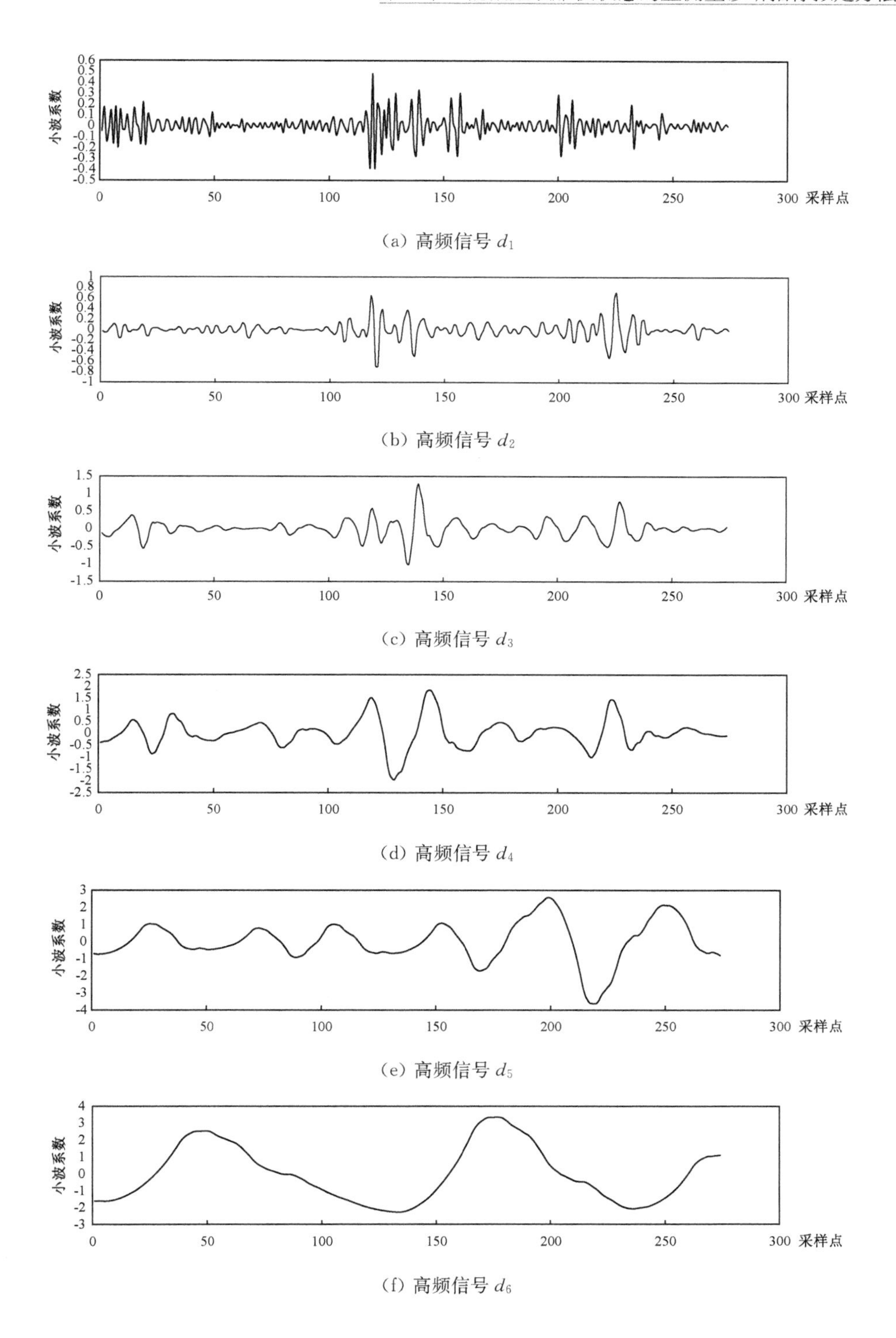

（a）高频信号 d_1

（b）高频信号 d_2

（c）高频信号 d_3

（d）高频信号 d_4

（e）高频信号 d_5

（f）高频信号 d_6

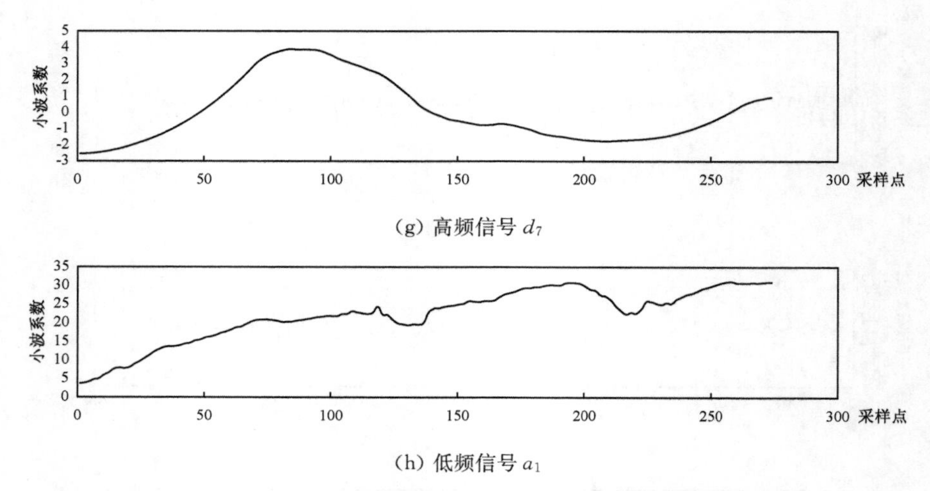

图 5.4.2 测点 PL16-5 变形的小波多尺度分解

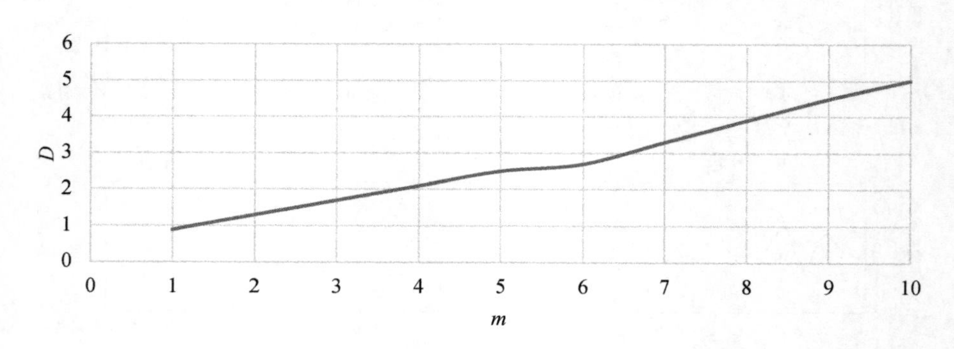

图 5.4.3 高频信号 d_1 的 D 随 m 的变化趋势

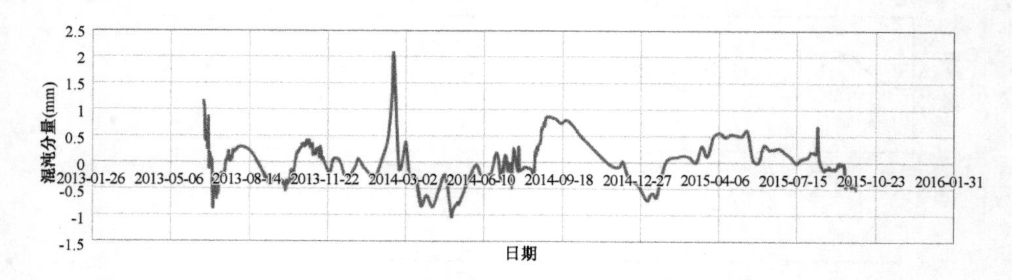

图 5.4.4 测点 PL16-5 变形的混沌分量过程线

对得到的 PL16-5 测点变形混沌分量进行相空间重构，并计算其关联维数 D，图 5.4.5 与图 5.4.6 分别为该混沌分量的 $\ln C(r)$-$\ln r$ 变化过程线和关联维数 D 随嵌入维数 m 的变化趋势。由上述变化图可看出，随着 m 的增大，直线斜率逐渐增大、曲线之间的间距也逐渐变小，即关联维数 D 随 m 的增大趋于收敛，证明了该测点变形序列中存在混沌特性。

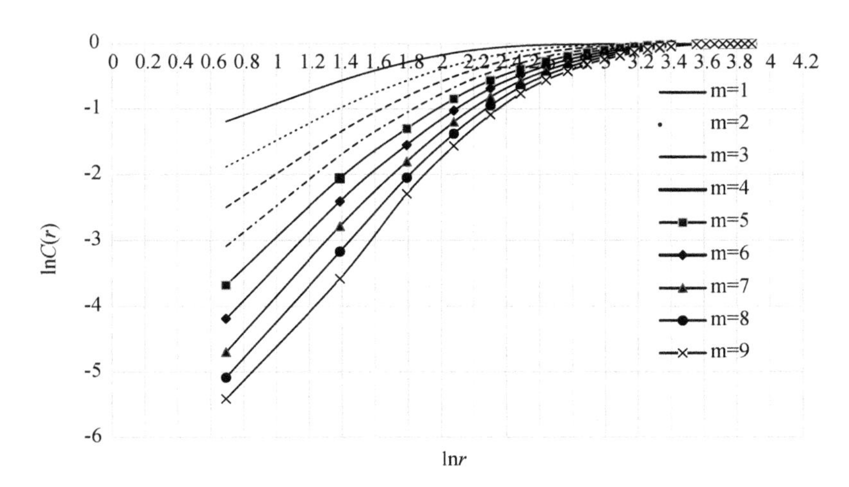

图 5.4.5　测点 PL16-5 变形混沌分量的 $\ln C(r)$-$\ln r$ 变化过程线

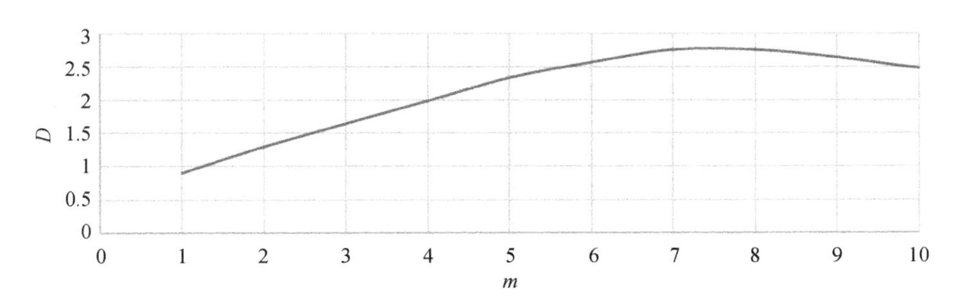

图 5.4.6　测点 PL16-5 变形混沌分量的 D 随 m 的变化趋势

5.4.1.2　基于单侧点混沌时间序列的混凝土坝服役状态诊断指标拟定

基于上节测点 PL16-5 变形混沌时间序列分离结果，通过式(5.2.36)即可计算得到模糊动力学互相关因子指数 R 。α 取 2，ε 值等于时间序列方差，由图 5.4.6 可知，嵌入维数 m 可取 7，则该测点的互相关因子指数 R 如图 5.4.7 所示。

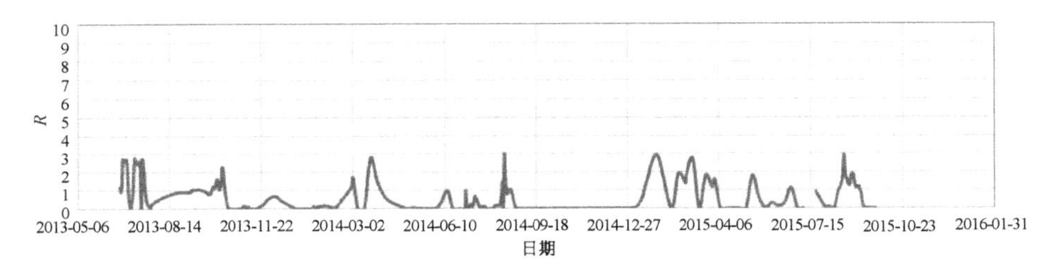

图 5.4.7　测点 PL16-5 变形混沌时间序列互相关因子指数 R 值变化过程线

基于上述提取得到的 PL16-5 测点混沌时间序列互相关因子指数值，采用量子遗传算法，基于式(5.2.43)对 Lagrangian 乘子 $(\lambda_0^*, \lambda_1^*, \cdots, \lambda_N^*)$ 进行智能寻优，取 $\varepsilon_0=0.01$，量子遗传算法最大迭代次数为 2 000，Lagrangian 乘子总数 $N=10$，相应得到熵指标 $H(x)$演化曲线如图 5.4.8 所示，优化完成后所取的 Lagrangian 乘子 $(\lambda_0^*, \lambda_1^*, \cdots, \lambda_N^*)$ 估计值见表 5.4.1。

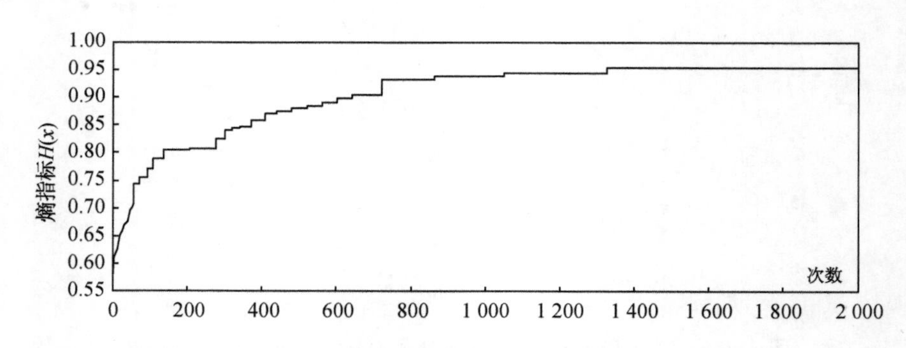

图 5.4.8　熵指标 $H(x)$演化曲线

表 5.4.1　Lagrangian 乘子估计值

参数	λ_0^*	λ_1^*	λ_2^*	λ_3^*	λ_4^*	λ_5^*
估计值	-1.37×10^{-2}	2.89×10^{-3}	-5.41×10^{-1}	2.17×10^{-2}	-1.89×10^{-2}	7.54×10^{-1}
参数	λ_6^*	λ_7^*	λ_8^*	λ_9^*	λ_{10}^*	
估计值	-3.27×10^{-3}	4.71×10^{-2}	-5.06×10^{-4}	6.46×10^{-3}	-3.46×10^{-2}	

利用式(5.2.53)求得概率密度分布函数最佳估计 $f^*(x)$后，在显著性水平 α 为 0.05 条件下，基于式(5.2.56)得到转异阈值 R_a 为 4.579 1，由图 5.4.7 所示的该测点变形混沌时间序列互相关因子指数 R 值变化过程线和式(5.2.57)—式(5.2.59)可知，该混凝土坝 PL16-5 变形测点在 2013 年 6 月 16 日—2015 年 9 月 28 日期间测值变化正常，该测点变形状态反映了该坝处于服役状态。

5.4.2　混凝土坝服役状态的变形监测量诊断指标拟定及其应用

5.4.2.1　混凝土坝服役状态的变形信息熵指标拟定

由式(5.3.1)与式(5.3.2)可得各测点变形的有序度值序列，通过最优化方法对 4.4.1 节获取的不同分区内各测点求解有序属性特征权重与无序属性特征权重，利用式(5.3.11)得到不同分区变形信息熵指标。以分区Ⅵ为例，其信息熵指标序列如图 5.4.9 所示。

图 5.4.9 分区Ⅵ信息熵指标序列

5.4.2.2 基于变形信息熵指标的混凝土坝服役状态诊断

利用5.3节中的方法，绘制分区Ⅵ的混凝土坝变形信息熵序列 Hill 图，如图5.4.10所示。

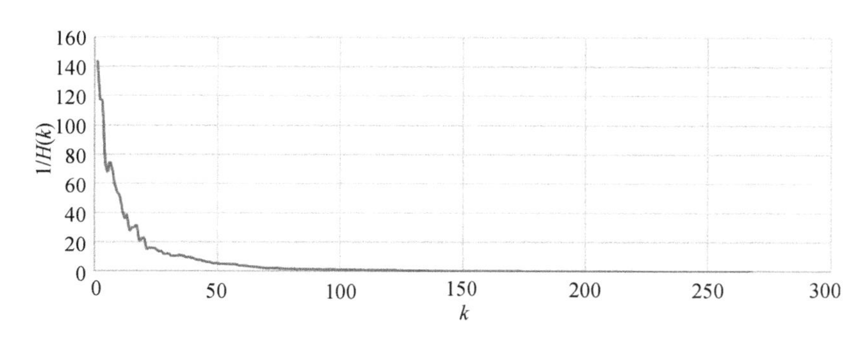

图 5.4.10 分区Ⅵ的混凝土坝变形信息熵序列 Hill 图

基于绘制成的 Hill 图，得到其稳定区域起始点横坐标，据此获得临界阈值 $u=0.615$ 和超阈值个数 $n_u=141$；并基于式(5.3.23)求得 GPD 分布估计参数 $\hat{\varepsilon}=-0.3176$ 和 $\hat{\sigma}=2.1694$。由此得到该坝面板分区Ⅵ在失事概率为1%条件下，基于 GPD 分布求得的面板分区信息熵指标临界值为0.846，实际分区Ⅵ得到的表征该坝服役状态的分区信息熵指标见图5.4.9。由图5.4.9可看出，该分区的信息熵指标均小于临界值0.846，因此，分区Ⅵ变形监测信息反映该坝处于服役状态。利用上述方法，对其余5个分区的变形监测信息进行了分析，得到的结果与分区Ⅵ一致。总体而言，从该坝变形变化角度看，混凝土坝处于服役状态，与当前该坝的运行状态一致。

第 6 章　混凝土坝服役状态综合诊断理论与方法

6.1　概述

由于混凝土坝工作条件十分复杂，因此其服役状态反映在诸多方面，如变形、渗流等，第五章利用表征混凝土坝服役状态的监测量，研究了混凝土坝服役状态诊断指标拟定方法，提出的方法可用于单个方面如混凝土坝结构或渗流等的变化体现的混凝土坝服役状态的诊断指标拟定。

混凝土坝服役状态诊断本质上是一个多层次、多指标且具有不确定性的复杂评价问题，表征混凝土坝服役状态的监测量随荷载等变化而变化。对于日常的混凝土坝安全管理而言，需要了解混凝土坝在复杂多变荷载等作用下服役状态的变化态势，而且混凝土坝服役状态是否有恶化，可通过表征混凝土坝服役状态的各类监测量的变化规律来综合诊断。与此同时，表征混凝土坝服役状态的各类监测量，是从不同的方面来反映混凝土坝的服役状态，因此，在混凝土坝服役状态综合诊断时，需要解决不同类型监测量的信息融合和影响程度的赋权问题。第五章重点研究了基于混凝土坝服役状态监测量的诊断指标拟定方法，为本章研究基于多类监测量综合诊断混凝土坝服役状态提供了基础。

常规的结构和渗流等数值仿真诊断方法，存在人为假定给诊断带来的偏差，为解决该问题，本章基于灰色理论，提出混凝土坝服役状态变化态势的分析方法，并综合运用层次分析法和最优化理论，提出混凝土坝服役状态诊断等级属性区间的优化划分方法，在对表征混凝土坝服役状态的各类监测量影响权重研究的基础上，构建混凝土坝服役状态的多类监测量诊断方法，由此实现混凝土坝服役状态的综合诊断。

6.2　混凝土坝服役状态变化态势及诊断等级划分

6.2.1　混凝土坝服役状态变化态势分析

表征混凝土坝服役状态的各类监测量的变化主要由荷载等因素变化引起，作用于混凝土坝的荷载因素主要有上下游水压力、温度变化、扬压力、降雨等，通过对混凝土坝原型监测，可获取表征混凝土坝服役状态的监测量变化信息。图 6.2.1 为混凝土坝服役状态监测主要项目分类示意图。

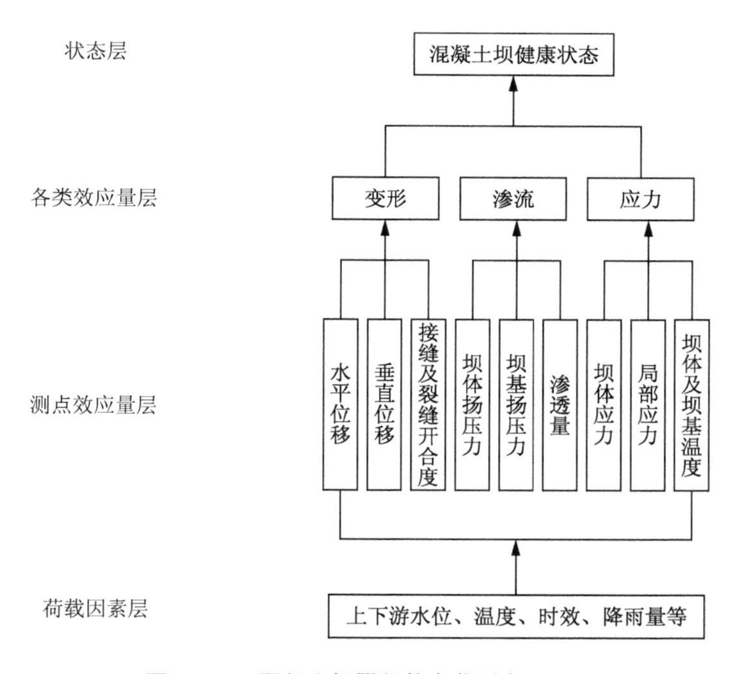

图 6.2.1　混凝土坝服役状态监测主要项目

由图 6.2.1 可看出，在荷载等作用下，可利用各测点和各类监测量变化来反映混凝土坝服役状态的变化，也就是可通过定量分析荷载等监测量的变化来分析混凝土坝服役状态的变化态势。

设 m 天内混凝土坝荷载监测量集合为 $\mathbf{A} = \{A_1, A_2, \cdots, A_k, \cdots, A_m\}$，其中 $A_k = (x_{k1}, x_{k2}, \cdots, x_{kq}, \cdots, x_{kp})$，$k = 1,2,\cdots,m$，$x_{kq}$ 为第 k 天在第 q 个荷载监测量属性下的属性值，$q = 1,2,\cdots,p$。令某类监测量出现最不利工况时荷载监测量为 $A_0^l = (x_{01}, x_{02}, \cdots, x_{0p})$，$l = 1,2,\cdots,L$，$L$ 为监测量类别数。假设任意一天的荷载监测量属性值集合 A_k 为空间坐标内的一个点，与空间坐标原点构成空间向量

$\alpha(A_k)$，则任意一天荷载监测量向量在某类监测量最不利工况下荷载监测量向量 $\beta(A_0^l)$ 上的投影为

$$\mathrm{Prj}_{\beta(A_0^l)}\alpha(A_k)=\frac{\alpha(A_k)\cdot\beta(A_0^l)}{|\beta(A_0^l)|} \tag{6.2.1}$$

就几何形状上的相似程度而言，由式(6.2.1)可知，$\alpha(A_k)$ 与荷载监测量 $\beta(A_0^l)$ 状态越接近，$\alpha(A_k)$ 在 $\beta(A_0^l)$ 上的投影值与 $\beta(A_0^l)$ 的模就越接近，反之则差距越大。因此，引入灰色关联度模型[243]，考虑用两者的差来表征任意一天荷载监测量与最不利工况当天荷载监测量之间的关联程度，令

$$\xi_{0k}^l=\frac{1}{1+|\mathrm{Prj}_{\beta(A_0^l)}\alpha(A_k)-|\beta(A_0^l)||} \tag{6.2.2}$$

式中：ξ_{0k}^l 为 $\alpha(A_k)$ 在 $\beta(A_0^l)$ 上灰色投影关联系数。

设 ξ_{0k} 为 $\alpha(A_k)$ 在 $\beta(A_0^l)$ 上灰色投影关联度，则其表达式为

$$\xi_{0k}=\frac{1}{L}\sum_{l=1}^{L}\xi_{0k}^l \tag{6.2.3}$$

式(6.2.3)表明，ξ_{0i} 值越大，说明当日荷载监测量状态与最不利工况下荷载监测量状态相似，混凝土坝服役状态可能存在问题，则选取当日为诊断混凝土坝服役状态的典型日，由此初步分析混凝土坝服役状态的变化态势。

6.2.2 混凝土坝服役状态诊断等级属性区间划分方法

通过上一节的研究可知，如果混凝土坝服役状态出现可能恶化的迹象，需要对混凝土坝的服役状态进行进一步诊断。为此，需研究混凝土坝服役状态诊断等级划分方法，据此构建相应的诊断等级标准。

根据《水库大坝安全鉴定办法》的规定，水库大坝安全状况分为三类，即：一类坝、二类坝、三类坝；根据《水电站大坝运行安全监督管理规定》，水电站大坝安全等级分为三级，即：正常坝、病坝和险坝。据此，大坝服役状态综合诊断的状态等级可划分为三级，其评语集合为：

$$\mathbf{V}=[V_1,V_2,V_3]=[\text{危险},\text{病害},\text{正常}] \tag{6.2.4}$$

但是，长期的实践表明，三级等级划分略显粗略，等级之间的界限较难把握。

因此，一些学者通过对已有的划分方法、相应的规程规范、大坝健康诊断的实践经验以及人类的心理活动等多方面因素的综合研究，认为将大坝服役状态综合诊断中的状态等级数确定为五级是比较合适的，其对应的评语集合为

$$\mathbf{V}=[V_1,V_2,V_3,V_4,V_5]=[\text{恶性失常},\text{重度异常},\text{轻度异常},\text{基本正常},\text{正常}] \tag{6.2.5}$$

混凝土坝的服役状态诊断实际上是利用图 6.2.1 中表征混凝土坝服役状态的监测量信息变化的评价指标与式(6.2.5)评语集建立映射关系。这种映射关系，可用评价指标对评价指标特性或评价等级的隶属度来表示。但在实际应用中，往往将混凝土坝服役状态诊断等级的隶属度区间进行等分作为评判标准，这与实际情况不符。因此，本书基于层次分析法思想，提出服役状态诊断等级属性区间非等分划分方法，该方法的基本原理及实现过程如下。

(1) 构造混凝土坝服役状态评语成对比较判断矩阵

选取式(6.2.5)的五级评语来判断混凝土坝服役状态，由于评语之间差别性未知，因此，使用以线性方式组成的定性术语，构造评语之间成对比较判断矩阵，该线性方式组成的定性术语如图 6.2.2 所示。图 6.2.2 中 VL、L、M、H、VH 划分了 1～9 标度，并假设 a_1 、a_2 、a_3 、a_4 为 1～9 标度四个截断点，则定性术语的映射为 VL：$[1,a_1)$，L：$[a_1,a_2)$，M：$[a_2,a_3)$，H：$[a_3,a_4)$，VH：$[a_4,9]$，评语等级差别性划分见表 6.2.1。

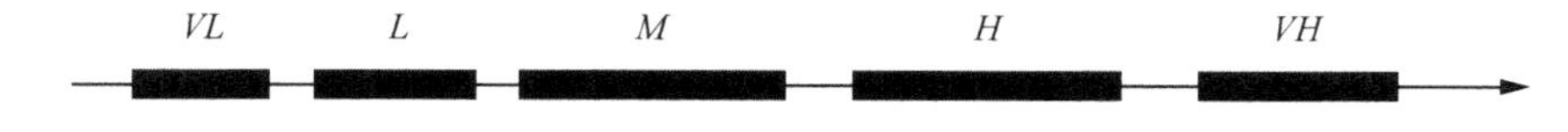

图 6.2.2　定性术语线性表示

表 6.2.1　混凝土坝服役状态评语等级差别性划分

比例标度	差别性
VL	两个等级相比，前者与后者稍有微弱差别
L	两个等级相比，前者与后者稍有差别
M	两个等级相比，前者与后者有明显差别
H	两个等级相比，前者与后者有强烈差别
VH	两个等级相比，前者与后者有极端差别

在五个评语两两进行比较时，本书假设正常与基本正常相比两者稍有微弱差别；正常与轻度异常相比前者与后者有明显差别；正常与重度异常相比前者与后者有强烈差别；正常与恶性失常相比前者与后者有极端差别，其余相关性依次类推，由此构造用于混凝土坝服役状态诊断等级属性区间划分的成对比较判断矩阵为

$$\boldsymbol{R}=\begin{bmatrix} 1 & L & M & H & V \\ \frac{1}{L} & 1 & L & M & H \\ \frac{1}{M} & \frac{1}{L} & 1 & L & M \\ \frac{1}{H} & \frac{1}{M} & \frac{1}{L} & 1 & VL \\ \frac{1}{VH} & \frac{1}{H} & \frac{1}{M} & \frac{1}{VL} & 1 \end{bmatrix} \tag{6.2.6}$$

(2) 混凝土坝服役状态属性划分判断矩阵的一致性检验及截断点确定

在混凝土坝服役状态属性划分中,需对式(6.2.6)进行一致性检验,通过一致性检验来确定1～9标度中VL、L、M、H、VH的截断点,即确定a_1—a_4的数值。对于混凝土坝服役状态诊断而言,其属性划分判断矩阵的一致性指标CI可表示为:

$$CI=\frac{\lambda_{\max}-n}{n-1} \tag{6.2.7}$$

式中:n为判断矩阵的阶数;$\lambda_{\max}$为判断矩阵$\boldsymbol{R}$的最大特征根。

由于混凝土坝服役状态诊断的复杂性和人们认识的多样性,以及认识可能产生的片面性与问题的因素多少、规模大小有关,仅依靠CI值作为一致性的标准是不够的。因此,引入平均随机一致性指标RI,其取值见表6.2.2。

表6.2.2　平均随机一致性指标*RI*的取值

n	1	2	3	4	5	6	7	8	9
RI	0	0	0.58	0.90	1.12	1.24	1.32	1.41	1.45

为综合反映CI和RI的作用,定义CR为一致性比例,即

$$CR=\frac{CI}{RI} \tag{6.2.8}$$

为获得式(6.2.6)判断矩阵满意的一致性,本书通过调整1～9刻度中的截断点的位置,并基于粒子群算法(PSO)来实现对式(6.2.6)一致性检验,最终获得截断点a_1—a_4的最优解。

令$X_i=(x_{i1},x_{i2},\cdots,x_{i4})$为第$i$组截断点粒子的位置,$V_i=(v_{i1},v_{i2},\cdots,v_{i4})$表示粒子$i$的速度,$P_i=(p_{i1},p_{i2},\cdots,p_{i4})$表示粒子$i$自身经历过的最好位置,$P_g=(p_{g1},p_{g2},\cdots,p_{g4})$表示在当前粒子搜索到最好的位置。在优化计算中,截断点粒子速度和位置的更新公式为

$$v_i(t+1)=\xi v_i(t)+C_1r_1[p_i(t)-x_i(t)]+C_2r_2[p_g(t)-x_i(t)] \quad (6.2.9)$$

$$x_i(t+1)=x_i(t)+v_i(t+1) \quad (6.2.10)$$

式中：$i=1,2,3,\cdots,m$；t 表示迭代次数；C_1、C_2 为学习因子或加速系数；r_1、r_2 为两个随机数，取值范围为 0～1；ξ 为惯性权重。

在每组截断点粒子位置下随机生成 500 个判断矩阵 $\boldsymbol{R}$，以 500 个判断矩阵的一致性比例 CR 的平均值作为适应度函数，利用式(6.2.9)与式(6.2.10)，对所有截断点粒子通过适应度函数评价其搜索性能，当适应度函数收敛获得最小值时，则 a_1—a_4 寻优结束，其最终结果作为评价混凝土坝服役状态五级评语集的 1～9 刻度中的最优截断点 a_1—a_4 。

(3) 混凝土坝服役状态诊断等级属性区间划分

在确定了混凝土坝服役状态属性划分最优截断点后，即可获得在该截断点下一致性比例 CR 最小时的矩阵 $\boldsymbol{R}$。设 $\boldsymbol{\omega}=(\omega_1,\omega_2,\cdots,\omega_n)^{\mathrm{T}}$ 是判断矩阵 $\boldsymbol{R}$ 最大特征根 $\lambda_{\max}$ 所对应的特征向量，即

$$\boldsymbol{R\omega}=\lambda_{\max}\boldsymbol{\omega} \quad (6.2.11)$$

在求得矩阵 $\boldsymbol{R}$ 后，便可获得特征向量 $\boldsymbol{\omega}$，$\boldsymbol{\omega}$ 的各分量经归一化，即为各评语的重要性排序，也就是权重分配。评语集按评语重要度在[0,1]区间内划分，则可得到混凝土坝服役状态属性的划分区间，即服役状态诊断等级。结合混凝土坝服役状态诊断具体情况，基于本书提出的诊断等级属性区间划分的方法，最终得到的混凝土坝服役状态归一化诊断等级表达式为

$$\begin{aligned}\boldsymbol{V}&=[V_1,V_2,V_3,V_4,V_5]=[\text{恶性失常},\text{重度异常},\text{轻度异常},\text{基本正常},\text{正常}]\\&=\{[0,0.18)、[0.18,0.26)、[0.26,0.44)、[0.44,0.62)、[0.62,1]\}\end{aligned} \quad (6.2.12)$$

式(6.2.12)具体分析过程见本章 6.4 的工程实例分析，在此不再赘述。

6.3 混凝土坝服役状态的多类监测量综合诊断方法

上一节重点研究了混凝土坝服役状态的变化态势以及诊断等级非等分划分方法，在此基础上，下面进一步研究基于多类监测量的混凝土坝服役状态综合诊断方法。由于各类监测量反映混凝土坝服役状态侧重点不同，因此需要解决反映各类监测量表征混凝土坝服役状态程度的赋权问题，以及混凝土坝服役状态综合诊断方法构建问题。图 6.3.1 为基于多类监测量综合诊断混凝土坝服役状态的诊断模式，由图 6.3.1 可看出，对于同类的监测量，由于监测量变化规律不完全一致，因此

需将变化规律相似的归成同一个分区进行分析，因而在混凝土坝服役状态综合诊断中，需利用第四章的研究成果，对同一分区表征混凝土坝服役状态的监测量影响进行赋权，由此实现对混凝土坝服役状态的综合评价。鉴于此，下面重点研究同一分区反映混凝土坝服役状态的监测量影响权重确定方法。

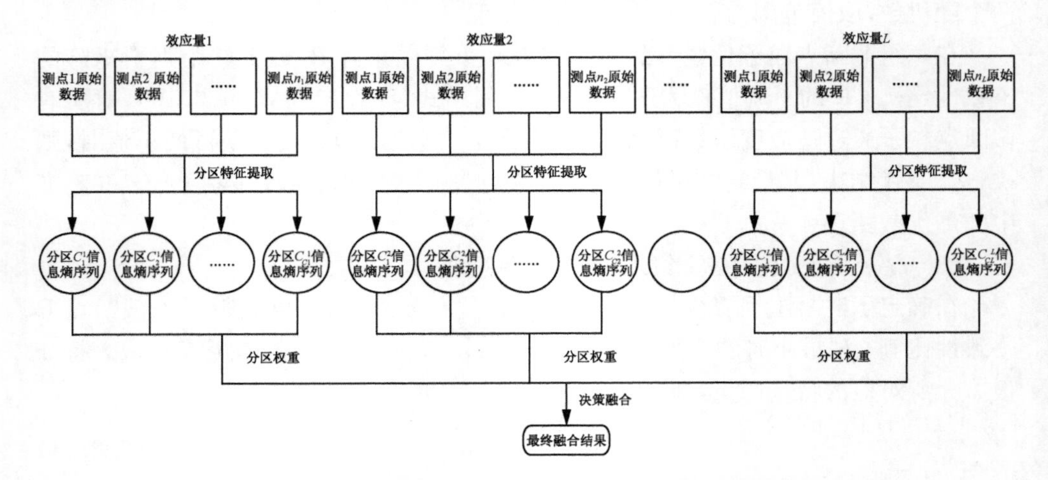

图 6.3.1　混凝土坝服役状态监测信息综合诊断模式

6.3.1　表征混凝土坝服役状态的多类监测量分区权重的确定方法

第四章研究了基于同类监测量不同分区的混凝土坝服役状态诊断方法，而事实上，要整体诊断混凝土坝的服役状态，需要全面利用表征混凝土坝服役状态的多类监测量进行联合诊断。由于表征混凝土坝服役状态的各类监测量不同分区影响程度不同，因而各监测量不同分区影响程度权重的确定是混凝土坝服役状态融合诊断的关键问题，下面重点研究各类监测量不同分区影响程度权重确定方法。

由图 6.3.1 所示，假定表征混凝土坝服役状态的第 l 类监测量分区集合为 $\boldsymbol{C}=\{\boldsymbol{C}_1^l,\boldsymbol{C}_2^l,\cdots,\boldsymbol{C}_r^l,\cdots,\boldsymbol{C}_{c_l}^l\}$，其中 c_l 为第 l 类监测量分区数；$\boldsymbol{C}_r^l=\{x_{1r},x_{2r},\cdots,x_{mr}\}$，其为第四章所获取的 l 类监测量第 r 分区信息熵序列，$l=1,2,\cdots,L$，$r=1,2,\cdots,c_l$，x_{kr} 为第 l 类监测量第 r 分区第 $k(k=1,2,\cdots,m)$ 天的信息熵，L 为监测量类别数。为方便分析，建立 L 类监测量分区集合为 $\boldsymbol{X}=\{\boldsymbol{C}_1^1,\boldsymbol{C}_2^1,\cdots,\boldsymbol{C}_{c_1}^1,\boldsymbol{C}_1^2,\boldsymbol{C}_2^2,\cdots,\boldsymbol{C}_{c_2}^2,\cdots,\boldsymbol{C}_1^L,\boldsymbol{C}_2^L,\cdots,\boldsymbol{C}_{c_L}^L\}$，令 $\boldsymbol{X}_h=\boldsymbol{C}_r^l$，$h=1,2,\cdots,H$，$H=c_1+c_2+\cdots+c_L$。引入 TOPSIS 法[181,182]，利用该方法，获得各类监测量不同分区信息熵值与其正理想解、负理想解的距离，并以与正理想解的距离尽可能大，与负理想解的距离尽可能小建立目标模型，由此求得各监测量分区的权重。具体确定各类监测量不同分区影响程度权重的过程如下。

(1) 将表征混凝土坝服役状态的各类监测量不同分区信息熵值 x_{kr} 进行归一化处理，对应不同分区监测量信息熵归一化值为 y_{hk} ，由式(6.3.1)得到 y_{hk} ，即

$$y_{hk} = \frac{x_{hk}}{\sqrt{\sum_{k=1}^{m} x_{hk}^2}} \tag{6.3.1}$$

利用式(6.3.1)得到表征混凝土坝服役状态的各类监测量不同分区信息熵值标准化后的矩阵为 $\mathbf{Y} = [y_{hk}]_{H\times m}$ 。

(2) 确定表征混凝土坝服役状态不同分区监测量信息熵的正理想解 A^+ 和负理想解 A^- ，其公式为

$$A^+ = (y_1^+, y_2^+, \cdots, y_H^+) \tag{6.3.2}$$

$$A^- = (y_1^-, y_2^-, \cdots, y_H^-) \tag{6.3.3}$$

式中：$y_h^+ = \max(y_{h1}, y_{h2}, \cdots, y_{hm})$ ；$y_l^- = \min(y_{h1}, y_{h2}, \cdots, y_{hm})$ 。

(3) 计算表征混凝土坝服役状态的各类监测量不同分区信息熵值与理想值之间的欧氏距离，其计算公式为

$$d_k^+ = \sqrt{\sum_{h=1}^{H} (y_{hk} - y_h^+)^2} \tag{6.3.4}$$

$$d_k^- = \sqrt{\sum_{h=1}^{H} (y_{hk} - y_h^-)^2} \tag{6.3.5}$$

(4) 令 $s_{hk} = \frac{d_{hk}^-}{d_{hk}^+}$ ，计算表征混凝土坝服役状态的各类监测量不同分区信息熵值与理想解的相对贴近度，其计算公式为

$$z_{hk} = \frac{s_{hk}}{\max(s_{hk})} \tag{6.3.6}$$

(5) 以表征混凝土坝服役状态的各类监测量不同分区信息熵值与理想解的相对贴近度越小，反映混凝土坝越处于理想服役状态为目标，建立多目标优化模型，即令表征混凝土坝服役状态的监测量不同分区权重为 $\boldsymbol{\omega} = \{\omega_1, \omega_2, \cdots, \omega_H\}$ ，建立并求解式(6.3.7)多目标优化模型。由式(6.3.7)可得到对应各监测量不同分区权重值 $\boldsymbol{\omega}$。

$$\begin{cases} \min d = \sum_{h=1}^{H}\sum_{k=1}^{m} \omega_h z_{hk} \\ \text{s.t. } \omega_h \geqslant 0, \sum_{h=1}^{H} \omega_h = 1 \end{cases} \tag{6.3.7}$$

6.3.2 混凝土坝服役状态的多类监测量综合诊断

在获得混凝土坝服役状态各类监测量不同分区权重的基础上，可对表征混凝土坝服役状态的监测量进行决策融合，从而诊断混凝土坝的服役状态（如恶性失常、重度异常、轻度异常、基本正常、正常）。在混凝土坝服役状态诊断过程中，需要解决诊断过程中的不确定性问题，在此基础上，进一步解决混凝土坝服役状态综合诊断中监测量信息熵基本概率分配函数的确定问题。由上述分析表明，在混凝土坝服役状态综合诊断中，解决诊断中的不确定性和构建基本概率分配函数问题是关键，下面综合运用证据理论和灰色系统理论来解决上述问题。

6.3.2.1 混凝土坝服役状态的监测量分区信息熵基本概率分配函数构建方法

证据理论是概率论的特殊形式，它通过建立命题和集合之间的对应关系，把命题的不确定性问题转化为集合的不确定性问题，从而把该问题转化为可以用证据理论处理的集合的不确定性问题[244]。令辨识框架 $\boldsymbol{\theta}$ 为混凝土坝服役状态所有可能取值的论域集合，通过基本概率分配函数对所有混凝土坝服役状态监测量不同分区信息熵赋予一个可信度，某个特定的基本概率分布与 $\boldsymbol{\theta}$ 构成一个证据体。$\boldsymbol{\theta}$ 中所有可能子集的集合可用幂集 $2^{\boldsymbol{\theta}}$ 来表示，对 $2^{\boldsymbol{\theta}}$ 中的元素用可信度作为其不确定性的基本度量，并用证据理论综合规则进行运算，把多个离散的数据源组合起来，组成一个集函数 $m: 2^{\boldsymbol{\theta}} \rightarrow [0,1]$，且满足下式：

$$\begin{cases} m(\varnothing) = 0 \\ \sum\limits_{\mathbf{A} \subseteq 2^{\boldsymbol{\theta}}} m(\mathbf{A}) = 1 \end{cases} \tag{6.3.8}$$

式中：m 是 $2^{\boldsymbol{\theta}}$ 上的概率分配函数；$m(\mathbf{A})$ 为命题 $\mathbf{A}$ 的基本概率赋值，$m(\mathbf{A})$ 表示对命题 $\mathbf{A}$ 的精确信任程度，表示了对 $\mathbf{A}$ 的直接支持。

令 $Bel(\mathbf{A})$ 为信任度函数，其表达式为

$$Bel(\mathbf{A}) = \sum_{\boldsymbol{B} \subset \boldsymbol{A}} m(\boldsymbol{B}) \tag{6.3.9}$$

式中：$Bel(\mathbf{A})$ 也称下限函数，表示 $\mathbf{A}$ 的所有子集的可能性度量之和，即表示对 $\mathbf{A}$ 的总信任。

由概率分配函数的定义可得：

$$Bel(\varnothing) = m(\varnothing) = 0 \tag{6.3.10}$$

$$Bel(\boldsymbol{U}) = \sum_{\boldsymbol{B} \subseteq \boldsymbol{U}} m(\boldsymbol{B}) = 1 \tag{6.3.11}$$

对于 $\mathbf{A}$ 的非假信任程度，用函数 $Pl(\mathbf{A})$ 表示，其计算公式为

$$Pl(\boldsymbol{A}) = 1 - Bel(\boldsymbol{A}) \tag{6.3.12}$$

式中：$Pl(\boldsymbol{A})$ 为命题 $\boldsymbol{A}$ 的上限函数，表示对 $\boldsymbol{A}$ 成立的不确定性度量，且 $Pl(\boldsymbol{A}) > Bel(\boldsymbol{A})$ 。$\boldsymbol{A}$ 的不确定性由中性信任函数 $u(\boldsymbol{A}) = Pl(\boldsymbol{A}) - Bel(\boldsymbol{A})$ 度量，则对偶区间 $(Bel(\boldsymbol{A}), Pl(\boldsymbol{A}))$ 为信任区间，相应的 $\boldsymbol{A}$ 的不确定关系如图 6.3.2。

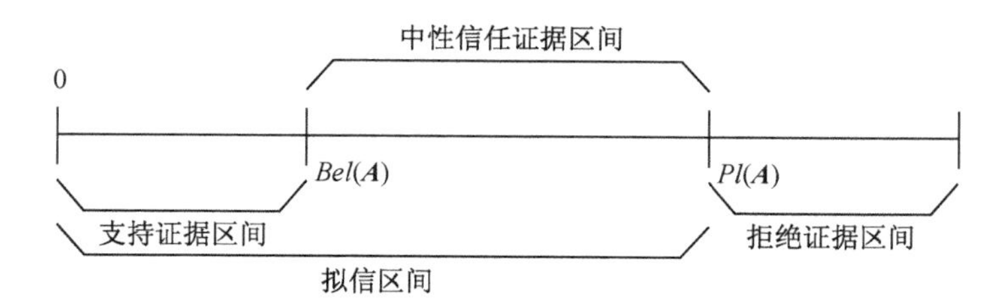

图 6.3.2　证据区间和不确定性

为体现表征混凝土坝服役状态的证据的共同作用，设 m_1 和 m_2 是幂集 $2^{\boldsymbol{\theta}}$ 上的两个相互独立的基本概率分配函数，分别可将信任度分散到幂集的子集 $\boldsymbol{B}$、$\boldsymbol{C}$ 之上，则利用证据理论合成规则，$\boldsymbol{A}$ 的基本概率分配函数是它们的正交和，即 $m = m_1 \oplus m_2$ ，具体的表达式为

$$m(\boldsymbol{A}) = \begin{cases} \dfrac{\sum\limits_{\boldsymbol{B} \cap \boldsymbol{C} = \boldsymbol{A}} m_1(\boldsymbol{B}) m_2(\boldsymbol{C})}{1 - K} & \boldsymbol{A} \neq \varnothing \\ 0 & \boldsymbol{A} = \varnothing \end{cases} \tag{6.3.13}$$

式中：$K = \sum\limits_{\boldsymbol{B} \cap \boldsymbol{C} = \varnothing} m_1(\boldsymbol{B}) m_2(\boldsymbol{C})$ ，它反映了证据之间的冲突程度，K 的值越大，表示证据间的冲突程度就越大，其中系数 $1/(1-K)$ 为归一化因子。

上面给出的是表征混凝土坝服役状态的两条证据的正交和运算，如果是多条证据，也可以利用正交和运算将它们的基本概率分配函数合成为一个新基本概率分配函数 $m = m_1 \oplus m_2 \oplus \cdots \oplus m_n$ ，即

$$m(A) = \begin{cases} \dfrac{\sum\limits_{\cap \boldsymbol{A}_i = \boldsymbol{A}} \prod\limits_{1 \leqslant i \leqslant n} m_i(\boldsymbol{A}_i)}{1 - K} & \boldsymbol{A} \neq \varnothing \\ 0 & \boldsymbol{A} = \varnothing \end{cases} \tag{6.3.14}$$

式中：$K = \sum\limits_{\cap \boldsymbol{A}_i = \varnothing} \prod\limits_{1 \leqslant i \leqslant n} m_i(\boldsymbol{A}_i)$ ，表示证据之间的冲突程度，即为冲突因子。在合成过程中，满足以下基本性质。

① 交换性：当两个证据合成时，合成的顺序不会影响合成结果，即 $m_1 \oplus m_2 = m_2 \oplus m_1$ 。

② 结合性:当多组证据进行合成时,等同于多次两两证据的合成,合成结果不受每个证据参与合成的顺序的影响,即 $m_1 \oplus m_2 \oplus m_3 = (m_1 \oplus m_2) \oplus m_3 = m_1 \oplus (m_2 \oplus m_3)$ 。

③ 同一性:和其他元素结合时结果不会改变,则那些元素称为幺元,即 $m_1 \oplus m_B = m_1$, m_B 即为幺元。

④ 极化性:相同证据合成的效果是支持的命题更支持,否定的命题更否定,向两极方向发展。

由此分析可知,利用证据理论在进行混凝土坝服役状态诊断时,无需先验信息,可将表征混凝土坝服役状态的各类监测量的不同分区信息熵证据的不确定性问题转化为集合的不确定性问题,但当证据冲突系数 K 过大的时候,会得到有悖常理的结果,且当待组合焦元过多时会令存储空间过大。因此,可通过重构基本概率分配函数,解决高冲突、高计算量等问题,下面基于灰色系统理论来解决该问题。

设有 L 个表征混凝土坝服役状态的各类监测量,$\boldsymbol{\Theta}$ 集合中混凝土坝服役状态不同等级则为不同的灰类,本书选取了恶性失常、重度异常、轻度异常、基本正常、正常五个灰类。在此基础上,本书综合运用证据理论与灰色系统理论,提出了构建表征混凝土坝服役状态的各类监测量的不同分区信息熵基本概率分配函数的方法,为综合诊断混凝土坝服役状态提供了基础,主要分析过程如下。

(1) 确定混凝土坝服役状态属性划分区间的白化权函数

对混凝土坝服役状态属性划分的不同区间,可构建不同的白化权函数[245],典型的白化权函数如图 6.3.3 所示,记为:$f_h^i[x_h^i(1), x_h^i(2), x_h^i(3), x_h^i(4)]$,其中 $x_h^i(1), x_h^i(2), x_h^i(3), x_h^i(4)$ 为 $f_h^i(\cdot)$ 的转折点,相应的 $f_h^i(\cdot)$ 表达式为

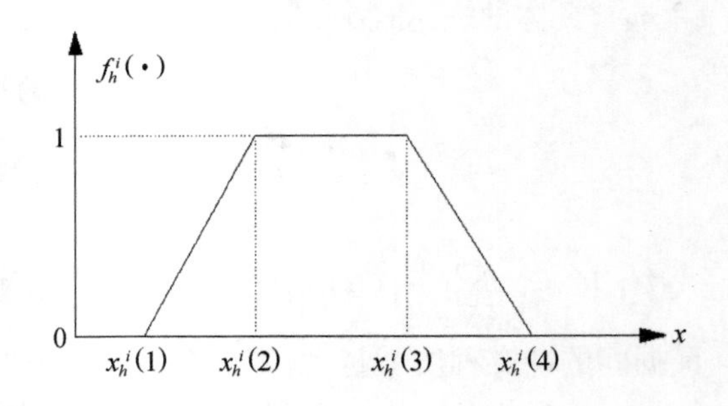

图 6.3.3 典型白化权函数

$$f_h^i(x) = \begin{cases} 0 & x \notin [x_h^i(1), x_h^i(4)] \\ \dfrac{x - x_h^i(1)}{x_h^i(2) - x_h^i(1)} & x \in [x_h^i(1), x_h^i(2)] \\ 1 & x \in [x_h^i(2), x_h^i(3)] \\ \dfrac{x_h^i(4) - x}{x_h^i(4) - x_h^i(3)} & x \in [x_h^i(3), x_h^i(4)] \end{cases} \tag{6.3.15}$$

若 $f_h^i(\cdot)$ 无第一和第二转折点 $x_h^i(1)$、$x_h^i(2)$,如图 6.3.4 所示,则 $f_h^i(\cdot)$ 为下

限测度白化权函数,其形式可表示为 $f_h^i[-,-,x_h^i(3),x_h^i(4)]$,即

$$f_h^i(x)=\begin{cases}0 & x\notin[0,x_h^i(4)]\\ 1 & x\in[0,x_h^i(3)]\\ \dfrac{x_h^i(4)-x}{x_h^i(4)-x_h^i(3)} & x\in[x_h^i(3),x_h^i(4)]\end{cases}\tag{6.3.16}$$

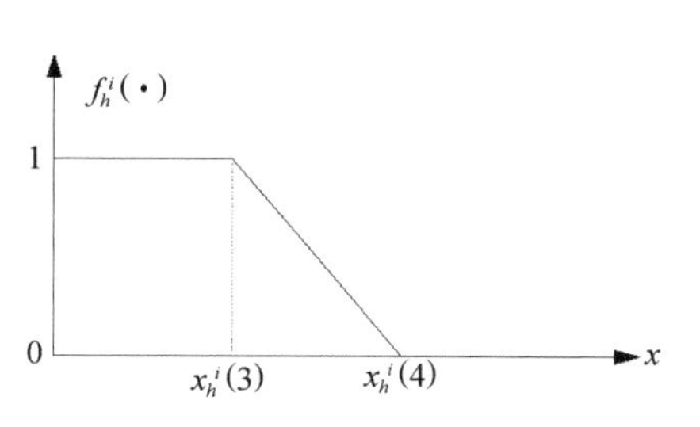

图 6.3.4　下限测度白化权函数

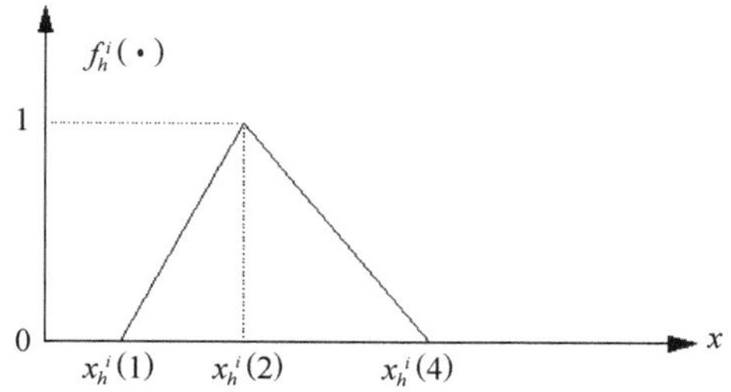

图 6.3.5　适中测度白化权函数

若 $f_h^i(\cdot)$ 第二和第三转折点 $x_h^i(2)$、$x_h^i(3)$ 重合,如图 6.3.5 所示,则 $f_h^i(\cdot)$ 为适中测度白化权函数,其形式可表示为 $f_h^i[x_h^i(1),x_h^i(2),-,x_h^i(4)]$,即

$$f_h^i(x)=\begin{cases}0 & x\notin[x_h^i(1),x_h^i(4)]\\ \dfrac{x-x_h^i(1)}{x_h^i(2)-x_h^i(1)} & x\in[x_h^i(1),x_h^i(2)]\\ \dfrac{x_h^i(4)-x}{x_h^i(4)-x_h^i(2)} & x\in[x_h^i(2),x_h^i(4)]\end{cases}\tag{6.3.17}$$

若 $f_h^i(\cdot)$ 无第三和第四转折点 $x_h^i(3)$、$x_h^i(4)$,如图 6.3.6 所示,则 $f_h^i(\cdot)$ 为上限测度白化权函数,相应的形式可表示为 $f_h^i[x_h^i(1),x_h^i(2),-,-]$,即

$$f_h^i(x)=\begin{cases}0 & x<x_h^i(1)\\ \dfrac{x-x_h^i(1)}{x_h^i(2)-x_h^i(1)} & x\in[x_h^i(1),x_h^i(2)]\\ 1 & x\geqslant x_h^i(2)\end{cases}\tag{6.3.18}$$

(2) 构建表征混凝土坝服役状态的各类监测量分区信息熵基本概率分配函数

基于上一节对表征混凝土坝服役状态的多类监测量分区权重的确定,并结合上述给出的混凝土坝服役状态属性划分区间的白化权函数构建方法,引入灰色定权聚类系数 σ_k^i 来确定基本概率分配,即

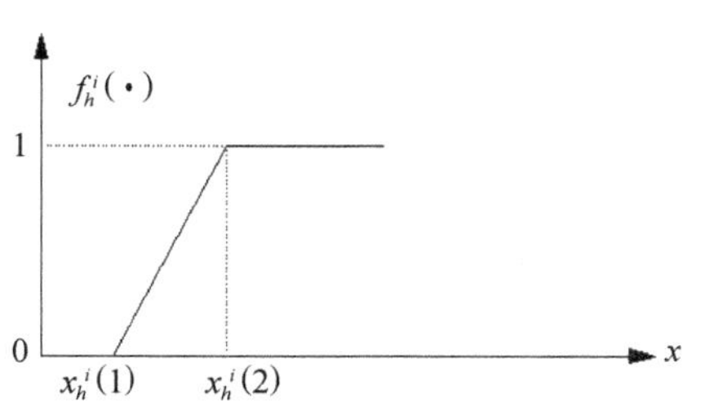

图 6.3.6　上限测度白化权函数

$$\sigma_k^i = \sum_{h=1}^{H} f_h^i(x_{hk})\omega_h \tag{6.3.19}$$

式中：ω_h 为上节所获得的表征混凝土坝服役状态的不同分区信息熵的权重；$f_h^i(\cdot)$ 为 h 分区 i 灰类的白化权函数。

利用式(6.3.19)可构造灰色聚类系数矩阵$[\sigma_k^i]$，其表达式为

$$[\sigma_k^i] = \begin{bmatrix} \sigma_1^1 & \sigma_1^2 & \cdots & \sigma_1^s \\ \sigma_2^1 & \sigma_2^2 & \cdots & \sigma_2^s \\ \vdots & \vdots & \vdots & \vdots \\ \sigma_m^1 & \sigma_m^2 & \cdots & \sigma_m^s \end{bmatrix} \tag{6.3.20}$$

式中：s 为灰类数。

令 $m_k(\mathbf{A}_i) = \dfrac{\sigma_k^i}{\sum\limits_{i=1}^{s}\sigma_k^i}$，其中 $i=1,2,\cdots,s$，$k=1,2,\cdots,m$，$\forall k=1,2,\cdots,m$，则至少存在一项 $\sigma_k^i \neq 0$，由此得到的 $m_k(\mathbf{A}_i)$ 即为灰色定权聚类系数下的基本概率分配函数，也就是各类监测量不同分区信息熵基本概率分配函数。

6.3.2.2 混凝土坝服役状态的综合诊断

通过上述分析，可对混凝土坝服役状态进行综合诊断，基于多类监测量不同分区信息熵值诊断混凝土坝服役状态的总体思路为：将混凝土服役状态划分为5个灰类，根据各个灰类的白化权函数将表征混凝土坝服役状态的不同分区信息熵聚集，形成式(6.3.20)的灰色聚类系数矩阵；通过证据理论合成规则对定权聚类系数构造的基本概率分配函数进行合成，并通过信度函数最大原则，确定混凝土坝整体服役状态所在的属性区间。具体的混凝土坝服役状态诊断流程图见图6.3.8，主要诊断步骤如下。

(1) 利用本书第五章研究成果，确定表征混凝土坝服役状态的各类监测量不同分区信息熵。

(2) 根据本节所提出的方法，结合上节得到的混凝土坝服役状态属性划分确定如图6.3.7的白化权函数 $f_h^i(\cdot)$，其中 $x_h^i(1)$、$x_h^i(2)$、$x_h^i(3)$、$x_h^i(4)$ 分别为各评价等级在[0,1]区间内的划分点。

(3) 结合第五章所得的表征混凝土坝服役状态的各类监测量不同分区信息熵，以及步骤(2)构建的基于混凝土坝服役状态等级的白化权函数，利用6.3.1节研究成果确定表征混凝土坝服役状态的各类监测量不同分区的权重，据此求得灰色定权聚类系数 σ_k^i，并构造灰色聚类系数矩阵。

(4) 利用步骤(3)构造的灰色聚类系数矩阵，构建表征混凝土坝服役状态的各

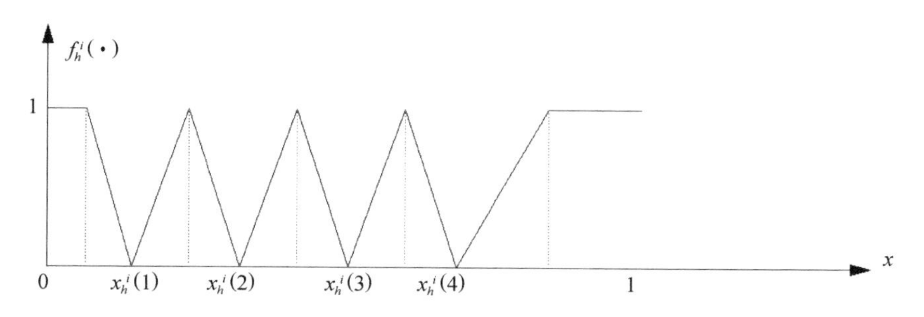

图 6.3.7　基于混凝土坝服役状态等级的白化权函数

类监测量不同分区信息熵的基本概率分配函数 $m_k(\mathbf{A}_i)$ 。

(5) 基于求得的基本概率分配函数 $m_k(\mathbf{A}_i)$,并综合运用证据理论合成规则,在给定的辨识框架下构建相应的信度函数。

(6) 根据 6.2 节划分的混凝土坝服役状态诊断等级,并依据信度函数最大原则诊断混凝土坝的服役状态。

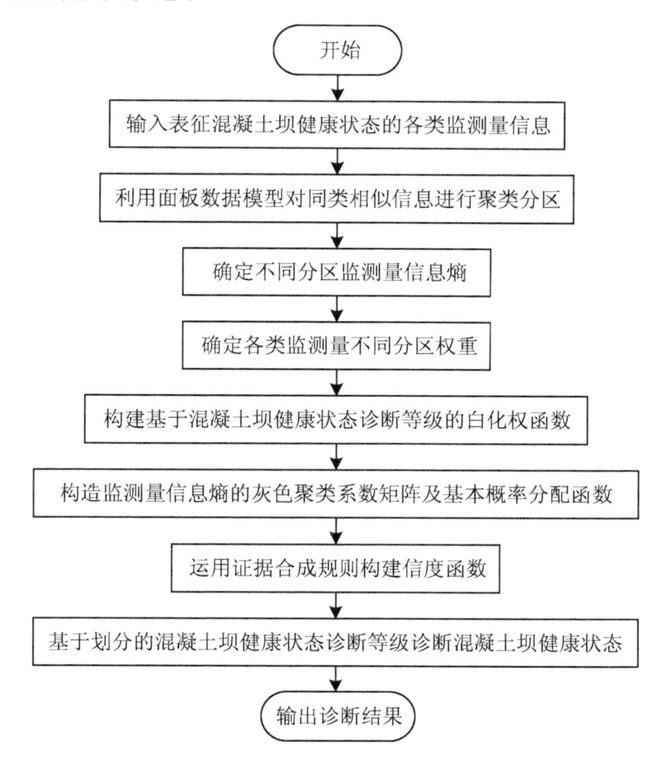

图 6.3.8　混凝土坝服役状态诊断流程图

6.4 工程实例

本章仍以第二章 2.5 节工程为例，研究本章提出的方法的应用可行性，并据此验证所提出方法的有效性。

6.4.1 混凝土坝服役状态诊断等级属性区间划分

选取五级混凝土坝服役状态评价指标，即

$$\mathbf{V}=[V_1,V_2,V_3,V_4,V_5]=[\text{恶性失常,重度异常,轻度异常,基本正常,正常}]$$

利用本章提出的方法，通过对式(6.2.6)比较判断矩阵一致性判别，基于粒子群算法，在每组粒子位置下随机生成 500 个判断矩阵 $\boldsymbol{R}$，以 500 个判断矩阵的一致性比例 CR 的平均值作为适应度函数指标，其迭代过程如图 6.4.1。

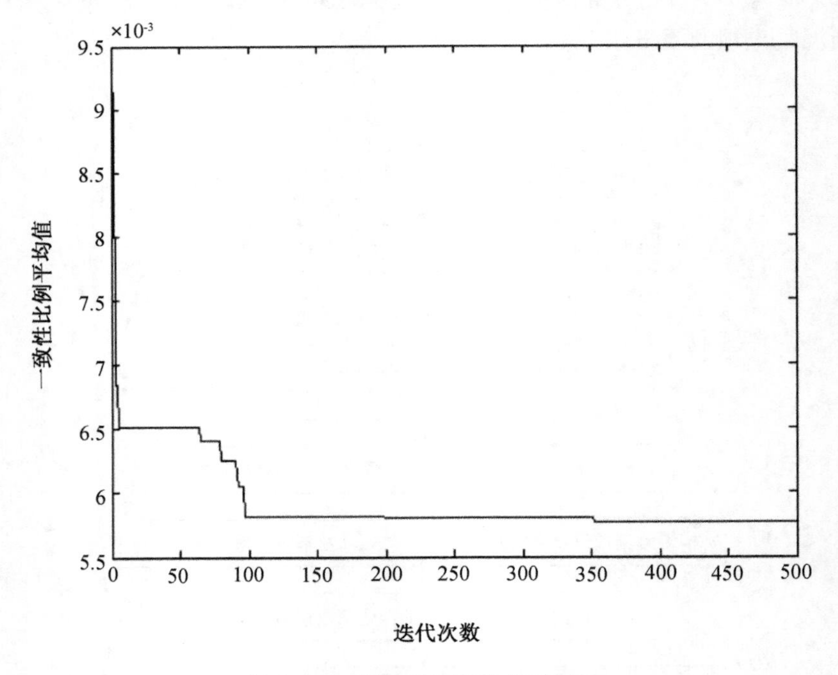

图 6.4.1 适应度函数迭代过程图

经计算得到，当截断点为 1.5、1.8、3.38、4.84 时，可得最优化划分，其一致性指标分布见图 6.4.2，将其与等分 1～9 标度情况下的一致性指标分布图 6.4.3 相比，本章提出的方法划分标度能使判断矩阵获得更加满意的一致性。利用上述得到的截断点 1.5、1.8、3.38、4.84，由此计算得到在该截断点下一致性比例最小时的判断矩阵的特征向量，即五个评语的权重分配，并将五个评语按计算所得重要性在[0,1]区间内划分，得到混凝土坝服役状态诊断等级属性区间，即[0,0.18)、[0.18,0.26)、[0.26,0.44)、[0.44,0.62)、[0.62,1]。

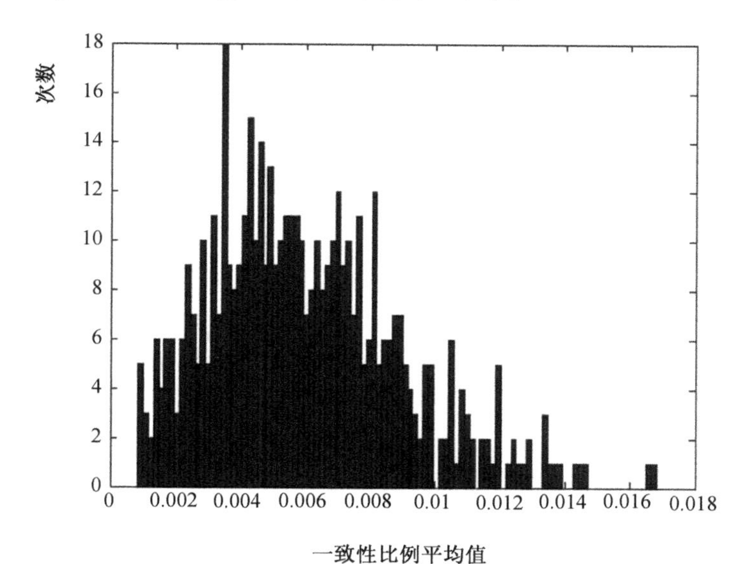

图 6.4.2　一致性指标分布图

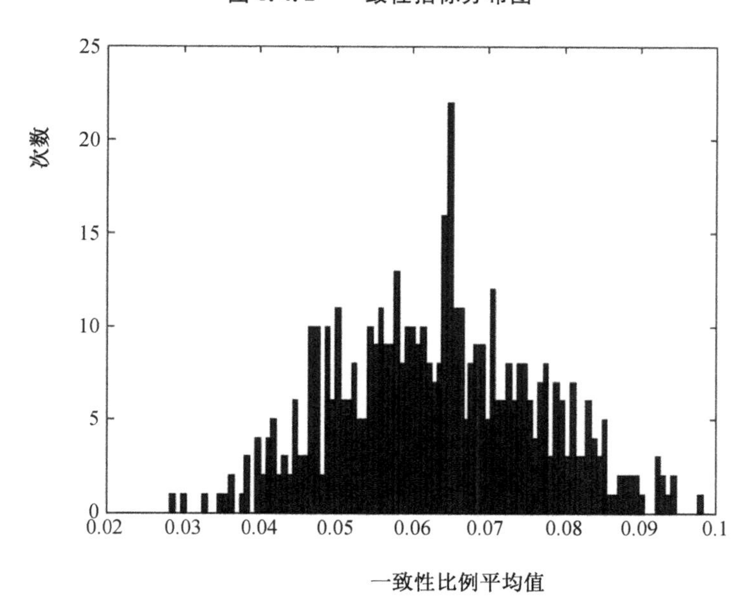

图 6.4.3　等分情况下一致性指标分布图

6.4.2 混凝土坝服役状态的多类监测量综合诊断

基于混凝土坝 2013 年 6 月 16 日至 2015 年 9 月 28 日的水压及温变荷载监测量，利用式(6.2.1)—式(6.2.3)可计算每日荷载监测量与最不利工况下荷载监测量之间的灰色投影关联度，该时间序列从大到小排列的灰色投影关联度值部分成果见表 6.4.1。

表 6.4.1 灰色投影关联度

日期	灰色投影关联度	日期	灰色投影关联度	日期	灰色投影关联度
2013-06-16	0.000 601	2013-06-26	0.000 574	2013-07-06	0.000 567
2013-06-17	0.000 582	2013-06-27	0.000 572	2013-07-07	0.000 566
2013-06-18	0.000 581	2013-06-28	0.000 569	2013-07-08	0.000 565
2013-06-19	0.000 580	2013-06-29	0.000 569	2013-07-09	0.000 565
2013-06-20	0.000 579	2013-07-04	0.000 568	2013-07-10	0.000 563
2013-06-22	0.000 579	2013-07-05	0.000 568	2013-07-11	0.000 562
2013-06-21	0.000 579	2013-07-03	0.000 568	2013-07-12	0.000 561
2013-06-23	0.000 577	2013-07-01	0.000 568	2013-07-13	0.000 560
2013-06-24	0.000 576	2013-07-02	0.000 568	2013-07-14	0.000 559
2013-06-25	0.000 575	2013-06-30	0.000 568	2013-07-15	0.000 558

由上述计算可知，该坝在 2013 年 6 月中旬至 7 月中旬灰色投影关联度较大，反映了该坝在这一阶段服役状态有出现问题的可能性，其原因是该坝在 2013 年 6 月开始蓄水，蓄水初期该混凝土坝状态处于适应调整阶段，因此，易出现服役状态问题，这与大量的混凝土坝服役状态出现问题的统计结果一致，因而需高度关注蓄水初期混凝土坝安全问题。上述分析结果也间接证明了本章提出的混凝土坝服役状态变化态势分析方法的有效性。

由上节得到的混凝土坝服役状态诊断等级属性区间，由式(6.3.15)至式(6.3.18)确定混凝土坝服役状态 5 个灰类的白化权函数，其表达式为

$$f_h^1(x)=\begin{cases}0 & x\notin[0,0.18]\\ 1 & x\in[0,0.1]\\ \dfrac{0.18-x}{0.08} & x\in[0.1,0.18]\end{cases}$$

$$f_h^i(x)=\begin{cases}0 & x\notin[0.18,0.26]\\ \dfrac{x-0.18}{0.04} & x\in[0.18,0.22]\\ \dfrac{0.26-x}{0.04} & x\in[0.22,0.26]\end{cases}$$

$$f_h^i(x)=\begin{cases}0 & x\notin[0.26,0.44]\\ \dfrac{x-0.26}{0.09} & x\in[0.26,0.35]\\ \dfrac{0.44-x}{0.09} & x\in[0.35.0.44]\end{cases}$$

$$f_h^i(x)=\begin{cases}0 & x\notin[0.44,0.62]\\ \dfrac{x-0.44}{0.09} & x\in[0.44,0.53]\\ \dfrac{0.62-x}{0.09} & x\in[0.53,0.62]\end{cases}$$

$$f_h^i(x)=\begin{cases}0 & x<0.62\\ \dfrac{x-0.62}{0.18} & x\in[0.62,0.8]\\ 1 & x\geqslant 0.8\end{cases}$$

利用第四章提出的方法，对该坝服役状态的各类监测量进行分区聚类，其中：该混凝土坝变形分6个区，混凝土坝渗流分为3个区，坝体应力分为3个区。利用该混凝土坝2013年6月中旬至7月中旬的实测资料，结合第五章提出的混凝土坝服役状态信息熵指标拟定方法，计算各监测量分区的信息熵序列，其结果如图6.4.4至图6.4.6。

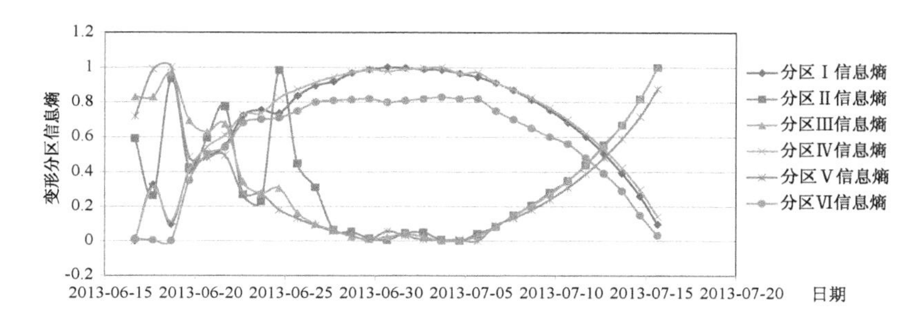

图6.4.4　混凝土坝变形分区信息熵

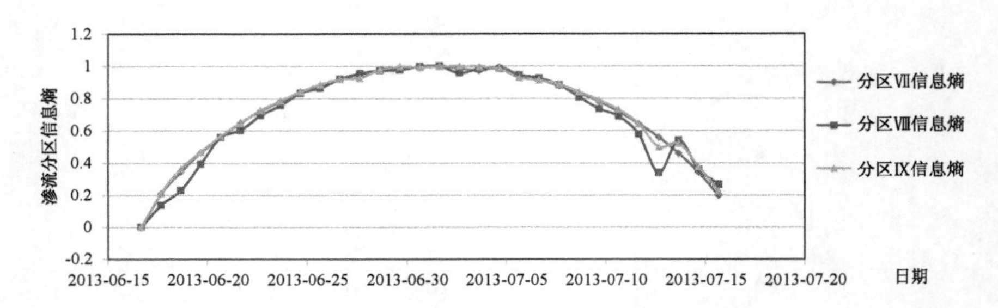

图 6.4.5　混凝土坝渗流分区信息熵

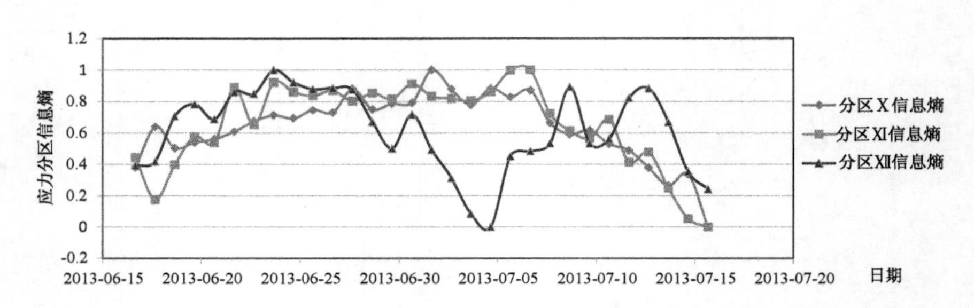

图 6.4.6　混凝土坝应力分区信息熵

表 6.4.2　各分区权重

分区	权重	分区	权重
Ⅰ	0.101	Ⅶ	0.105
Ⅱ	0.075	Ⅷ	0.102
Ⅲ	0.059	Ⅸ	0.099
Ⅳ	0.104	Ⅹ	0.073
Ⅴ	0.051	Ⅺ	0.046
Ⅵ	0.102	Ⅻ	0.083

根据式(6.3.7)计算得到表征混凝土坝服役状态的各类监测量不同分区权重，见表 6.4.2。并利用式(6.3.19)与式(6.3.20)可求得灰色聚类系数矩阵 $[\sigma_k^i]$(由于该坝各类监测量各测点测值较多，因此计算得到的 $[\sigma_k^i]$ 数量较大，因而只列出了部分计算成果)，即

$$[\sigma_k^i]=\begin{bmatrix}0.613 & 0 & 0.089 & 0.026 & 0.087\\ 0.160 & 0.147 & 0.156 & 0 & 0.119\\ 0.292 & 0.077 & 0.201 & 0.052 & 0.225\\ \vdots & \vdots & \vdots & \vdots & \vdots\\ 0.046 & 0.072 & 0.439 & 0 & 0.161\\ 0.372 & 0.164 & 0.008 & 0 & 0.185\end{bmatrix}$$

利用本章 6.3.2.1 节方法构造表征混凝土坝服役状态的各类监测量不同分区信息熵的基本概率分配函数 $m_k(\boldsymbol{A}_i)$，并运用证据理论合成规则得到该坝服役状态综合诊断信度函数为：$m(\boldsymbol{A}_1)=0.113$，$m(\boldsymbol{A}_2)=1.099\times10^{-3}$，$m(\boldsymbol{A}_3)=0.062$，$m(\boldsymbol{A}_4)=0.405$，$m(\boldsymbol{A}_5)=0.420$，其最大值为 $m(\boldsymbol{A}_5)=0.420$，依据信度函数最大原则，结合本节 6.4.1 得到的混凝土坝服役状态诊断等级属性区间，该混凝土坝的服役状态为正常，这与该工程的实际状态一致，由此也验证了本章所提出方法的有效性。

第7章　混凝土坝服役过程性能劣化分析理论和方法

7.1　概述

混凝土坝在长期荷载和环境等因素影响作用下，其承载力会降低，当达到一定程度时，有可能引起混凝土坝性能劣化，甚至导致大坝失效。在大多数情况下，混凝土坝在多因素共同作用下造成服役过程性能劣化，通常认为是在某一因素驱动下，首先内部微观结构出现劣化或损伤，然后在其他因素组合作用下，材料损伤程度加大，甚至有可能出现宏观失效破坏。

裂缝是混凝土坝常见的病害，也是导致混凝土坝服役过程性能劣化的主要因素之一。混凝土坝在运行期间，荷载及环境因素均会导致裂缝的产生，在混凝土坝服役期间，荷载因素和环境因素都会随着时间不断变化，使得裂缝也随着时间变化而变化，当遭遇不利工况时，裂缝可能发生不稳定扩展，最终形成危害性裂缝，从而导致混凝土坝服役过程性能劣化。为了防止裂缝的扩展，需要对裂缝的演变规律进行分析。

由于混凝土是一种多孔介质材料以及混凝土内部不可避免地存在着许多微观的孔隙和裂纹等缺陷，在长期高压水环境中，即使混凝土的渗透性较小，也会在坝体内形成渗流。在混凝土坝服役过程性能劣化影响因素中，渗流效应不可忽视，混凝土坝建成蓄水后，会引起坝体和坝基渗流及绕坝渗流等现象，如防渗不力，也会导致混凝土坝服役过程性能劣化。

针对以上裂缝和渗流引起混凝土坝服役过程性能劣化的问题，本章基于能量法，探讨混凝土坝裂缝演变双G法判定准则及基于熵理论的混凝土坝裂缝演变判定准则；并通过渗流变化规律分析，研究综合考虑渗流变化滞后效应分析模型的建模方法，据此对混凝土坝渗流是否会引起混凝土坝服役过程性能劣化进行分析；此外，提出考虑裂缝和渗流影响的混凝土坝服役过程性能劣化分析模型，由此对混凝土坝服役过程性能劣化进行定量分析。

7.2　混凝土坝裂缝引起服役过程性能劣化的分析方法

由于混凝土材料自身的特性，在多种复杂因素作用下，混凝土坝服役过程中不可避免地出现类型各异的裂缝，包括微观裂缝、细观裂缝和宏观裂缝等不同性状的裂缝，按不同的标准其分类见表 7.2.1。

表 7.2.1　裂缝类型分类

分类标准	裂缝类型
裂缝危害度	轻度裂缝、重度裂缝、危害性裂缝
裂缝特性	表面裂缝、浅层裂缝、深层裂缝、贯穿性裂缝
裂缝活动性质	死缝、准稳定裂缝、不稳定裂缝
裂缝方向、形状	水平缝、垂直缝、纵向裂缝、横向裂缝、斜向裂缝、放射裂缝
裂缝产生时间	原生裂缝、施工裂缝、再生裂缝

裂缝的类型多种多样，本节主要分析容易导致混凝土坝服役过程性能劣化的危害性裂缝，例如准稳定裂缝、不稳定裂缝、深层裂缝和贯穿性裂缝。混凝土坝裂缝从坝体表面开始，往往在施工阶段已经形成微裂缝，初始裂缝会影响混凝土坝的耐久性，且随着服役期的增长可能发展成危害性裂缝。危害性裂缝是导致混凝土坝服役过程性能劣化的主要因素，破坏混凝土坝的整体性、抗渗性，加速混凝土碳化，降低混凝土坝的抗腐性能和承载能力，是混凝土坝服役过程性能劣化的明显信号。因此，本节对混凝土坝裂缝演化过程进行分析，利用能量法给出混凝土坝裂缝的双 G 法能量判据，并将熵理论融合应变能理论，给出基于信息熵的混凝土坝裂缝演化判据。

7.2.1　混凝土坝裂缝演化过程能量变化表征方法

对带有裂缝的混凝土坝而言，裂缝的发展伴随着能量的变化，随着荷载的进一步增加，外力功转化为能量以各种形式消耗在结构上，一部分以应变能的方式储存在结构内部。混凝土坝裂缝扩展过程中的能量消耗以下用断裂能 G_N 进行表征，并将断裂能分为两个阶段对混凝土坝裂缝发展进行描述，即稳定断裂能 G_{NS} 和失稳断裂能 G_{NU} 。其中，G_{NS} 表征坝体混凝土材料从起裂到临界劣化破坏状态阶段的平均能量消耗；G_{NU} 表征坝体混凝土材料从临界劣化破坏状态到完全破坏过程裂缝扩展单位面积所需的能量；G_N 、G_{NS} 和 G_{NU} 的计算表达式见式(7.2.1)—式(7.2.3)；图 7.2.1 为坝体混凝土裂缝演化过程能量消耗 P-δ（荷载-裂缝扩展位移）示意图[246]。

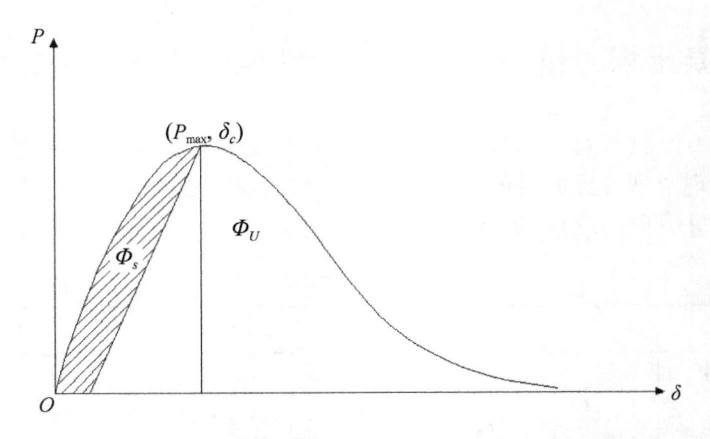

图 7.2.1　坝体混凝土裂缝演化过程能量消耗 P-δ 示意图

$$G_N = \frac{\Phi}{A} \tag{7.2.1}$$

$$G_{NS} = \frac{\Phi_p - \Delta\gamma_s}{A} = \frac{\Phi_s}{A_s} \tag{7.2.2}$$

$$G_{NU} = \frac{\Phi_U}{A_U} = \frac{\Phi - \Phi_s}{A_U} \tag{7.2.3}$$

式中：Φ 为裂缝扩展过程中外力所做的功，即图 7.2.1 中荷载位移曲线的总面积；Φ_p 为裂缝扩展稳定阶段外力做的功；Φ_s 为裂缝非稳定扩展阶段扩展所需的能量；Φ_U 为裂缝劣化扩展阶段裂缝扩展所需的能量；$\Delta\gamma_s$ 为裂缝扩展稳定阶段应变能的变化；A 为破坏时裂缝面韧带面积的变化；A_s 为在稳定扩展阶段裂缝面韧带面积的变化；A_U 为在裂缝劣化扩展阶段裂缝面韧带面积变化。

混凝土裂缝沿着耗散能量最小的方向发展，在稳定扩展阶段，裂缝沿材料薄弱面方向发展，通常在骨料与水泥砂浆的界面处扩展，即能量消耗较小的面发展，一般不直接穿透骨料。随着裂缝不断扩展，可能与硬化水泥浆中的空穴、裂隙等相贯通，进入浆体，也可能穿透骨料，进入裂缝劣化扩展阶段，此时能量消耗很大，G_{NU} 数值较大且增长速率较快。

7.2.2　混凝土坝裂缝演化过程能量判据及能量消耗估算

运用能量法从能量平衡的角度对混凝土裂缝演化过程进行判定，在裂缝扩展过程中，当释放的应变能超过引起新裂缝表面所吸收的能量时，就会发生不稳定的裂缝扩展。能量法避开了裂缝尖端附近的应力场分析，根据裂缝扩展时整个系统能量的变化来判断裂缝的稳定性[247]。因此，本书将采用能量释放率对裂缝演化过程进行判定，这其中包括两个重要概念：起裂韧度 G_{ic}^{ini} 和劣化韧度 G_{ic}^{un}，可通过式(7.2.4)确定以上两个参数：

$$G=\frac{P^2\mathrm{d}C}{2B\mathrm{d}a} \tag{7.2.4}$$

式中：P 为荷载；B 为试件厚度；C 为荷载-裂缝扩展位移曲线上的柔度；a 为裂缝长度。

将对应于起裂状态的荷载 P_{ini} 及此刻的柔度变化 $\left.\frac{\mathrm{d}C}{\mathrm{d}a}\right|_{C=C_0}$，最大荷载 $P_{\max}$ 及此刻的柔度变化 $\left.\frac{\mathrm{d}C}{\mathrm{d}a}\right|_{C=C_c}$ 代入式(7.2.4)，即可得到起裂韧度 G_{ic}^{ini} 和劣化韧度 G_{ic}^{un}。

从能量法的角度可以推出 G_{ic}^{ini} 与 G_{ic}^{un} 的关系，裂缝扩展的能量由两部分组成：一部分是由材料本身提供的，即起裂韧度 G_{ic}^{ini}；另外一部分就是由黏聚力 G_{ic}^{c} 提供的；两部分叠加得到劣化韧度 G_{ic}^{un}，即如式(7.2.5)所示：

$$G_{ic}^{un}=G_{ic}^{ini}+G_{ic}^{c} \tag{7.2.5}$$

根据裂缝尖端能量释放率 G 与 G_{ic}^{ini}，G_{ic}^{un} 的关系来判定材料所处的状态：$G<G_{ic}^{ini}$，裂缝未扩展；$G=G_{ic}^{ini}$，裂缝初始起裂；$G_{ic}^{ini}<G<G_{ic}^{un}$，裂缝稳定扩展；$G=G_{ic}^{un}$，裂缝处于临界劣化状态；$G>G_{ic}^{un}$，裂缝劣化扩展。

当混凝土坝所受荷载达极限荷载 $P_{\max}$，由于内部储存的应变能的驱动作用，裂缝迅速扩展，处于临界劣化破坏状态时，为克服黏聚力而做的单位面积功可以用式(7.2.6)和式(7.2.7)表示[248]：

$$G_{ic}^{c}=\frac{1}{a_c-a_0}\int_{a_0}^{a_c}\Gamma(x)\mathrm{d}x \tag{7.2.6}$$

$$\Gamma(x)=\int_0^{w_x}\sigma(w)\mathrm{d}w \tag{7.2.7}$$

式中：a_c 为缺口临界劣化裂缝长度；a_0 缺口初始裂缝长度；x 表示演化过程区内任意一点到裂缝张口处的水平距离；$\Gamma(x)$ 为距张口距离 x 的断裂能，即在此处裂缝张口位移从 0 变化到 w_x 所吸收的能量。

7.2.3　基于熵理论的混凝土坝裂缝演化分析

上文研究了采用双 G 法对混凝土坝裂缝的演化进行判定的方法，为分析比较，下面进一步研究基于信息熵概念对混凝土坝裂缝演化进行分析的方法[249]。

利用有限元方法将混凝土坝结构划分 N 个单元，由式(7.2.8)计算每个单元的应变能。

$$q_j = \frac{1}{2}\sum_{k=1}^{n}\boldsymbol{\sigma}^{e\mathrm{T}}\boldsymbol{\varepsilon}^{e}vol_k + E_e^p \tag{7.2.8}$$

式中：n 为单元积分点数目；$\boldsymbol{\sigma}^{e\mathrm{T}}$ 为应力向量；$\boldsymbol{\varepsilon}^{e}$ 为应变向量；vol_k 为单元积分点 k 的体积；E_e^p 为单元塑性应变能。

混凝土坝结构总应变能 Q 为

$$Q = \sum_{j=1}^{n} q_j \tag{7.2.9}$$

(1) 混凝土坝裂缝起裂或处于稳定扩展阶段

简化式(7.2.8)，并由有限元理论基础可得 t 时刻下单元 j 的应变能为

$$q_j(t) = \frac{1}{2}\sigma_j(t)\varepsilon_j(t) \tag{7.2.10}$$

式中：$\sigma_j(t)$ 为 t 时刻下单元 j 的中心点应力；$\varepsilon_j(t)$ 为 t 时刻下单元 j 的中心点应变。信息熵的表达式为

$$E = -\varphi\sum_{j=1}^{N}\frac{q_j}{Q}\ln\frac{q_j}{Q} \tag{7.2.11}$$

式中：φ 在工程中通常取为 1.0。

利用式(7.2.10)可求出第 i 级加载步下单元 j 的应变能为 q_{ij}，代入式(7.2.11)信息熵的公式中，建立起裂或处于稳定扩展阶段单元熵函数：

$$E_i = -\varphi\sum_{j=1}^{N}\frac{q_{ij}}{\sum\limits_{j=1}^{N}q_{ij}}\ln\frac{q_{ij}}{\sum\limits_{j=1}^{N}q_{ij}} \tag{7.2.12}$$

利用上式计算混凝土坝结构在初始状态 t_0 及服役过程中 t_d 时刻的应变熵值 $E(t_0)$ 及 $E(t_d)$，建立判定准则：

$$\Delta E = \begin{cases} E(t_0) - E(t_d) = 0 & \text{无损} \\ E(t_0) - E(t_d) \neq 0 & \text{有裂缝产生} \end{cases} \tag{7.2.13}$$

利用式(7.2.13)判断混凝土坝是否有裂缝产生。

(2) 混凝土坝裂缝劣化阶段

当 $\Delta E \neq 0$，即有裂缝产生时，为了判断裂缝性质，首先利用式(7.2.11)计算混凝土坝结构产生裂缝前单元 j 的应变能熵值为 E_{j_0}，产生裂缝后应变能熵值为 E_{j_d}，则可建立单元劣化度公式：

$$S_j = \left|\frac{E_{j_0} - E_{j_d}}{E_{j_0}}\right| \times 100\% \tag{7.2.14}$$

基于神经网络法[250]及利用式(7.2.14)可计算混凝土坝结构已经劣化的单元数 Num,并由式(7.2.10)重新计算混凝土坝裂缝出现后第 i 加载步单元 j 的应变能 q_{jid} ,基于式(7.2.11)计算混凝土坝结构第 i 加载步的应变能熵值为

$$E_i = -\varphi \sum_{j=1}^{N-Num} \frac{q_{jid}}{Q_{in}} \ln \frac{q_{jid}}{Q_{iin}} \tag{7.2.15}$$

式中:Q_{in} 为内部应变能; Q_{iin} 为第 i 加载步结构内部应变能。

由上分析,建立基于熵变的混凝土坝裂缝演化函数:

$$E_i = \begin{cases} -\varphi \sum\limits_{j=1}^{N} \dfrac{q_{ij}}{\sum\limits_{j=1}^{N} q_{ij}} \ln \dfrac{q_{ij}}{\sum\limits_{j=1}^{N} q_{ij}} & \text{起裂及稳定阶段} \\ -\varphi \sum\limits_{j=1}^{N-Num} \dfrac{q_{jid}}{Q_{in}} \ln \dfrac{q_{jid}}{Q_{iin}} & \text{劣化阶段} \end{cases} \tag{7.2.16}$$

从能量的角度考虑,当混凝土坝未出现裂缝时,结构内部能量只存在能量的传递,未出现能量的损失,故大坝的应变熵值一直处于初始熵值,即 $\Delta E = 0$ 。当混凝土坝起裂或裂缝稳定时,混凝土坝结构内部的能量由无序状态逐渐变为有序状态,系统的熵值 $\Delta E > 0$;当混凝土坝裂缝处于劣化阶段,此时系统的熵值 $\Delta E < 0$ 。

综上所述,建立基于熵变的混凝土坝裂缝演变判定准则为

$$\Delta E = \begin{cases} E(t_0) - E(t_d) = 0 & \text{无损} \\ E(t_0) - E(t_d) > 0 & \text{稳定} \\ E(t_0) - E(t_d) < 0 & \text{劣化} \end{cases} \tag{7.2.17}$$

7.3 混凝土坝渗流引起服役过程性能劣化的分析方法

上节研究了混凝土坝裂缝演变及对工程服役过程性能影响的分析方法,由于坝体混凝土是一种多孔介质材料,当混凝土材料受到外部水作用时,水会沿着坝体混凝土表层的微观裂缝逐渐渗入到混凝土内部,从而使得孔隙裂缝受力发生变化,导致其发生扩展和微裂缝贯通、失稳。因此,混凝土坝渗流作用有可能造成坝体混凝土的材料性能发生劣化,从而影响混凝土坝整体的服役过程性能,导致如强度降低、防渗能力下降、透水性增大等诸多不利结果。当混凝土坝渗流作用持续影响混凝土坝服役过程性能时,致使其内部的微观裂缝发展成宏观裂缝,使得坝体混凝土由劣化发展成断裂的时候,便会引起整个混凝土坝服役过程性能劣化,甚至是破坏[251]。因此,开展渗流对混凝土坝服役过程性能劣化影响研究具有重要的意义。

为了全面掌握混凝土坝渗流状态，分析渗流是否异常，首先需要建立混凝土坝渗流变化分析模型。

7.3.1 考虑滞后效应的混凝土坝渗流变化分析模型建模方法

如果坝基扬压力、渗透坡降等渗流要素超过安全值，则对混凝土坝安全运行十分不利，长期以往，混凝土坝服役过程性能也逐渐劣化。因此，建立混凝土坝渗流变化分析模型，对及时地分析和监控混凝土坝的渗流状态，确保混凝土坝的健康服役十分重要。

水库水位变化对混凝土坝渗流具有一定的滞后效应，滞后机理较为复杂，且不可忽略，在建立混凝土坝渗流变化分析模型中必须考虑水库水位变化的滞后效应[252]。

7.3.1.1 库水深变化的滞后效应

混凝土坝正常服役期间，渗流监测量是库水位、温度和时效等动态变化作用下的瞬时效应量，其中库水深 H 是主要影响因素之一。渗流效应量测值由于水压力传递等原因滞后于库水位变化，为了确定渗流效应量测值滞后库水位变化的时间，引入水位变化滞后影响函数的概念。

设某渗流效应量的测值受监测日前 n 个水深 H_i 的影响，令 H_d 为等效水深，在其作用下该测点在同一观测日有相同测值，则 H_d 可以表示为

$$H_d = \varphi(H_1, H_2, \cdots, H_k, P_1, P_2, \cdots, P_k) \tag{7.3.1}$$

式中：P_i（$i = 1, 2, \cdots, k$）为第 i 个水深对等效水深的影响权重，有 $\sum_{i=1}^{k} P_i = 1$，$k < n$。

则等效水深 H_d 可表示为

$$H_d = \sum_{i=1}^{k} P_i H_i \tag{7.3.2}$$

混凝土坝服役过程中，渗流场是随时间变化的连续函数，因此，等效水深也是时间 t 的连续函数，则相对应的权分布函数为 $P(t)$，由统计分析表明，$P(t)$ 一般呈正态分布，则 $P(t)$ 可表示为

$$P(t) = \frac{1}{\alpha} \frac{1}{\sqrt{2\pi} x_2} e^{\frac{-(t-x_1)^2}{2x_2^2}} \tag{7.3.3}$$

式中：α 为调整参数；x_1 为水深滞后天数；x_2 为水深影响正态分布标准差。

$$\alpha = \int_{-\infty}^{t_0} \frac{1}{\sqrt{2\pi} x_2} e^{\frac{-(t-x_1)^2}{2x_2^2}} \mathrm{d}t \tag{7.3.4}$$

对于某一测点，可以认为滞后天数 x_1 ，影响分布参数 x_2 为常数，因此在固定监测日 $t=t_0$ ，α 为常数，则恒有

$$\int_{-\infty}^{t_0} P(t)\mathrm{d}t = 1 \tag{7.3.5}$$

因此，将 $P(t)$ 作为前期水深对等效水深影响权重的分布密度函数，即水深滞后影响函数。

7.3.1.2　考虑水深变化滞后效应的水压分量

设在 $t=t_0$ 时刻对应的等效水深为 H_d ，则有

$$H_d = \int_{-\infty}^{t_0} P(t)H(t)\mathrm{d}t = \int_{-\infty}^{t_0} \frac{1}{\sqrt{2\pi}x_2} e^{\frac{-(t-x_1)^2}{2x_2^2}} H(t)\mathrm{d}t \tag{7.3.6}$$

则水压分量可以表征为

$$h_k = a_1 H_d = a_1 \int_{-\infty}^{t_0} \frac{1}{\sqrt{2\pi}x_2} e^{\frac{-(t-x_1)^2}{2x_2^2}} H(t)\mathrm{d}t \tag{7.3.7}$$

式中：a_1 为待定系数；$H(t)$ 为 t 时刻的水深。

7.3.1.3　考虑滞后效应的渗流效应量变化分析模型

混凝土坝渗流监测资料表明，渗流效应量变化主要与库水位、温度变化及时效等因素有关，在上节中已经推导出考虑水深变化滞后效应的水压分量表达式，再结合统计模型中温度分量和时效分量的表达式，即可得到考虑滞后效应的渗流效应量 h 变化分析模型为

$$\begin{aligned} h = {} & a_0 + a_1 \int_{-\infty}^{t_0} \frac{1}{\sqrt{2\pi}x_2} e^{\frac{-(t-x_1)^2}{2x_2^2}} H(t)\mathrm{d}t + a_2 \sin\left(\frac{2\pi}{365}t\right) + a_3 \cos\left(\frac{2\pi}{365}t\right) \\ & + a_4 \sin\left(\frac{2\pi}{365}t\right)\cos\left(\frac{2\pi}{365}t\right) + a_5\theta + a_6\ln\theta \end{aligned} \tag{7.3.8}$$

式中：a_0 为常数项；a_i 为回归系数；$a_1 \int_{-\infty}^{t_0} \frac{1}{\sqrt{2\pi}x_2} e^{\frac{-(t-x_1)^2}{2x_2^2}} H(t)\mathrm{d}t$ 为水压分量；$a_2 \sin\left(\frac{2\pi}{365}t\right) + a_3 \cos\left(\frac{2\pi}{365}t\right) + a_4 \sin\left(\frac{2\pi}{365}t\right)\cos\left(\frac{2\pi}{365}t\right)$ 为温度分量；$a_5\theta + a_6\ln\theta$ 为时效分量。

将实测库水深代入上式可以求出渗流监测效应量值 h_t ，其对应的渗流监测效应量实测值为 h_{0t} ，令

$$W = \sum_{t=1}^{n} (h_{0t} - h_t)^2 \tag{7.3.9}$$

对 W 求极值，则

$$\frac{\partial W}{\partial a_i} = 0(i = 0,1,\cdots,6) \tag{7.3.10}$$

结合式(7.3.8)和式(7.3.10)可求得一组回归系数 a_i，通过对水压分量的滞后天数及影响分布参数的假定和修正，逐次迭代逼近，最后找到一组使复相关系数 R 最大的滞后天数及影响分布参数的回归系数，上述参数作为考虑滞后效应的渗流监测效应量变化分析模型的最终参数。

7.3.2 混凝土坝渗流演化规律分析

7.3.2.1 基于混凝土坝渗流变化分析模型分析渗流变化规律

上节建立了混凝土坝渗流监测效应量变化分析模型，从中将不可恢复变化的时效分量 h_θ 分离出来，时效分量从整体上反映了混凝土坝渗流监测效应量随时间的变化趋势，图 7.3.1 为混凝土坝渗流监测效应量时效分量变化趋势示意图。

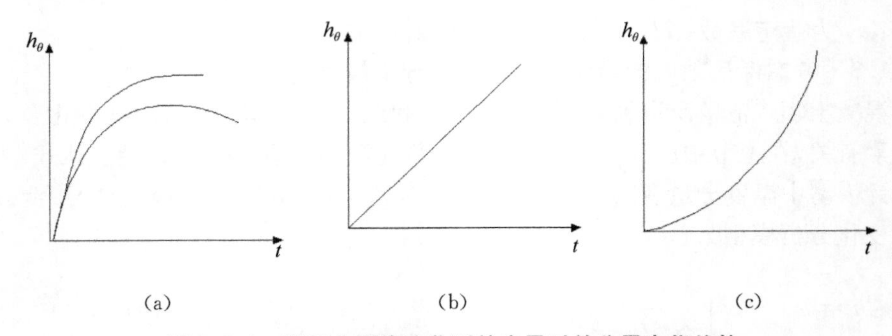

图 7.3.1 混凝土坝渗流监测效应量时效分量变化趋势

由图 7.3.1(a)可知，混凝土坝渗流监测效应量的时效分量逐渐趋于稳定或呈收敛趋势，表明渗流场趋于稳定，混凝土坝渗流安全，不会引起混凝土坝服役过程性能劣化；若时效分量呈发散趋势，逐渐增大且不收敛，如图 7.3.1(b)、(c)所示，则表明混凝土坝渗流条件恶化，渗流场处于非稳定状态，进而可能引发混凝土坝服役过程性能劣化，必须采取有效措施进行控制。

7.3.2.2 基于渗透系数时变分析模型分析混凝土坝渗流的演变规律

上一节中建立的混凝土坝渗流变化分析模型可以用来描述效应量和环境量之间的相关关系，对渗流变化进行评价。本节从混凝土坝渗透系数变化的角度来分析大坝渗流状态的变化。

混凝土坝渗流场不仅是空间场的函数，也是时间场的函数，一般将根据混凝土坝各部位材料特性及其防渗作用进行空间场分区，在同一区域内把材料视为均质材料。对于确定空间场，各分区渗透系数 k 是关于 t 的函数：

$$k = f(t) \tag{7.3.11}$$

影响渗流场演变规律的因素相当复杂，以至于不可能用显式函数关系来描述式(7.3.11)，故采用反演的方法推求渗透系数与时间 t 的关系，其建模过程如下。

(1) 渗透系数时变分析模型构建方法

三维渗流场的稳态渗流方程可以表示为

$$\frac{\partial}{\partial x}\left(k_x \frac{\partial H}{\partial x}\right)+\frac{\partial}{\partial y}\left(k_y \frac{\partial H}{\partial y}\right)+\frac{\partial}{\partial z}\left(k_z \frac{\partial H}{\partial z}\right)=0 \tag{7.3.12}$$

式中：H 为水头，k_x、k_y、k_z 分别为 x、y、z 方向的主渗透系数。

对于渗流问题在工程中通常取以下两种边界条件。

① 第一类边界条件是边界上的水头已知，即

$$H(x,y) \mid \Gamma_1 = h(x,y) \tag{7.3.13}$$

② 第二类边界条件是边界上流量已知，水头未知，即

$$Q \mid \Gamma_2 = k_x \frac{\partial H}{\partial x} l_x + k_y \frac{\partial H}{\partial y} l_y + k_z \frac{\partial H}{\partial z} l_z \tag{7.3.14}$$

式中：l_x、l_y、l_z 分别为边界 Γ_2 外法线沿 x、y、z 方向的方向余弦，Q 为边界 Γ_2 上单位面积在单位时间内的渗流量。

由广义变分原理可知，稳定渗流问题等价于求解下面泛函的极值问题[253]：

$$\begin{aligned} I(H) = & \iiint_{\Omega} \frac{1}{2}\left(k_x \frac{\partial^2 H}{\partial x^2} + k_y \frac{\partial^2 H}{\partial y^2} + k_z \frac{\partial^2 H}{\partial z^2}\right) \mathrm{d}\Omega \\ & - \iint_{\Gamma_2} \left(k_x \frac{\partial H}{\partial x} l_x + k_y \frac{\partial H}{\partial y} l_y + k_z \frac{\partial H}{\partial z} l_z - Q\right) \mathrm{d}\Gamma \end{aligned} \tag{7.3.15}$$

有限单元法的思想是将求解区域离散化，分成若干个单元，以单元结点上的水头值近似代替单元内的水头值，从而可以近似地解出渗流场的水头值，具体求解过程如下[254]。

首先将求解区域离散化，分成若干个单元，则泛函 $I(H)$ 可以写成所有单元的泛函之和：

$$I(H) = \sum_{i=1}^{n} I_i^e(H) \tag{7.3.16}$$

采用八结点等参有限元分析时，其等参单元 (ζ,η,ξ) 与实际单元 (x,y,z) 的坐标转化为

$$x = \sum_{j=1}^{8} N_j(\zeta,\eta,\xi)x_j \tag{7.3.17}$$

$$y = \sum_{j=1}^{8} N_j(\zeta,\eta,\xi)y_j \tag{7.3.18}$$

$$z = \sum_{j=1}^{8} N_j(\zeta,\eta,\xi)z_j \tag{7.3.19}$$

其中,形函数表示为

$$N_j(\zeta,\eta,\xi) = \frac{1}{8}(1+\zeta_j\zeta)(1+\eta_j\eta)(1+\xi_j\xi)(j=1,2,\cdots,8) \tag{7.3.20}$$

每个单元的水头插值函数 h^e 可近似表示为

$$h^e = \sum_{j=1}^{8} N_j H_j^e \tag{7.3.21}$$

式中：H_j^e 为单元结点水头。

将水头插值函数 h^e 代入所求泛函,并对所求泛函求导可得：

$$\frac{\partial I^e(H)}{\partial [H^e]} = [K]^e[H^e] \tag{7.3.22}$$

式中：$[K]^e$ 为单元渗透矩阵；$[H^e]$ 为单元结点水头向量。

引入坐标变换的 Jacobi 矩阵及行列式：

$$\boldsymbol{J} = \begin{bmatrix} \frac{\partial x}{\partial \zeta} & \frac{\partial y}{\partial \zeta} & \frac{\partial z}{\partial \zeta} \\ \frac{\partial x}{\partial \eta} & \frac{\partial y}{\partial \eta} & \frac{\partial z}{\partial \eta} \\ \frac{\partial x}{\partial \xi} & \frac{\partial y}{\partial \xi} & \frac{\partial z}{\partial \xi} \end{bmatrix}, |\boldsymbol{J}| = \begin{vmatrix} \frac{\partial x}{\partial \zeta} & \frac{\partial y}{\partial \zeta} & \frac{\partial z}{\partial \zeta} \\ \frac{\partial x}{\partial \eta} & \frac{\partial y}{\partial \eta} & \frac{\partial z}{\partial \eta} \\ \frac{\partial x}{\partial \xi} & \frac{\partial y}{\partial \xi} & \frac{\partial z}{\partial \xi} \end{vmatrix} \tag{7.3.23}$$

则 $[K]^e$ 中第 i 行第 j 列的元素 K_{ij} 可以写为

$$K_{ij} = \int_{-1}^{1}\int_{-1}^{1}\int_{-1}^{1} \left[\frac{\partial N_i}{\partial \zeta}\ \frac{\partial N_i}{\partial \eta}\ \frac{\partial N_i}{\partial \xi}\right](\boldsymbol{J}^{-1})^{\mathrm{T}} \begin{bmatrix} k_x & 0 & 0 \\ 0 & k_y & 0 \\ 0 & 0 & k_z \end{bmatrix} \boldsymbol{J}^{-1} \begin{bmatrix} \frac{\partial N_j}{\partial \zeta} \\ \frac{\partial N_j}{\partial \eta} \\ \frac{\partial N_j}{\partial \xi} \end{bmatrix} |\boldsymbol{J}|\,\mathrm{d}\zeta\mathrm{d}\eta\mathrm{d}\xi \tag{7.3.24}$$

将式(7.3.22)中所有单元的泛函进行汇总,并求极值,并对渗流场中的结点号进行整理,最终可以得到有限元支配方程为

$$\boldsymbol{KH} = \boldsymbol{F} \tag{7.3.25}$$

式中:**K** 为整体渗透矩阵;**H** 为总水头列阵;**F** 为等效结点流量。

参照第八章利用伴随变分法 BFGS 拟牛顿迭代法反演混凝土坝结构物理力学参数的步骤,依然可以反演渗透系数 k。

反演得到渗透系数 k 后,结合不同时段渗流原位监测资料,反演不同时刻的渗透系数($k_i, i = 1,2,\cdots,n,n$ 为时段数),最终可以建立渗透系数时变分析模型见式(7.3.11),即 $k = f(t)$ 。

(2) 渗透系数演变规律分析

通过分时段反演渗透系数求得时变分析模型后,可以对渗透系数演变规律进行分析。以防渗体为例,渗透系数随时间的演变规律可分为 4 种,如图 7.3.2 所示,分别为不断减小,增长速率逐渐减小并趋于稳定,以一恒定速率增大,增长速率逐渐增大,具体可将变化规律用渗透系数与时间的导数表示[255]。

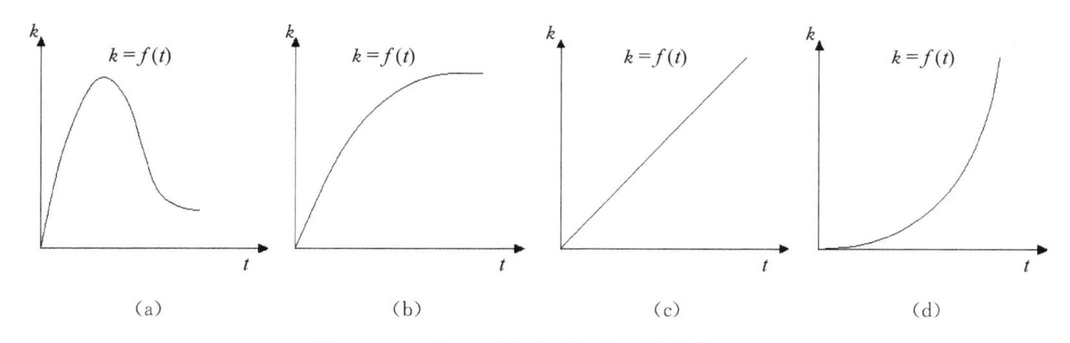

图 7.3.2　渗透系数随时间变化的演变规律

如图 7.3.2(a)所示,即渗透系数随着时间逐渐减小,此时防渗体渗流稳定,防渗体处于正常运行状态,则

$$\frac{\mathrm{d}k(t)}{\mathrm{d}t} \leqslant 0 \tag{7.3.26}$$

如图 7.3.2(b)所示,即渗透系数随着时间以不断减小的速率增大并逐渐趋于稳定,这种演变规律说明防渗体渗透系数基本稳定,防渗效果也基本稳定或逐渐加强,则

$$\frac{\mathrm{d}k(t)}{\mathrm{d}t} > 0 \text{ 且 } \frac{d^2k(t)}{\mathrm{d}t^2} < 0 \tag{7.3.27}$$

如图7.3.2(c)所示，即渗透系数随着时间以恒定的速率增长，这种演变规律说明防渗体的渗透系数逐渐增大，即防渗体的防渗效果逐渐减弱，防渗体存在老化引起的缺陷或局部破损，若不及时采取措施，服役混凝土坝渗流将处于异常状态，则

$$\frac{\mathrm{d}k(t)}{\mathrm{d}t} > 0 \text{ 且 } \frac{d^2 k}{\mathrm{d}t^2} = 0 \tag{7.3.28}$$

如图7.3.2(d)所示，即渗透系数随着时间以不断增大的速率增大，这种演变规律说明防渗体的渗透系数快速增大，即防渗体的防渗效果快速减弱甚至失效，防渗体存在大面积破损或缺陷，此时为最为不利的情况，若不及时采取补救措施，服役混凝土坝渗流将处于危险状态，则

$$\frac{\mathrm{d}k(t)}{\mathrm{d}t} > 0 \quad \frac{d^2 k(t)}{\mathrm{d}t^2} > 0 \quad \frac{d^3 k}{\mathrm{d}t^3} = 0 \tag{7.3.29}$$

以上将渗透系数随时间的演变规律分为4种类型，在此基础上，可以利用上述反演得到的渗透系数随时间变化结果，建立混凝土坝各分区渗透系数时变分析模型。建立的混凝土坝渗透系数时变分析模型有如下4种模式分别对应图7.3.2中的(a)、(b)、(c)和(d)。

$$k(t) = \begin{cases} b_0 + b_1 e^{b_2 t}, b_1 > 0, b_2 < 0 & ① \\ b_0 + \sum_{i=1}^{n} b_i t^i & ② \\ b_0 + b_1 t & ③ \\ b_0 + b_1 e^{b_2 t}, b_1 > 0, b_2 > 0 & ④ \end{cases} \tag{7.3.30}$$

式中：b_0、b_1、b_2 和 b_i 为影响系数。

对应于式(7.3.30)①模式时，b_0 为初始渗透系数，$b_1 > 0$ 为渗透系数衰减幅度，$b_2 < 0$ 为渗透系数衰减速度；对应于式(7.3.30)②、③模式时，渗透系数时变规律可采用多项式进行表征；若渗透系数按照函数式(7.3.30)④变化时，b_0 为初始渗透系数，$b_1 > 0$ 为渗透系数增幅，$b_2 > 0$ 为渗透系数增大系数。

通过以上分析，由式(7.3.30)所表示的①—④4种渗透系数变化时变分析模型，可表征混凝土坝防渗体渗流处于正常、基本正常、异常和危险状态。若渗流状态处于异常及危险状态，需及时采取措施进行控制，以避免危险渗流状态导致混凝土坝服役过程性能劣化，甚至危及大坝的安全。

7.4 混凝土坝服役过程性能劣化分析模型

为了定量描述混凝土坝服役过程性能劣化程度，必须建立混凝土坝服役过程

性能劣化分析模型。本章前两节分别对裂缝对混凝土坝服役过程性能劣化的影响及渗流对混凝土坝服役过程性能劣化的影响进行了分析，下面重点研究建立混凝土坝服役过程性能劣化分析模型的方法，以及形成宏观裂缝后建立考虑裂缝和渗流影响的混凝土坝服役过程性能劣化分析模型的方法。

混凝土坝服役过程性能劣化分析需要解决两大基本问题，即大坝何时发生劣化以及劣化发生后如何进一步发展，可总结描述为：表征性能劣化的变量超过引起材料劣化的阈值时，材料发生劣化；在加载过程中，任一时刻的劣化内变量超过其历史最大值时，则劣化才进一步发展。由于坝体混凝土材料在受压状态下表现出明显的塑性特性，而在受拉状态下则表现出脆塑性，为了能够描述混凝土材料的这种拉、压不等性，需要分别建立受压和受拉双标量形式下的混凝土坝服役过程性能劣化分析模型。

7.4.1　混凝土坝服役过程性能双标量弹塑性劣化分析模型

在未考虑裂缝、渗流等影响下，混凝土坝服役过程性能双标量弹塑性劣化分析模型可以较好地反映混凝土坝服役过程中性能劣化与塑性变形之间的相互耦合。设 Helmholtz 自由能函数 Φ 为弹性应变 ε^E，塑性参数 p，受拉劣化变量 d^+ 及受压劣化变量 d^- 的函数，则有

$$\Phi=\Phi(\varepsilon^E,p,d^-,d^+)=\Phi^E(\varepsilon^E,d^-,d^+)+\Phi^P(p,d^-,d^+) \tag{7.4.1}$$

式中：$\Phi^E(\varepsilon^E,d^-,d^+)$ 为弹性自由能；$\Phi^P(p,d^-,d^+)$ 为塑性自由能。

式(7.4.1)的率形式为

$$\dot{\Phi}=\dot{\Phi}(\varepsilon^E,p,d^-,d^+)=\frac{\partial\Phi}{\partial\varepsilon^E}:\dot{\varepsilon}^E+\frac{\partial\Phi}{\partial p}\dot{p}+\frac{\partial\Phi}{\partial d^+}\dot{d}^++\frac{\partial\Phi}{\partial d^-}\dot{d}^- \tag{7.4.2}$$

将式(7.4.2)代入 Clausius-Duhem 不等式[256]有

$$\begin{aligned}\dot{\Phi}&=\sigma:\dot{\varepsilon}-\left(\frac{\partial\Phi}{\partial\varepsilon^E}:\dot{\varepsilon}^E+\frac{\partial\Phi}{\partial p}\dot{p}+\frac{\partial\Phi}{\partial d^+}\dot{d}^++\frac{\partial\Phi}{\partial d^-}\dot{d}^-\right)\\&=\left(\sigma-\frac{\partial\Phi}{\partial\varepsilon^E}\right):\dot{\varepsilon}^E+\left(\sigma:\dot{\varepsilon}^P-\frac{\partial\Phi}{\partial p}\dot{p}\right)-\frac{\partial\Phi}{\partial d^+}\dot{d}^+-\frac{\partial\Phi}{\partial d^-}\dot{d}^-\geqslant 0\end{aligned} \tag{7.4.3}$$

由于 $\dot{\varepsilon}$ 的任意性，则有

$$\sigma=\frac{\partial\Phi}{\partial\varepsilon^E},\ -\frac{\partial\Phi}{\partial d^+}\dot{d}^+\geqslant 0,\ -\frac{\partial\Phi}{\partial d^-}\dot{d}^-\geqslant 0,\ \sigma:\dot{\varepsilon}^P-\frac{\partial\Phi}{\partial p}\dot{p}\geqslant 0 \tag{7.4.4}$$

引入受拉弹塑性劣化能释放率 Y^+ 的概念，则有

$$Y^+=-\frac{\partial\Phi}{\partial d^+}\dot{d}^+=\Phi_0^{E+}(\varepsilon^E)+\Phi_0^{P+}(p) \tag{7.4.5}$$

式中：$\Phi_0^{E+}(\varepsilon^E)$ 初始弹性受拉自由能；$\Phi_0^{P+}(p)$ 初始塑性受拉自由能。

参考文献[257]，混凝土受拉状态下呈脆性，塑性变形可忽略，故令 $\Phi_0^{P+}(p)=0$，因此，可得受拉劣化能释放率为

$$Y^+=\sqrt{2E_0\Phi_0^{E+}}=\sqrt{E_0(\bar{\sigma}^+:[D_E]^{-1}:\bar{\sigma}^+)} \tag{7.4.6}$$

同理，引入受压弹塑性劣化能释放率 Y^- 的概念，则有

$$Y^-=-\frac{\partial\Phi}{\partial d^-}\dot{d}^-=\Phi_0^{E-}(\varepsilon^E)+\Phi_0^{P-}(p) \tag{7.4.7}$$

式中：$\Phi_0^{E-}(\varepsilon^E)$ 初始弹性受压自由能；$\Phi_0^{P-}(p)$ 初始塑性受压自由能，其表达式为

$$\Phi_0^{P-}(p)=\int_0^{\varepsilon^P}\bar{\sigma}^-:\mathrm{d}\varepsilon^P=\int_0^{\gamma^P}\bar{\sigma}^-:(\alpha^P\boldsymbol{I}+\frac{\bar{s}}{\sqrt{2\bar{J}_2}})\mathrm{d}\gamma^P \tag{7.4.8}$$

式中：γ^P 为非负塑性乘子；α^P 为剪胀系数；$\boldsymbol{I}=[111\ 000]^{\mathrm{T}}$；$\bar{s}$ 为有效拉偏应力张量；$\bar{J}_2$ 为有效拉应力张量 $\bar{\sigma}$ 的偏量第二不变量。

则受压弹塑性劣化能释放率 Y^- 可表达为

$$\begin{aligned}Y^-&=-\frac{\partial\Phi}{\partial d^-}\dot{d}^-=\Phi_0^{E-}(\varepsilon^E)+\Phi_0^{P-}(p)=\sqrt{E_0(\bar{\sigma}^-:[D_E]^{-1}:\bar{\sigma}^+)}+\int_0^{\gamma^P}\bar{\sigma}^-:\left(\alpha^P\boldsymbol{I}+\frac{\bar{s}}{\sqrt{2\bar{J}_2}}\right)\mathrm{d}\gamma^P\\&=\sqrt{E_0(\bar{\sigma}^-:[D_E]^{-1}:\bar{\sigma}^+)}+\frac{\sqrt{2}\gamma^P}{3\sqrt{\bar{J}_2}}(3\bar{J}_2{}^-+\frac{3\sqrt{2}}{2}\alpha^P\bar{I}_1^-\sqrt{\bar{J}_2}-\frac{1}{2}\bar{I}_1^+\bar{I}_1^-)\end{aligned} \tag{7.4.9}$$

式中：$\bar{I}_1^+$ 为有效拉应力张量 $\bar{\sigma}^+$ 的第一不变量；$\bar{I}_1^-$ 为有效压应力张量 $\bar{\sigma}^-$ 的第一不变量；$\bar{J}_2{}^-$ 为有效压应力张量 $\bar{\sigma}^-$ 的第二偏量不变量。

由上分析可得到，混凝土坝服役过程性能弹塑性劣化本构模型为

$$\begin{cases}\sigma=(1-d^+)\bar{\sigma}^++(1-d^-)\bar{\sigma}^-\\Y^+=\sqrt{E_0(\bar{\sigma}^+:[D_E]^{-1}:\bar{\sigma}^+)}\\Y^-=\sqrt{E_0(\bar{\sigma}^-:[D_E]^{-1}:\bar{\sigma}^+)}+\dfrac{\sqrt{2}\gamma^P}{3\sqrt{\bar{J}_2}}(3\bar{J}_2{}^-+\dfrac{3\sqrt{2}}{2}\alpha^P\bar{I}_1^-\sqrt{\bar{J}_2}-\dfrac{1}{2}\bar{I}_1^+\bar{I}_1^-)\end{cases} \tag{7.4.10}$$

下面重点研究混凝土坝服役过程性能劣化变量及演化法则。本章采用 Mazars[258] 及 Oliver[259] 提出的经验关系式来定义单轴拉伸和压缩劣化变量为

$$d^+=1-\frac{\varepsilon_0^+}{\varepsilon^+}e^{A^+(1-\varepsilon^+/\varepsilon_0^+)}\ (\varepsilon^+\geqslant\varepsilon_0^+) \tag{7.4.11}$$

$$d^{-}=1-\frac{\varepsilon_0^{-}}{\varepsilon^{-}}(1-A^{-})-A^{-}e^{B^{-}(1-\varepsilon^{-}/\varepsilon_0^{-})}(\varepsilon^{-}\geqslant\varepsilon_0^{-}) \tag{7.4.12}$$

式中：ε_0^{+}、ε_0^{-} 分别为受拉、压弹性极限应变；A^{+} 为受拉试验参数，与受拉应力应变关系曲线软化段有关；A^{-}、B^{-} 为受压试验参数，与受压应力应变关系曲线强化段和软化段有关。

引入弹塑性劣化能释放率作为劣化判据，并根据正交法则将单轴拉伸和压缩劣化变量转化为多轴状态，利用参考文献[257]的方法对式(7.4.10)进行简化，则拉、压弹塑性劣化能释放率分别为

$$Y^{+}=\sqrt{E_0(\bar{\sigma}^{+}:[D_E]^{-1}:\bar{\sigma}^{+})} \tag{7.4.13}$$

$$Y^{-}=\alpha^{d}\bar{I}_1+\sqrt{3\bar{J}_2} \tag{7.4.14}$$

式中：α^{d} 为压缩劣化系数。

以劣化能释放率为基础，引入劣化势函数 $R(Y,u)$ 建立拉伸和压缩劣化状态控制方程为

$$R(Y_{n+1}^{+},u^{+})=f(Y_{n+1}^{+})-f(u^{+})=Y_{n+1}^{+}-u^{+} \tag{7.4.15}$$

$$R(Y_{n+1}^{-},u^{-})=f(Y_{n+1}^{-})-f(u^{-})=Y_{n+1}^{-}-u^{-} \tag{7.4.16}$$

式中：将 $R(Y_{n+1}^{+},u^{+})=0$ 所确定的面定义为劣化面；u^{+}、u^{-} 分别表示受拉、受压劣化阈值，定义 $u^{\pm}=\max\{u_0^{\pm},\max\limits_{0\leqslant t\leqslant n}Y_t^{\pm}\}$ 表示 $[0,n]$ 内出现的受拉和受压弹塑性劣化能释放率最大值，$u_0^{\pm}$ 为初始劣化能释放率阈值，受拉时取为单轴拉伸的峰值强度，受压时取为线弹性段的极限强度。

由式(7.4.15)、式(7.4.16)确定劣化控制方程表明：当 $Y_{n+1}^{\pm}\geqslant u_0^{\pm}$ 时，出现初始劣化，并更新劣化阈值 $u^{\pm}$；若 $Y_{n+1}^{\pm}\geqslant u^{\pm}$ 时，则说明劣化已经进一步发展。

根据正交流动法则建立劣化演化法则为

$$\dot{d}^{\pm}=\dot{\gamma}^{d}\frac{\partial R(Y^{\pm},u)}{\partial Y^{\pm}}=\dot{\gamma}^{d}\frac{\partial f(Y^{\pm})}{\partial Y^{\pm}} \tag{7.4.17}$$

式中：$\dot{\gamma}^{d}$ 为非负劣化乘子，根据劣化一致性条件有 $\dot{\gamma}^{d}=\dot{Y}^{\pm}=\dot{u}^{\pm}$。

将 $\dot{\gamma}^{d}=\dot{Y}^{\pm}=\dot{u}^{\pm}$ 代入式(7.4.17)中可得到：

$$\dot{d}^{\pm}=\dot{\gamma}^{d}\frac{\partial R(Y^{\pm},u)}{\partial Y^{\pm}}=\dot{Y}^{\pm}\frac{\partial f(Y^{\pm})}{\partial Y^{\pm}}=\dot{u}^{\pm}\frac{\partial f(u^{\pm})}{\partial u^{\pm}} \tag{7.4.18}$$

利用劣化阈值 $u^{\pm}$ 替换 Mazars 及 Oliver 公式中的 $\varepsilon_0^{\pm}$，则多轴状态下受拉和受压劣化变量的表达式为

$$d^{+}=f(u^{+})=1-\frac{u_0^{+}}{u^{+}}e^{A^{+}(1-u^{+}/u_0^{+})}\ (u^{+}\geqslant u_0^{+}) \tag{7.4.19}$$

$$d^{-}=f(u^{-})=1-\frac{u_0^{-}}{u^{-}}(1-A^{-})-A^{-}e^{B^{-}(1-u^{-}/u_0^{-})}\ (u^{-}\geqslant u_0^{-}) \tag{7.4.20}$$

考虑到屈服函数从 Caughy 应力空间扩展到有效应力空间时，要求具有齐次性，因此可以用一个单标量劣化指标 S 来综合反映混凝土坝受拉和受压劣化度，其表达式为

$$S=1-(1-d^{+})(1-d^{-}) \tag{7.4.21}$$

式中：d^{+} 为受拉劣化标量；d^{-} 为受压劣化标量。

7.4.2 考虑裂缝和渗流影响的混凝土坝服役过程性能劣化分析模型

在混凝土坝服役过程性能劣化模型中考虑裂缝及渗流影响，渗流场分布的变化引起了渗透压力及渗透体积力的改变，进而改变了混凝土坝内应力场分布。同时，混凝土坝变形引起了孔隙体积和渗透率的变化，从而改变了混凝土坝内渗流场分布。因此，混凝土坝渗流与应力场是互相耦合的关系，为了考虑渗流对混凝土坝服役过程性能劣化的影响，首先要确定混凝土坝渗流与应力的耦合关系式。

目前，对混凝土坝渗流一应力耦合的建模方法主要有 3 种：① 渗透系数与孔隙率的耦合方程法；② 渗透系数与应变或体积应变的耦合方程法；③ 渗透系数与应力的耦合方程法。

对于方法①，由于孔隙率并非影响混凝土坝渗流变化的主要因素，且混凝土坝的渗透性主要与内部孔隙的结构有关，并非是孔隙率一个单独的指标可以反映的，因此渗透系数与孔隙率的耦合方程难以较好地满足混凝土坝渗流应力耦合要求；对于方法②，若做了固体颗粒不可压缩假设之后，体积应变的变化完全等价于孔隙体积的变化，则混凝土的渗流又与孔隙率有关，转化成了方法①。因此，渗透系数与应变或体积应变的耦合方程同样难以满足混凝土坝渗流一应力耦合要求。故选取③渗透系数与应力的耦合关系进行建模。

到目前为止，许多学者利用室内试验、结合实际工程或理论推导等方式建立了渗透系数与应力的耦合关系式。其中对于混凝土坝最适用的公式为 Louis[162] 提出的基于平均渗透系数与应力负指数关系的表达式：

$$K=K_0e^{-\alpha\sigma_n'} \tag{7.4.22}$$

式中：K_0 为初始渗透系数；α 为试验常数；σ_n' 为法向有效应力。

大量学者对渗流-损伤耦合模型有过研究，基于此本书在式(7.4.22)的基础上

将劣化变量与之耦合，并在耦合方程中设置了一个敏感系数以反映渗流作用的敏感程度，其混凝土坝服役过程性能劣化渗流作用分析模型为

$$K = K_\sigma e^{\gamma S} \tag{7.4.23}$$

式中：γ 为渗流-劣化敏感系数；K_σ 表示在劣化出现前的渗透系数最值，该值取决于所在位置的应力状态以及渗流-应力的耦合程度；S 为劣化度。

当混凝土坝服役过程性能发生劣化后，渗透系数与劣化变量耦合方程中只有一个待定系数 γ，渗透系数与劣化变量之间的关系如图 7.4.1 所示，γ 值反映了劣化变量对渗透系数的敏感程度。由图 7.4.1 可见，渗透系数随着劣化变量的增大而增大。当劣化变量较大时，渗流-劣化敏感系数越大，渗透系数对劣化变量的变化越敏感；而在低劣化区域，该敏感因子对渗流-劣化耦合作用的影响较小[11]。

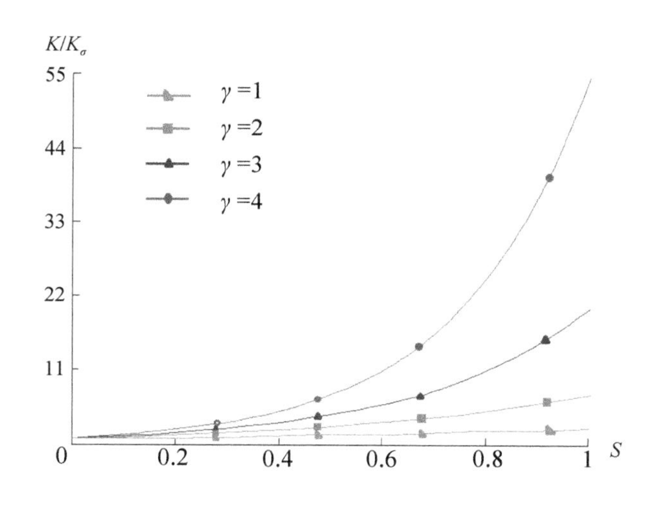

图 7.4.1 渗透系数与劣化变量之间的关系

综上所述，建立的混凝土坝服役过程性能劣化渗流作用分析模型为

$$\begin{cases} K = K_0 e^{-\alpha\sigma_n'} & S = 0 \\ K = K_\sigma e^{\gamma S} & 0 < S < 1 \end{cases} \tag{7.4.24}$$

该模型可以描述混凝土坝服役过程性能劣化的全过程。然而随着混凝土微裂缝的产生和扩展，劣化不断演化发展，劣化较大的区域形成宏观裂缝时，该公式并不适用。因此，必须要建立考虑宏观裂缝和渗流的混凝土坝服役过程性能劣化分析模型。

对于混凝土坝内出现宏观裂缝的情况，其渗流场分布受裂缝方向和宽度的影响特别明显。因此，为了能够体现裂缝出现后裂缝方向和宽度所产生的水力学效

应，考虑裂缝带长度为 L，裂缝开度为 ε，根据达西定律及泊肃叶定律，相对渗透系数 K_{ap} 为

$$K_{ap}\cdot M=\xi\frac{[\varepsilon]^2}{12}\cdot[\varepsilon]L+K_0M \tag{7.4.25}$$

式中：M 为裂缝过流横截面积；ξ 为裂缝粗糙度；L 为裂缝带长度，根据 Bazant[260] 提出的裂缝带模型，可以取 $L=3d_a$，d_a 为骨料最大粒径。

裂缝外部，渗透率依然近似地保持为初始渗透率 K_0，则裂缝相对渗透系数 K_f 为：

$$K_f=\xi\frac{[\varepsilon]^3}{12}\cdot\frac{L}{M} \tag{7.4.26}$$

裂缝相对渗透系数 K_f 是混凝土坝已经产生宏观裂缝，劣化度接近 1 时才会产生的，此时，由于裂缝扩展，已经打破了连续介质力学的连续性假定，但由于劣化变量是一种基于等效假设的变量，所以文中假定劣化出现后材料仍满足连续性假定。

要利用以上公式必须要定位裂缝的位置，且已知裂缝的长度及裂缝开度，分析难度较大。为此，利用等效原理，将裂缝假想成一条劣化区域带，如图 7.4.2 所示，这样就满足了连续介质力学的连续性假定，令劣化区域带的宽度 λl_c 与宏观裂缝的宽度相等[170]。

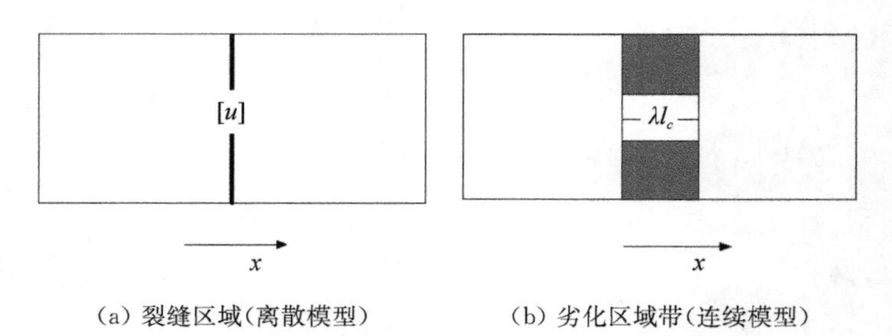

(a) 裂缝区域(离散模型)　　(b) 劣化区域带(连续模型)

图 7.4.2　裂缝假想模型

为了简单起见，将劣化区域带的劣化度设为常数，渗透系数为 K_l，其余未劣化的材料渗透系数仍取为 K_0，则相对渗透系数 K_{ap} 可表示为

$$K_{ap}\cdot M=\lambda l_cK_l\cdot L+K_0M \tag{7.4.27}$$

由式(7.4.25)与式(7.4.27)比较可得，劣化区域带渗透系数 K_l 为

$$K_l=\frac{\xi[\varepsilon]^3}{12\lambda l_c} \tag{7.4.28}$$

联列式(7.4.23)及式(7.4.28)，对两边取对数，建立裂缝和渗流影响下的混凝土坝服役过程性能劣化分析模型为

$$\ln(K)=(1-S)\ln(K_{\sigma}e^{\gamma S})+S\ln\left(\frac{\xi[\varepsilon]^3}{12\lambda l_c}\right) \tag{7.4.29}$$

上式表明，若劣化度 S 接近于 0 时，即无宏观裂缝产生，只有弥散裂缝，式(7.4.29)接近于式(7.4.23)，混凝土坝劣化区域渗透系数变化主要受劣化度 S 控制；若劣化度接近于 1 时，产生宏观裂缝，式(7.4.29)接近于式(7.4.28)，表明局部开裂劣化区域渗透系数变化由裂缝开度 ε 控制。

综上所述，建立考虑裂缝和渗流影响的混凝土坝服役过程性能劣化分析模型为

$$\begin{cases}K=K_0e^{-\alpha\sigma_n'} & S=0\\ \ln(K)=(1-S)\ln(K_{\sigma}e^{\gamma S})+S\ln\left(\dfrac{\xi[\varepsilon]^3}{12\lambda l_c}\right) & 0<S<1\end{cases} \tag{7.4.30}$$

利用式(7.4.30)计算得到渗透系数、应力及变形可分析在裂缝和渗流影响下混凝土坝服役过程性能劣化的规律。

7.4.3　考虑裂缝和渗流影响的混凝土坝服役过程性能劣化分析模型数值实现

考虑裂缝和渗流影响的混凝土坝服役过程性能劣化分析模型数值实现的具体步骤如下：

(1) 在有效应力空间中进行应力更新和塑性修正，并得到更新后的有效应力；

(2) 分别计算混凝土坝受拉、受压状态下的劣化能释放率 Y^+ 和 Y^-；

(3) 判断受拉劣化是否发生演化，若 $Y_{n+1}^+\geqslant u_{n+1}^+$，则表明混凝土坝受拉劣化将进一步发生演化，则更新劣化能释放率为 $u_{n+1}^+=\max\{u_n^+,Y_{n+1}^+\}$，并计算此时的受拉劣化变量 d_{n+1}^+，进入(4)；若 $Y_{n+1}^+<u_{n+1}^+$，表明材料未发生新的受拉劣化，直接进入(4)；

(4) 判断受压劣化是否发生演化，若 $Y_{n+1}^-\geqslant u_{n+1}^-$，则表明混凝土坝受压劣化将进一步发生演化，则更新劣化能释放率为 $u_{n+1}^-=\max\{u_n^-,Y_{n+1}^-\}$，并计算此时的受压劣化变量 d_{n+1}^-，进入(5)；若 $Y_{n+1}^-<u_{n+1}^-$，表明材料未发生新的受压劣化，直接进入(5)；

(5) 引用一个单标量劣化指标 S 来综合反映混凝土坝的受拉和受压劣化度；

(6) 建立渗流-应力耦合方程；

(7) 判断是否产生劣化，若产生劣化，则进入建立的考虑裂缝和渗流影响的混凝土坝服役过程性能劣化分析模型，若未产生劣化则直接进入(8)；

(8) 返回主程序进行渗流、应力和应变计算及平衡计算。

具体建模流程如图 7.4.3 所示。

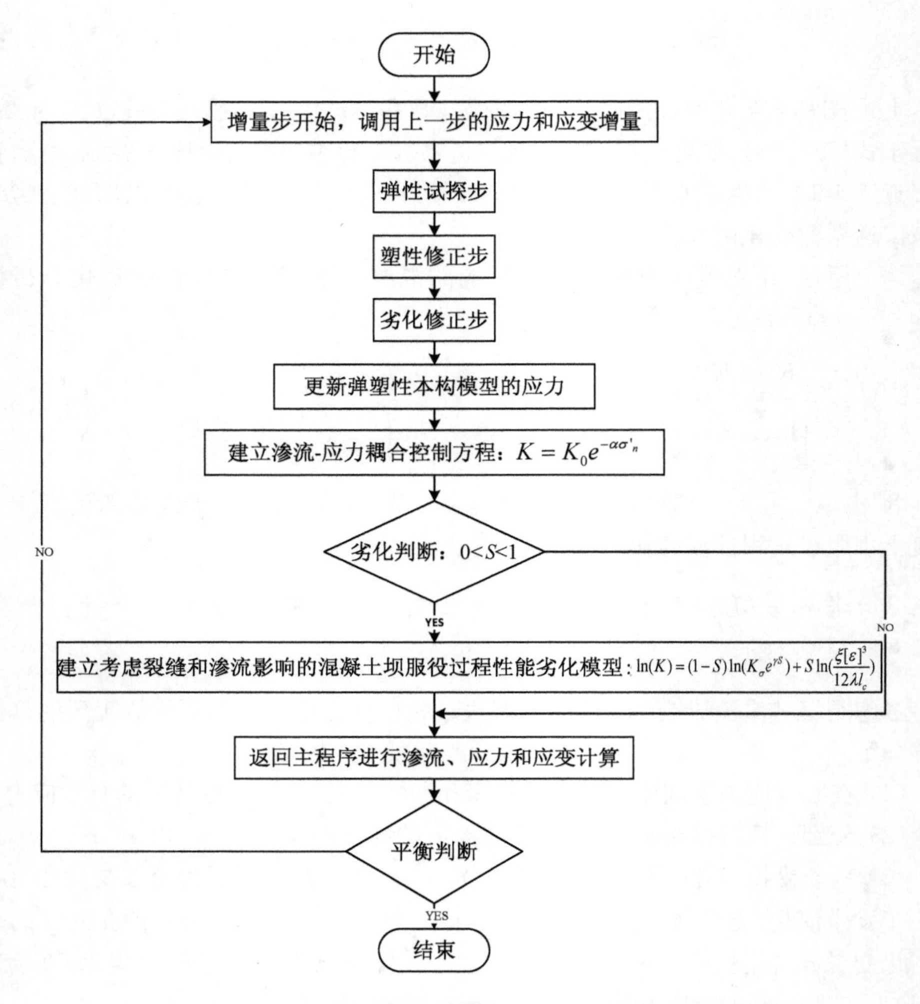

图 7.4.3　混凝土坝服役过程性能劣化分析模型建模流程图

7.5　案例分析

(1) 混凝土坝裂缝稳定性判别

某电站位于云南省西部大理州南涧县与临沧市凤庆县交界的澜沧江中游河段。该电站工程属大(1)型一等工程，主要水工建筑物为 1 级建筑物。永久性主要建筑物由混凝土拱坝、坝后水垫塘及二道坝、左岸泄洪隧洞及右岸地下式引水发电系统等组成。该混凝土坝为双曲拱坝，坝高 294.5 m，坝顶高程 1 245 m，坝顶长 922.74 m，拱冠梁顶宽 13 m，底宽 69.49 m。为了对该混凝土坝裂缝演化进行分析，建立了带裂缝的混凝土坝有限元模型，如图 7.5.1 所示，裂缝分布模式如图 7.5.2 所示。

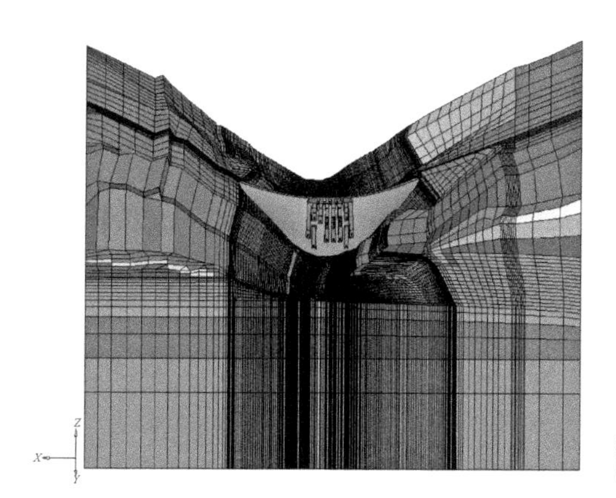
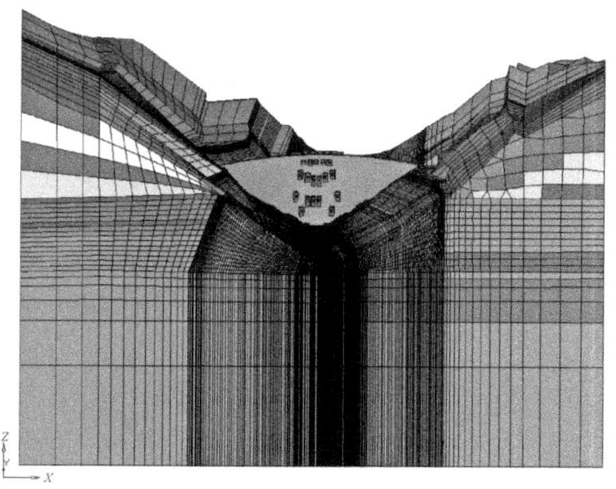

图 7.5.1　某混凝土拱坝有限元模型

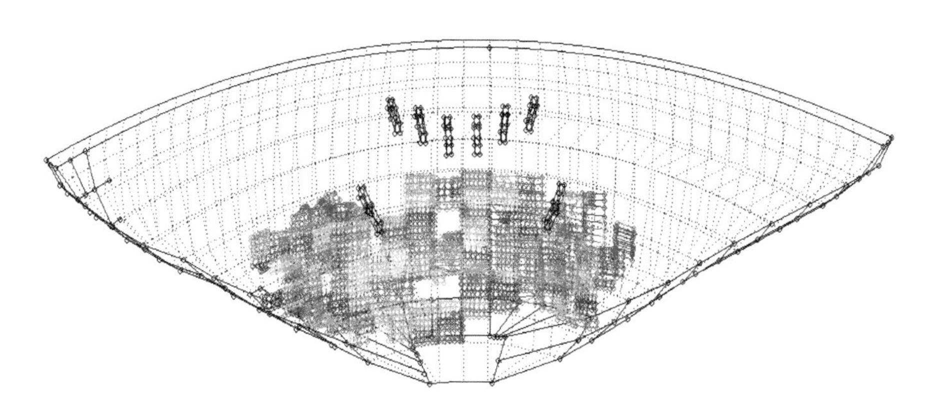

图 7.5.2　裂缝在坝体内分布模型

为了判定该混凝土坝坝体中已存在的裂缝是否会继续扩展、稳定扩展或是进入劣化阶段，采用 7.2 节的基于信息熵的能量法进行判别。首先，要确定计算工况，为具有代表性，拟定如下工况。

工况一：正常水位＋实测温升荷载；工况二：正常水位＋实测温降荷载；工况三：正常水位＋设计温升荷载；工况四：正常水位＋设计温降荷载。

该水电站的温度监测资料如表 7.5.1 和表 7.5.2 所示。

表 7.5.1　某混凝土双曲拱坝设计温度荷载

高程(m)	T_m(℃)		T_d(℃)	
	设计高温	设计低温	设计高温	设计低温
1 245	9.83	4.27	−4.1	−4.1
1 240	9.43	4.67	−4.1	−4.1
1 210	2.58	0.94	8.51	4.45
1 170	1.4	0.48	12.09	8.17
1 130	0.82	0.52	12.64	9.08
1 090	1.78	1.19	12.65	9.37
1 050	4.54	4.02	8.18	5.1
1 010	4.72	4.24	8.82	5.88
970	4.01	3.55	9.67	6.83
965	4.01	3.55	9.65	6.85
950.5	3.9	3.45	9.73	6.97

表 7.5.2　某混凝土双曲拱坝实测温度荷载

高程(m)	T_m(℃)		T_d(℃)	
	实测高温	实测低温	实测高温	实测低温
1 245	6.91	6.43	1.05	1.63
1 210	7.17	5.92	4.51	1.18
1 170	7.63	5.83	7.14	3.72
1 130	5.80	5.21	9.53	8.77
1 090	6.69	5.84	10.28	8.78
1 050	9.56	8.81	7.12	3.75
1 010	9.66	9.28	2.27	1.56
970	8.34	8.31	−1.38	−0.93
965	8.45	8.37	−1.84	−1.39
950.5	8.98	8.75	−2.57	−2.05

提取每个单元的应力应变值计算结构整体应变能，通过式(7.2.13)判断是否有裂缝产生；若有裂缝产生，则利用式(7.2.15)计算裂缝产生后的应变能熵值；并基于式(7.2.17)计算应变能熵的差值 ΔE ；若 $\Delta E > 0$ ，表示裂缝稳定，若 $\Delta E < 0$ ，

表示裂缝有劣化扩展趋势。具体分析结果如表7.5.3所示。

表7.5.3 各工况的裂缝稳定性分析成果

坝段	裂缝编号	裂缝分布高程(m)	稳定性			
			工况一	工况二	工况三	工况四
13	13LF-1	1 061～1 108	否	否	否	否
	13LF-2	1 035～1 052	否	否	否	否
14	14LF-1	1 052～1 102	否	否	否	否
	14LF-2	1 020～1 081	否	否	否	否
15	15LF-1	1 012～1 116	否	否	否	否
	15LF-2	1 004～1 063	否	否	否	否
16	16LF-1	1 001～1 115	否	否	否	否
	16LF-2	1 011～1 025	否	否	否	否
17	17LF-1	1 034～1 108	否	否	否	否
	17LF-2	993～1 108	否	否	否	否
18	18LF-1	978～1 107	否	否	否	否
	18LF-2	1 002～1 015	否	否	否	否
19	19LF-1	1 054～1 078	否	否	否	否
	19LF-2	990～1 093	否	否	否	否
	19LF-3X	1 085～1 105	否	否	否	否
20	20LF-1	1 010～1 103	否	否	否	否
	20LF-2	977～1 060	否	否	否	否
21	21LF-1	1 004～1 110	否	否	否	否
	21LF-2	972～1 015	否	否	否	否
	21LF-3X	1 035～1 065	否	否	否	否
22	22LF-1	1 068～1 098	否	否	否	否
	22LF-2	1 013～1 058	否	否	否	否
	22LF-3	1 001～1 068	否	否	否	否
	22LF-4	972～1 012	否	否	否	否
	22LF-5X	1 058.24～1 105	否	否	否	否

续表

坝段	裂缝编号	裂缝分布高程(m)	稳定性			
			工况一	工况二	工况三	工况四
23	23LF-1	1 001～1 108	否	否	否	否
	23LF-2	977～1 025	是(下端)	是(下端)	否	否
	23LF-3X	1 050～1 070	否	否	否	否
	23LF-4X	1 023～1 072	否	否	否	否
24	24LF-1	982～1 127	是(下端)	是(下端)	否	否
25	25LF-1	987～1 107	否	否	否	否
	25LF-2	1 020～1 050	否	否	否	否
26	26LF-1	987～1 092	是(下端)	是(下端)	是(下端)	是(下端)
	26LF-2	1 010～1 059	否	否	否	否
27	27LF-1	992～1 102	是(下端)	是(下端)	是(下端)	是(下端)
	27LF-2	995～1 019	否	否	否	否
	27LF-3	1 017～1 072	否	否	否	否
	27LF-4	1 055～1 072	否	否	否	否
28	28LF-1	1 033～1 114	否	否	否	否
	28LF-2	995～1 101	否	否	否	否
29	29LF-1	1 028～1 105	否	否	否	否
	29LF-2	1 029～1 091	否	否	否	否
	29LF-3X	1 012～1 043	否	否	否	否
30	30LF-1	1 067～1 095	否	否	否	否

注："是"表示裂缝缝端有劣化扩展可能，"否"表示裂缝未出现塑性或塑性区未及缝端，裂缝稳定，不会发生劣化扩展。

由表 7.5.3 可知：该混凝土坝裂缝 23LF-2、24LF-1、26LF-1 和 27LF-1，在某些典型工况下，应变能熵值产生变化，表明该裂缝有劣化扩展的可能，有可能引起混凝土坝服役过程性能劣化，应及时采取相应措施，避免裂缝进一步扩展。

(2) 混凝土坝渗流分析

该水电站工程区内河流总体流向由北向南，坝区两岸地下水位受地形影响，水力坡度略缓于地形坡度，右岸略缓于左岸。为尽可能区分边坡地下水、库区渗透水和泄洪雾化水，水位孔分别布置在边坡上、边坡排水洞和坝基灌浆洞内，与边坡地下水位监测孔共同工作。两岸布置了 46 个水位测孔，左岸 22 个，右岸 24 个。该水电站工程区地质条件复杂，断层破碎带和影响带众多。由于断层破碎带渗径短、破碎带内充填有断层泥和碎粉岩等细粒物质,沿破碎带的坝基渗漏和高水头作用下产生渗透破坏是坝址的主要工程地质危害之一。针对该工程地质问题,在坝基、坝肩处理设计中,设置了完善的防渗、排水等综合处理措施,以满足渗透稳定的要求。图 7.5.3 为该水电站大坝基础帷幕灌浆排水系统平面布置图,图 7.5.4 为混凝土拱坝沿基础灌浆廊道中心线展示图。为了对坝基渗流进行监测,在 4#、6#、9#、12#、15#、18#、22#、29#、32#、35#、38#、41# 和 44# 坝段坝基面共布置了 42 支渗压计,其中在 15#、22# 和 29# 坝段从上游向下游依次布置 4 支渗压计,在 4#、6#、9#、12#、18#、32#、35#、38#、41# 和 44# 坝段从上游向下游依次布置 3 支渗压计。与此同时,在坝体、坝基及两岸布置了渗漏监测点。

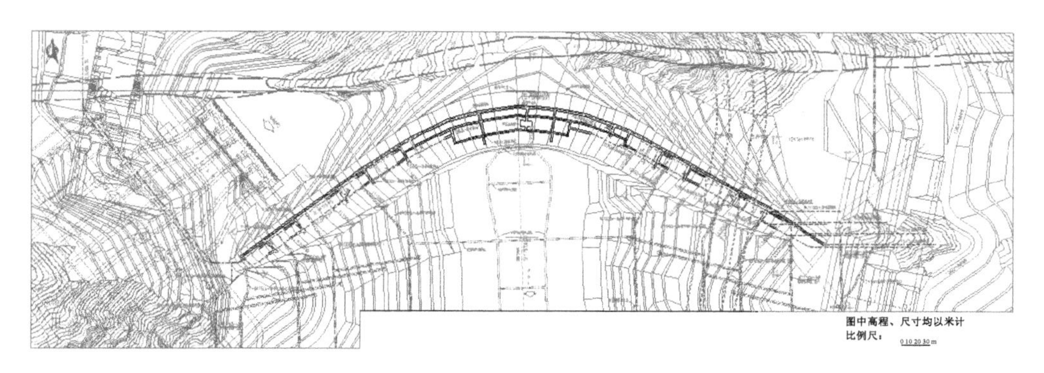

图 7.5.3　某水电站大坝基础帷幕灌浆排水系统平面布置图

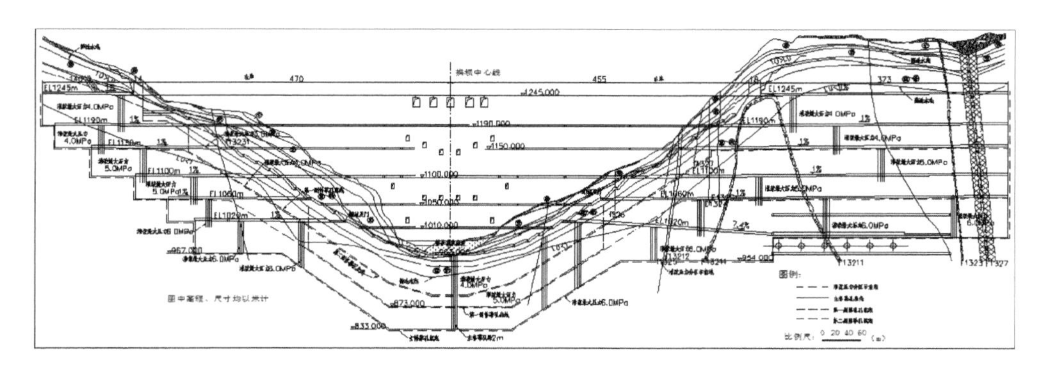

图 7.5.4　某混凝土坝沿基础灌浆廊道中心线展示图

首先分析库水位对坝基渗透压力的滞后效应,采用式(7.3.6),根据 2014—2016 年该坝坝基渗透压力原位监测资料进行滞后效应分析,选取坝基帷幕后的 4 个典型测点,计算得到的库水位对坝基渗透压力的滞后参数和滞后模式,如表 7.5.4 所示。

表 7.5.4 库水位变化对坝基渗透压力的滞后效应

测点号	滞后效应		滞后模式
	x_1	x_2	
C4-A12-P-01	29.0	5.0	$H_d=\int_{-\infty}^{t_0}\frac{1}{5\sqrt{2\pi}}e^{\frac{-(t-29.0)^2}{50.0}}H(t)\mathrm{d}t$
C4-A12-P-02	29.0	5.0	$H_d=\int_{-\infty}^{t_0}\frac{1}{5\sqrt{2\pi}}e^{\frac{-(t-29.0)^2}{50.0}}H(t)\mathrm{d}t$
C4-A22-P-01	29.0	5.0	$H_d=\int_{-\infty}^{t_0}\frac{1}{5\sqrt{2\pi}}e^{\frac{-(t-29.0)^2}{50.0}}H(t)\mathrm{d}t$
C4-A22-P-02	29.0	5.0	$H_d=\int_{-\infty}^{t_0}\frac{1}{5\sqrt{2\pi}}e^{\frac{-(t-29.0)^2}{50.0}}H(t)\mathrm{d}t$

由表 7.5.4 可知，库水位变化对坝基渗透压力的滞后效应为：滞后天数均为 29 天，滞后影响分布参数均为 5 天。考虑 2～3 倍的滞后影响分布标准差，则库水位对坝基渗透压力的滞后影响天数约为 44 天。求得滞后效应参数后，代入式(7.3.8)，建立该混凝土坝考虑滞后效应的渗流变化分析模型，对参数进行拟合，找到一组使复相关系数最大的影响分布参数的回归系数，完成建模。将时效分量从模型中分离出来，以 4 个典型测点为例，分离结果如图 7.5.5 所示。

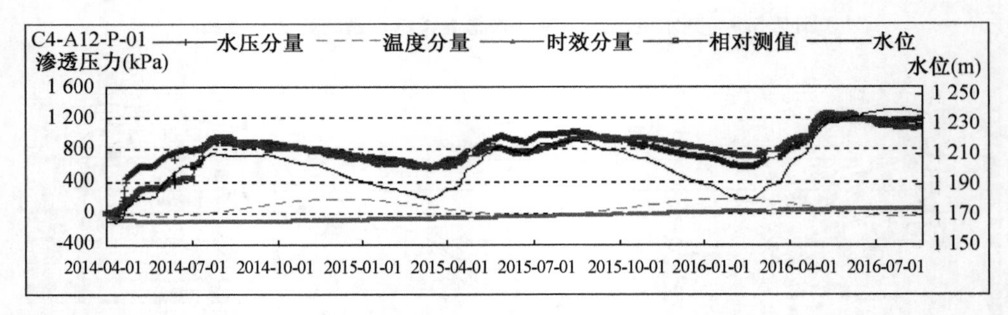

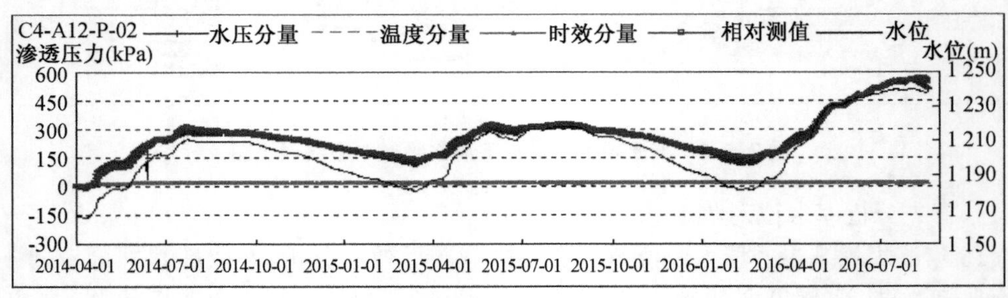

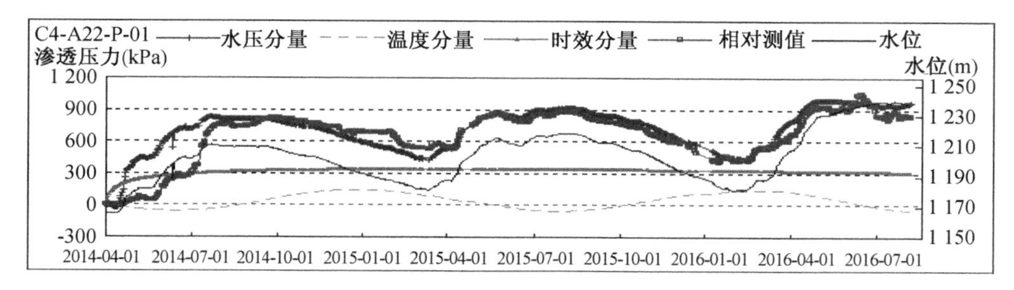

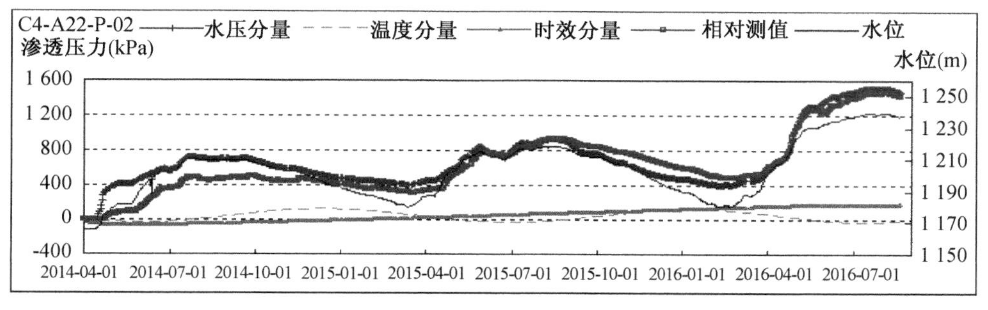

图 7.5.5　各测点渗透压力时效分量分离结果

由图 7.5.5 所示，4 个典型测点渗透压力分离出的时效分量值随着时间的变化均没有明显增大，变化趋势趋于稳定，符合图 7.3.1(a)变化规律，表明该混凝土坝坝基渗透压力趋于稳定，渗流变化状态总体正常。接下来从混凝土坝渗透系数变化的角度来分析该混凝土坝渗流状态的变化。

建立渗流分析有限元模型，如图 7.5.6 所示。模型包括了影响计算域渗流场的主要边界范围，重点模拟了工程区各地层及主要断层等。离散后的有限元计算网格共有结点 124 987 个，单元 118 991 个。根据勘测结果，将该水电站工程区划分为 10 个材料分区，分别为左、右岸强风化、弱风化区和微新岩体区以及左、右岸断层区，坝体及防渗帷幕区，初步确定各个材料分区的渗透系数的取值范围。结合渗漏量监测资料及上下游水位，利用伴随变分 BFGS 拟牛顿迭代法对各材料分区渗透系数进行了反演分析，2014 年 9 月 15 日反演结果如表 7.5.5 所示。

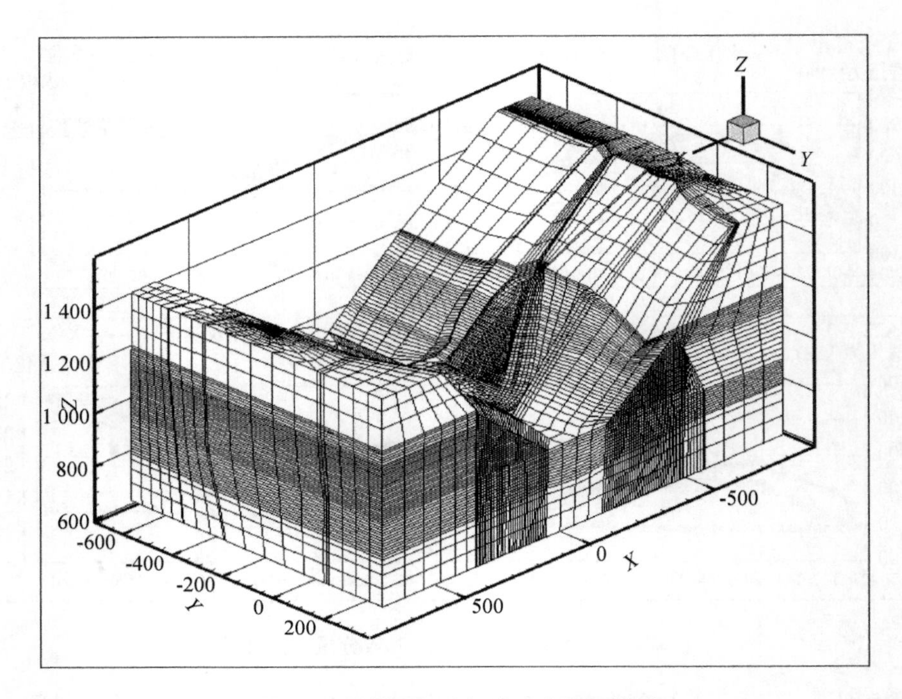

图 7.5.6　某混凝土坝渗流有限元模型

表 7.5.5　典型日各材料分区渗透系数反演结果(反演时刻:2014 年 9 月 15 日)

编号	材料区	k_x(m/d)	k_y(m/d)	k_z(m/d)
1	右岸微新岩体	1.440E-3	1.162E-3	2.214E-3
2	右岸弱风化岩体	1.238E-2	1.202E-2	1.202E-2
3	右岸强风化岩体	3.754E-2	3.964E-2	4.095E-2
4	右岸断层	5.011E-1	1.503E-1	4.510E-1
5	左岸微新岩体	1.503E-3	1.172E-3	2.244E-3
6	左岸弱风化岩体	2.806E-2	2.305E-2	3.187E-2
7	左岸强风化岩体	3.885E-2	3.624E-2	3.582E-2
8	左岸断层	6.013E-1	2.004E-1	5.011E-1
9	坝体	1.013E-6	1.013E-6	1.013E-6
10	防渗帷幕	1.503E-3	1.503E-3	1.503E-3

为了分析各材料分区的渗透系数演变规律,利用上述反演方法,反演了不同时刻各材料分区的渗透系数,以防渗帷幕的渗透系数变化为例,其反演结果如图

7.5.7 所示。

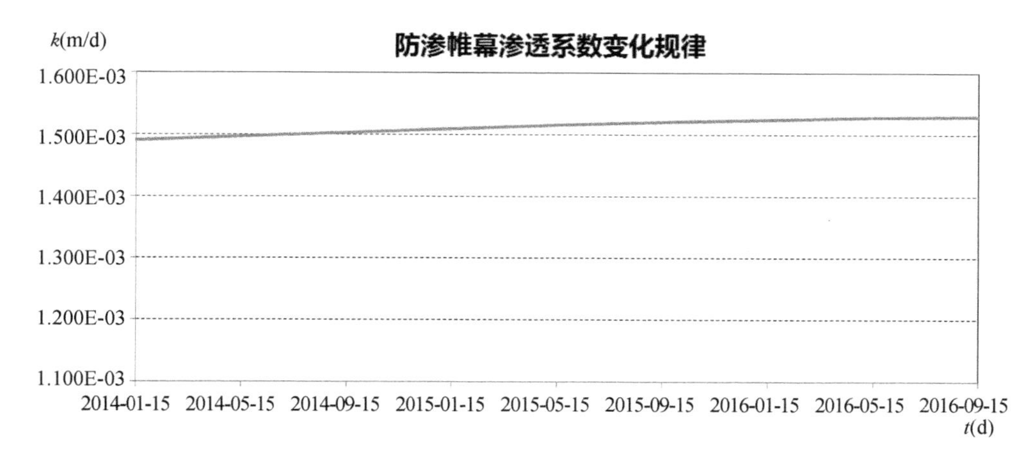

图 7.5.7　防渗帷幕渗透系数演变曲线

图 7.5.7 防渗帷幕渗透系数反演结果变化符合式(7.3.30)②描述的变化规律，利用上述反演成果经最优化分析，得到混凝土坝防渗帷幕渗透系数演变模型为：

$$k(t) = -2.095 \times 10^{-14} t^3 + 7.466 \times 10^{-12} t^2 + 5.281 \times 10^{-8} t + 1.49 \times 10^{-3} \tag{7.5.1}$$

式中：t 为时间，选择的监测序列从 2014 年 1 月 15 日起，单位为天。

由图 7.5.7 及式(7.5.1)可知，该水电站大坝防渗帷幕渗透系数随着时间变化总体趋于稳定，表明防渗帷幕总体处于正常工作状态。此外，利用以上方法对各材料分区渗透系数变化规律进行分析，分析表明该坝渗流总体处于正常状态。因此，渗流因素未引起该混凝土拱坝服役过程性能的劣化。

第8章　混凝土坝结构服役过程物理力学参数反演方法

8.1　概述

国内外学者针对混凝土坝的结构特点、材料特性和坝基地质条件，运用力学知识、坝工理论和模型试验，开展了一系列安全评价工作。在重大工程建设和运行中，通常采用传统的正分析方法来进行混凝土坝的安全评估，但是正分析模型所需要的各种参数一般是根据专家的经验或试验的方法确定。坝体物理力学参数的取值是坝工设计，分析坝体和坝基的应力、变形以及裂缝形成机理等的基础，对于服役多年的混凝土坝，其实际的力学参数与设计及试验值有时相差较大，从而影响了原位监测资料的分析质量，也难以反映实际结构在服役过程中的整体力学行为变化。目前在设计和理论分析中，常利用室内外试验来确定混凝土坝结构物理力学参数，但由于范围大、地质条件差异较大，因此，仅利用试验资料来估计物理力学参数的值是不够的，且随着服役时间的增长，物理力学参数也随着时间不断变化。因此，有必要对混凝土坝结构服役过程物理力学参数进行反演分析，利用多点原位监测资料，综合运用反演理论和方法来确定这些待定量，这是混凝土坝服役过程性态变化分析的重要研究课题。

本章重点探讨混凝土坝结构服役过程变参数反演模式，在研究能够表征混凝土坝服役过程性态变化的本构模型构建技术基础上，提出基于调整系数确定物理力学参数初值的方法，以及伴随变分结合 BFGS 拟牛顿迭代法反演混凝土坝结构物理力学参数的方法。

8.2　混凝土坝结构服役过程变参数反演模式

实际工程中，大量的实测与试验资料成果表明，混凝土重力坝结构服役过程主要分为三个阶段，线弹性工作阶段、屈服变形阶段和破坏阶段，如图 8.2.1 所示。其中 OA 段为线弹性工作阶段，坝中任一部位的应力均未超过材料的比例极限强度，坝踵区处于受压状态；AB 段为屈服变形阶段，随着荷载增加，下游区压应力增加，坝体部分区域出现压剪屈服、压碎破坏等，变形显著增加，大坝处于弹黏塑性工作状态；BC 段为破坏阶段，该阶段大坝变形急剧增加，屈服区、压碎区和开裂区急剧扩展，发生大变形；当处于 C 点时，大坝丧失继续承载能力。

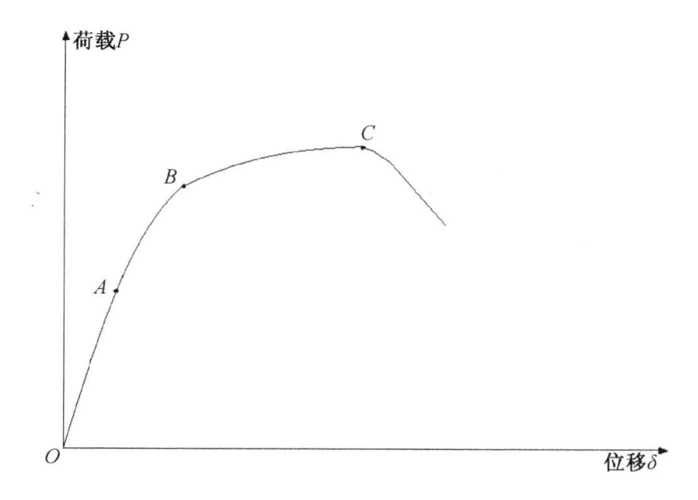

图 8.2.1　混凝土重力坝结构服役过程性态渐变过程

混凝土拱坝是一超静定结构，在各种荷载及影响因素作用下，混凝土拱坝结构服役过程性态渐变过程大概分为四个阶段，如图 8.2.2 所示，分别为黏弹性（线弹性）工作阶段、准黏弹性（准线弹性）工作阶段、屈服变形阶段以及变形破坏阶段，对应图 8.2.2 中的 OA 段、AB 段、BC 段及 CD 段。

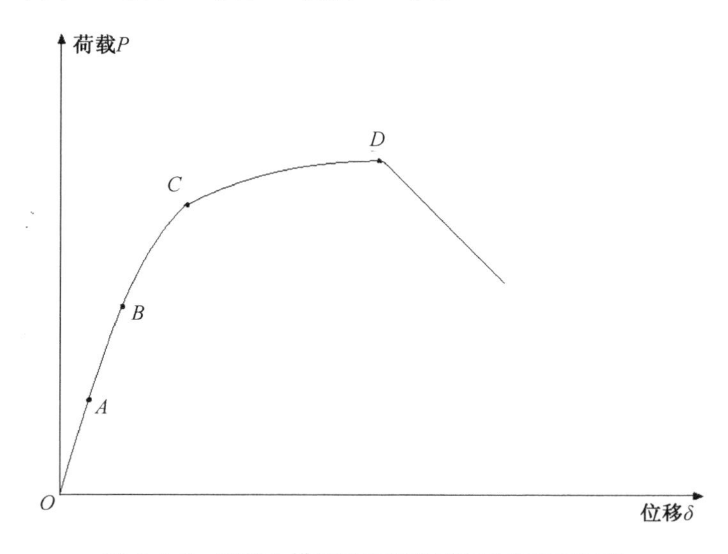

图 8.2.2　混凝土拱坝结构服役过程性态渐变过程

为了更好地模拟混凝土坝结构服役过程各阶段运行状态，本书利用弹簧、摩擦片和黏壶 3 个基本元件及其不同组合来模拟混凝土坝结构服役渐变过程中的力学行为变化，由此建立反演主要力学参数的模式。通常将这 3 个元件并联组合所产生的 4 个模型称为基本流变力学模型，即黏性、黏弹性、黏塑性和黏弹塑性模型，用这 4 个基本流变力学模型进行组合形成 15 个流变力学模型[261]。本书从这 15 个流变力学模型中选择 5 个由元件组成的独立元件或元件组合：①弹性体；②牛顿体；③麦克斯韦模型；④开尔文模型；⑤黏塑性模型，具体如图 8. 2. 3—图 8. 2. 7 所示。

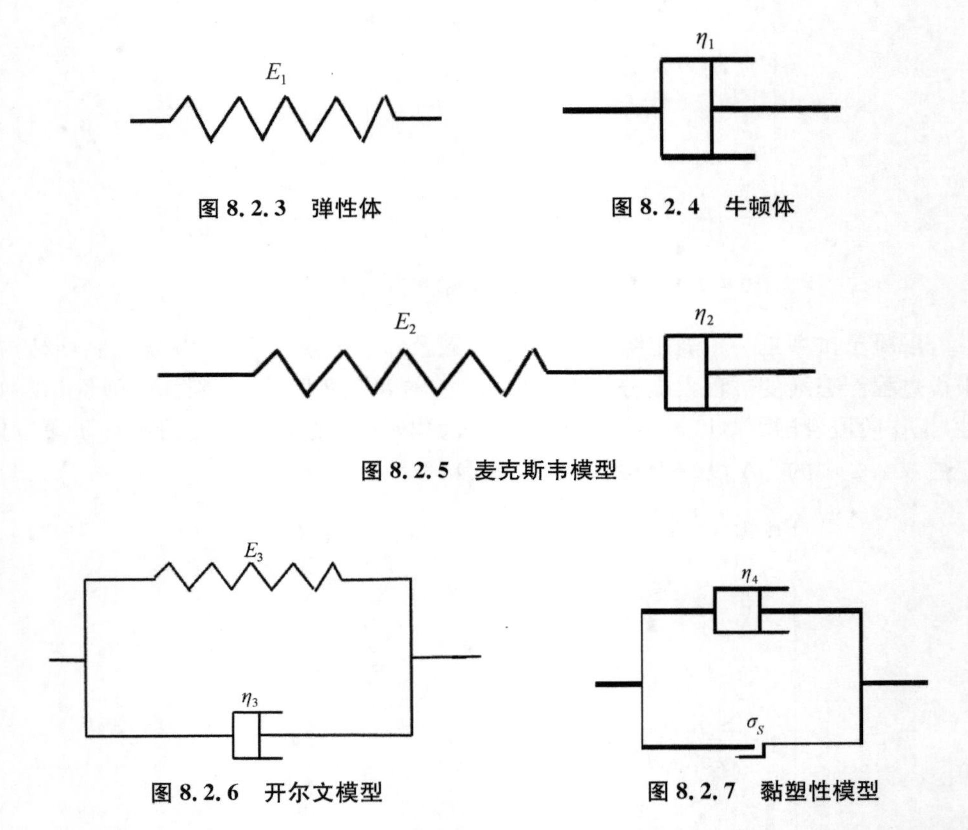

图 8. 2. 3　弹性体

图 8. 2. 4　牛顿体

图 8. 2. 5　麦克斯韦模型

图 8. 2. 6　开尔文模型

图 8. 2. 7　黏塑性模型

下面以拱坝为例，重点研究混凝土坝结构服役不同阶段反演分析模式的构建方法。

8. 2. 1　混凝土坝结构服役过程黏弹性变参数反演分析模式

对于一般混凝土拱坝，坝体任一点的应力通常未超过材料的比例极限，坝踵区拉应力小于允许值，坝体处于线弹性阶段，即图 8. 2. 2 中的 OA 段，可由弹性元件

①进行表征，该阶段弹性模量 $E_1(t)$ 是随着时间变化而变化的。根据相关的试验及资料分析成果，$E_1(t)$ 可表示为

$$E_1(t)=E_1(t_0)e^{\gamma t} \tag{8.2.1}$$

式中：t_0 为初始时间；γ 为材料流变特性相关的待定参数。

对于高拱坝或特高拱坝，在外部荷载长期作用下，坝中任一部位的应力水平较高，但通常未超过材料的比例极限强度，即混凝土高拱坝坝体处于黏弹性工作阶段[262]，对应于图8.2.2中的 OA 段，则可采用黏弹性力学模型③、④表征本构关系。在混凝土坝黏弹性阶段，其流变变形能够收敛，具有黏弹性固体的性态，因此本书选择④开尔文模型作为混凝土坝黏弹性阶段基本力学模型。

在混凝土坝结构服役过程中，由水压和温变等长期荷载产生的部分变形是无法恢复的，因此，坝体混凝土流变参数等具有明显的时间效应特征。在混凝土坝黏弹性阶段基本力学模型参数都是随着时间变化而变化的，即 $E_3(t)$ 和 $\eta_3(t)$ 为随时间变化的参数。根据相关的试验及资料分析成果 $E_3(t)$ 和 $\eta_3(t)$ 可用下式表示：

$$E_3(t)=E_3(t_0)(a+be^{-\frac{t}{c}}) \tag{8.2.2}$$

$$\eta_3(t)=\eta_3(t_0)\frac{t}{t_0(\alpha+\beta t)} \tag{8.2.3}$$

式中：a、b、c、α 和 β 为与材料流变特性相关的待定参数。

开尔文模型中弹性体的应力与应变关系符合胡克定律，则

$$\sigma=E_3(t)\varepsilon \tag{8.2.4}$$

黏滞体其性质符合牛顿定律，即应力与应变速率之间成正比关系：

$$\sigma=\eta_3(t)\dot{\varepsilon} \tag{8.2.5}$$

开尔文体由一个弹性体和一个黏滞体并联组成，弹性体和黏滞体的应变都等于总应变，而模型的总应力为两个元件应力之和，即

$$\sigma=E_3(t)\varepsilon+\eta_3(t)\dot{\varepsilon} \tag{8.2.6}$$

在恒定应力 σ 作用下，则式(8.2.6)可变为

$$\varepsilon(t)=Ce^{-\frac{E_3(t)}{\eta_3(t)}t}+\frac{\sigma}{E} \tag{8.2.7}$$

由于 $\varepsilon(0)=0$，可求得常数 $C=-\frac{\sigma}{E}$，则式(8.2.7)可变为

$$\varepsilon(t)=\frac{\sigma}{E_3(t)}\left[1-e^{-\frac{E_3(t)}{\eta_3(t)}t}\right] \tag{8.2.8}$$

由上式可见，随着时间 t 的增加，$e^{-\frac{E_3(t)}{\eta_3(t)}t}$ 无限趋向于 0，则上式转化为

$$\varepsilon_K = \frac{\sigma}{E_3(t)} \tag{8.2.9}$$

式(8.2.9)即弹性体的本构关系，这也表明开尔文模型是一个滞弹性体，应变不会随应力持续增加而无限地增加。若随着时间推移，当 $t = t_1$ 时，突然卸荷，由于流性元件不能立即恢复已有的变形，应力只能逐渐从弹性元件上释放，则 $t \geqslant t_1$ 时刻的应变为

$$\varepsilon(t) = \frac{\sigma}{E_3}\left[e^{-\frac{E_3(t)}{\eta_3(t)}(t-t_1)} - e^{-\frac{E_3(t)}{\eta_3(t)}t}\right] \tag{8.2.10}$$

若突然卸荷，应力变为 0 时，随着时间的推移，应变逐渐趋向于 0。以上两种情况均反映了开尔文模型的弹性后效，可以较好地描述混凝土坝黏弹性阶段的服役性态。

式(8.2.8)—式(8.2.10)中：$E_3(t)$ 、$\eta_3(t)$ 为随时间变化的参数，本书通过反演不同时刻混凝土坝结构服役过程上述物理力学参数并经最优化分析确定待定参数 a 、b 、c 、α 和 β ，并将其代入式(8.2.2)和式(8.2.3)中，即可以得到 $E_3(t)$ 和 $\eta_3(t)$ 的具体表达式；将 $E_3(t)$ 和 $\eta_3(t)$ 具体表达式代入式(8.2.8)—式(8.2.10)中，可分析不同时刻混凝土坝在黏弹性阶段的服役过程性态变化规律。

8.2.2 混凝土坝结构服役过程准黏弹性变参数反演分析模式

随着荷载不断增加，大坝应力重新调整，下游区压应力增加但仍在比例极限以内，应力与应变关系基本呈准线弹性或准黏弹性，即图 8.2.2 中的 AB 段。本书采用伯格斯模型[263]作为混凝土坝准黏弹性阶段基本力学模型。

伯格斯模型是由一个麦克斯韦模型③与一个开尔文模型④串联而成的，如图 8.2.8 所示。

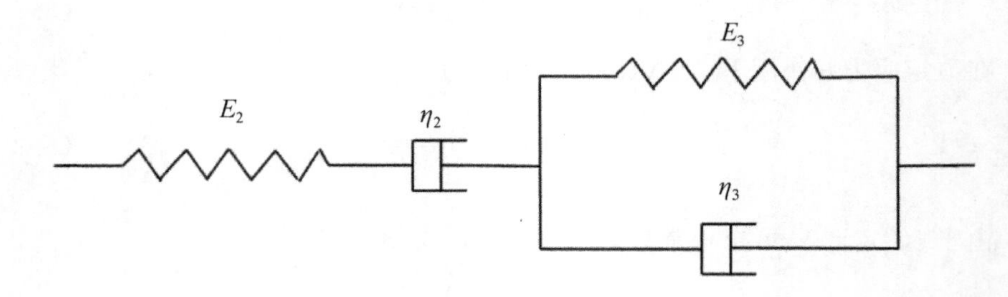

图 8.2.8 伯格斯模型

混凝土坝准黏弹性阶段基本力学模型参数依然都随着时间变化而变化，即 $E_2(t)$、$E_3(t)$、$\eta_2(t)$ 和 $\eta_3(t)$ 均为随时间变化的参数。其中 $E_3(t)$、$\eta_3(t)$ 依然利用式(8.2.2)和式(8.2.3)进行表征，$E_2(t)$、$\eta_2(t)$ 由大量的试验及监测资料分析表明可用以下形式表示，即

$$E_2(t) = E_2(t_0)e^{dt} \tag{8.2.11}$$

$$\eta_2(t) = \eta_2(t_0)e^{ft} \tag{8.2.12}$$

式中：d 和 f 为与材料流变特性相关的待定参数。

由图 8.2.8 可知，两元件串联，则

$$\varepsilon = \varepsilon_{M_E} + \varepsilon_{M_\eta} + \varepsilon_K \tag{8.2.13}$$

式中：$\varepsilon_{M_E} = \dfrac{\sigma}{E_2(t)}$；$\dot{\varepsilon}_{M_\eta} = \dfrac{\sigma}{\eta_2(t)}$；$\sigma = E_3(t)\varepsilon_K + \eta_3(t)\dot{\varepsilon}_K$。

将式(8.2.13)整理并消去 ε_{M_E}、ε_{M_η}、ε_K 可得：

$$\sigma + \left[\frac{\eta_2(t)}{E_2(t)} + \frac{\eta_3(t)}{E_3(t)} + \frac{\eta_2(t)}{E_3(t)}\right]\dot{\sigma} + \frac{\eta_2(t)\eta_3(t)}{E_2(t)E_3(t)}\ddot{\sigma} = \eta_2(t)\dot{\varepsilon} + \frac{\eta_2(t)\eta_3(t)}{E_3(t)}\ddot{\varepsilon} \tag{8.2.14}$$

在恒定荷载作用下有，$\dot{\sigma} = \ddot{\sigma} = 0$，可得：

$$E_3(t)\dot{\varepsilon} + \eta_3(t)\ddot{\varepsilon} = \frac{1}{\eta_2(t)}[E_3(t) - \gamma\eta_3(t)]\sigma \tag{8.2.15}$$

整理得到混凝土坝服役过程准黏弹性变参数模型为

$$\varepsilon(t) = \frac{\sigma}{E_2(t)} + \frac{\sigma}{E_3(t)}\left[1 - e^{-\frac{E_3(t)}{\eta_3(t)}t}\right] + \int_0^t \frac{\sigma}{\eta_2(t)}\mathrm{d}t \tag{8.2.16}$$

$E_2(t)$、$E_3(t)$、$\eta_2(t)$ 和 $\eta_3(t)$ 均为随时间变化的参数，本书通过反演不同时刻混凝土坝结构服役过程上述力学参数，利用最优化方法确定待定参数 a、b、c、d、f、α 和 β，并将其代入所对应的关系式中，即可以得到 $E_2(t)$、$\eta_2(t)$、$E_3(t)$ 和 $\eta_3(t)$ 的具体表达式；将各参数具体表达式代入式(8.2.16)中，即可分析不同时刻混凝土坝处于准黏弹性阶段的服役过程性态变化规律。

8.2.3　混凝土坝结构服役过程屈服阶段变参数反演分析模式

随着混凝土坝材料参数的变化或外部荷载的增加，大坝应力增加，坝体部分区域进入屈服状态，变形有明显增加，应力与应变关系呈非线性，即图 8.2.2 中的 BC 段。采用弹-黏-黏弹-黏塑性模型来描述混凝土坝结构服役过程屈服变形阶段。

如图 8.2.9 所示，弹-黏-黏弹-黏塑性模型是由③、④、⑤串联而成，其中，$E_2(t)$、$E_3(t)$、$\eta_2(t)$、$\eta_3(t)$ 和 $\eta_4(t)$ 都随着时间变化而变化。$E_2(t)$、$E_3(t)$，$\eta_2(t)$ 和 $\eta_3(t)$ 的表征方式如上文所述，$\eta_4(t)$ 根据相关的试验及资料分析成果可表示为

$$\eta_4(t) = \frac{t}{\dfrac{t_0}{\eta_4(t_0)} + \varphi + \exp(\dfrac{t}{\psi})} \tag{8.2.17}$$

式中：φ、ψ 为与材料流变特性相关的待定参数。

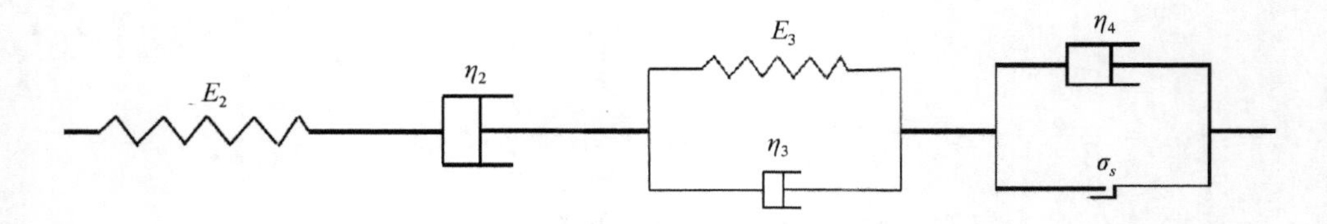

图 8.2.9　弹-黏-黏弹-黏塑性变参数流变模型

针对不同应力状况，采用不同的分析模型，当应力小于屈服应力 σ_s 时，即 $\sigma \leqslant \sigma_s$ 时，其应力与应变关系可以表示为

$$\varepsilon(t) = \varepsilon_M + \varepsilon_K = \frac{\sigma}{E_2(t)} + \frac{\sigma}{\eta_2(t)}t + \frac{\sigma}{E_3(t)}[1 - e^{-\frac{E_3(t)}{\eta_3(t)}t}] \quad (\sigma \leqslant \sigma_s) \tag{8.2.18}$$

当应力超过屈服应力 σ_s 时，即 $\sigma > \sigma_s$ 时，产生加速蠕变变形，其应力与应变关系为

$$\varepsilon(t) = \varepsilon_M + \varepsilon_K + \varepsilon_S = \frac{\sigma}{E_2(t)} + \frac{\sigma}{\eta_2(t)}t + \frac{\sigma}{E_3(t)}[1 - e^{-\frac{E_3(t)}{\eta_3(t)}t}] + \frac{\sigma - \sigma_s}{\eta_4(t)}t \quad (\sigma > \sigma_s) \tag{8.2.19}$$

式中：σ_s 为屈服应力；其余符号含义如上文所示。

此阶段需要反演的参数为 $E_2(t)$、$\eta_2(t)$、$E_3(t)$、$\eta_3(t)$ 和 $\eta_4(t)$，利用实测资料反演不同时刻的上述参数，基于最优化方法确定待定参数 a、b、c、d、f、α、β、φ 和 ψ，并将其代入所对应的关系式中，即可得到 $E_2(t)$、$\eta_2(t)$、$E_3(t)$、$\eta_3(t)$ 和 $\eta_4(t)$ 的具体表达式；将上述参数的具体表达式代入式(8.2.19)，即可对混凝土坝处于屈服阶段的服役过程性态变化规律进行分析。

若大坝屈服区的面积急剧增大，混凝土坝呈现急剧变形状态，如图 8.2.2 中的 CD 段，坝体变形接近极限破坏状态时的特征值，当外部荷载增加到结构破坏极限

D 时,混凝土坝完全失效,从而丧失继续承载的能力。

8.3　混凝土坝结构物理力学参数反演分析方法

为了分析混凝土坝结构服役过程性态变化,必须确定混凝土坝结构物理力学参数,通过对物理力学参数变化的分析,来判断混凝土坝服役状态。对于服役多年的混凝土坝,其实际的力学参数与设计及试验值相差较大,因此,必须对混凝土坝结构物理力学参数进行反演分析。下面重点研究力学参数的反演分析方法,在以下的分析过程中,作者首先提出基于调整系数的物理力学参数初始值确定方法,并考虑混凝土坝结构力学性能的非线性变化,提出伴随变分法结合 BFGS 拟牛顿迭代法的反演方法。

8.3.1　混凝土坝结构主要力学材料参数初始值确定方法

在反演混凝土坝结构服役过程物理力学参数时,不同的初始值选取会影响反演的效率。因此,作者提出基于调整系数的物理力学参数初始值确定方法,其核心思想是利用一个调整系数通过一次反演求得混凝土坝结构物理力学参数初始值,由此提高反演的效率。

基于当前混凝土坝服役过程性态选择适当的反演模式,即可以确定所需要反演的物理力学参数 $M_i(i=1,2,\cdots,n)$ 。利用原位监测效应量监测资料,建立监测效应量数学分析模型,其表达式见式(8.3.1),可利用式(8.3.1)分离出监测效应量测点对应的监测效应量分量(例如:反演弹性参数时,分离出水压分量 $\delta_H(x,y,z)$ 进行反演;反演黏性参数时,分离出时效分量 $\delta_\theta(x,y,z)$ 进行反演)。

$$\delta(x,y,z)=\delta_H(x,y,z)+\delta_T(x,y,z)+\delta_\theta(x,y,z) \tag{8.3.1}$$

式中: $\delta_H(x,y,z)$ 为水压引起的监测效应量分量; $\delta_T(x,y,z)$ 为温度引起的监测效应量分量; $\delta_\theta(x,y,z)$ 为时效引起的监测效应量分量; x 、y 、z 为结点坐标。

在此基础上,假定某分区第 i 个物理力学参数值为 M_i^{ori} ,而其余力学参数采用设计值,利用有限元等结构分析方法,计算在荷载作用下能反映某分区变化特性的监测效应量实测点的变化值,并分离出相应的分量 δ_p ,得到 δ_p 的表达式为

$$\delta_p=F(\boldsymbol{R},M_i^{ori}) \tag{8.3.2}$$

设

$$W=\frac{1}{2}\sum_{p=1}^{P}\boldsymbol{G}(\delta'_p-x_i\delta_p)^2 \tag{8.3.3}$$

式中：δ'_p 为某分区测点监测效应量监测值分离出的实测值；P 为测点数；$\boldsymbol{G}$ 为权矩阵；x_i 为调整系数。

令 W 最小，在无约束条件下，则必有

$$x_i = \frac{\sum_{p=1}^{P} \delta'_p \delta_p}{\sum_{p=1}^{P} \delta_p^2} \tag{8.3.4}$$

设某分区第 i 个物理力学参数的初始值为 M_{0i} ，根据 x_i 的物理含义有

$$x_i = \frac{M_i^{ori}}{M_{0i}} \tag{8.3.5}$$

利用式(8.3.5)可确定某分区第 i 个物理力学参数的初始值为

$$M_{0i} = \frac{M_i^{ori}}{x_i} \tag{8.3.6}$$

重复以上步骤，即可以确定不同区域物理力学参数的初始值。

8.3.2 伴随变分 BFGS 拟牛顿迭代反演法

8.3.2.1 混凝土坝结构物理力学参数反演目标函数

在实际工程中，当反演参数增加时，反演难度以及计算时间均有较大增加，甚至出现不收敛或结果不唯一的情况。因此，为了提高效率，对于相互联系不大而又可以分别对待的物理力学参数应尽可能分别反演。例如，弹性模量与流变参数并不存在密切联系，因此，首先可以根据瞬时弹性位移反演弹性模量，然后再由原位监测变形资料分离出的时效变形反演其余的参数。混凝土坝结构服役过程物理力学参数反演的步骤为：基于之前探讨的混凝土坝结构服役过程参数反演模式，选择符合当前混凝土坝服役过程性态的本构模型，明确所需要反演的物理力学参数 M_i ，并通过式(8.3.6)确定物理力学参数的初始值 M_{0i} ，得到初始值后，即可对混凝土坝结构服役过程物理力学参数进行反演。由于混凝土坝结构力学性能的非线性变化，反演结果无法通过一次求导得到，因此需要利用多点监测效应量监测资料，结合有限元等结构分析成果，通过不断迭代，反演得到混凝土坝结构物理力学参数，并代入对应的混凝土坝结构服役过程物理力学参数反演模式，得到待定参数，最终可以确定混凝土坝结构服役过程物理力学参数变化具体表达式。下面重点研究反演物理力学参数的方法，首先需要建立反演目标函数。

所需要反演的物理力学参数为 M_i ，分别为 $M_1, M_2, \cdots, M_n$ ，令 $\boldsymbol{M}$ 为 n 个待定参数(包括了需要反演的混凝土坝结构物理力学参数)，则有

$$\boldsymbol{M} = [M_1, M_2, \cdots, M_n]^{\mathrm{T}} \tag{8.3.7}$$

反演目标函数的构建原理为：把混凝土坝结构物理力学参数和物理力学模型看作输入量，把监测效应量 δ 看成是计算值与原位监测值在某种尺度下的充分逼近，这种尺度就是目标函数 $W(\boldsymbol{M})$，则混凝土坝结构物理力学参数反演目标函数 $W(\boldsymbol{M})$ 为

$$W(\boldsymbol{M}) = \frac{1}{2} \sum_{j=1}^{l} \sum_{k=1}^{m_i} G_{jk} (\delta_{jk} - \delta'_{jk})^2 \tag{8.3.8}$$

式中：l 为监测效应量的监测点数；m_i 为第 j 个监测点在计算时段内的监测次数；δ_{jk} 为利用有限元法计算的监测效应量计算值；δ'_{jk} 为利用原位监测资料分离变量得到的监测效应量实测值；G_{jk} 为第 j 个监测点第 k 个测值的权重。

由式(8.3.8)可知，若目标函数 $W(\boldsymbol{M})$ 达到最小，即

$$W(\boldsymbol{M}) = \min W(\boldsymbol{M}) \tag{8.3.9}$$

则此时的物理力学参数值即为最终的反演结果。由于反演参数较多，常规反演方法求解耗时较大，基于此，本书提出基于伴随变分 BFGS 拟牛顿迭代法对混凝土坝结构物理力学参数进行反演的方法；下面在研究 BFGS 拟牛顿迭代法的基础上，重点探讨基于该方法反演物理力学参数的原理。

8.3.2.2　BFGS 拟牛顿迭代法

在混凝土坝结构物理力学参数反演分析中，当反演目标函数建立后，参数反演问题实际上就化归为最优化问题，即选取某种优化方法来优化计算求解，得到使目标函数达到最小时的反演参数值。近年来，最优化方法层出不穷，但从宏观上看，针对混凝土坝物理力学参数反分析的优化方法，大致可归为两大类，即直接搜索法和梯度类方法。直接搜索法无须求解目标函数对反演参数的导数，仅通过比较目标函数值的大小来移动迭代点，操作简单，但它对初值选取的要求较高，收敛速度慢。梯度类方法是一类梯度导向的启发式搜索算法，搜索速度快，收敛性相对较好，且有一套严密的理论体系。梯度类方法主要分为最速下降法、牛顿法及拟牛顿法。最速下降法，只要求一阶导数，简单易行，然而越接近目标函数下降越缓慢；牛顿方法具有快的收敛速度，但是其必须要保持 Hesse 矩阵正定，且收敛性有时无法保证。综上，本书采用拟牛顿法进行参数反演。拟牛顿算法由 Davidon 于 20 世纪 50 年代中叶提出，在拟牛顿算法中，DFP 算法是由 Davidon、Fletcher 和 Powell 最早提出，但从数值理论及实际运用效果上讲，BFGS 算法效果较好，在收敛性质和数值计算方面均优于 DFP 算法[264]，因此本书选取了拟牛顿法中目前最有效的 BFGS 拟牛顿校正法对混凝土坝物理力学参数反演优化问题进行求解。

BFGS 拟牛顿法是在牛顿法的基础上发展得到的，由 Broyden、Fletcher、Goldfarb 和 Shanno 提出，牛顿法的基本思想是利用目标函数 $f(x)$ 在迭代点 x_k 处的二次 Taylor 展开作为模型函数，并用该二次模型函数的极小点序列去逼近目标函数的极小点。设 $f(x)$ 二次连续可微，$x_k \in \boldsymbol{R}^n$，Hesse 矩阵 $\nabla^2 f(x_k)$ 正定，在 x_k 附近用二次 Taylor 展开，即

$$f(x_k + d) \approx q^{(k)}(d) = f(x_k) + \nabla f(x_k)^{\mathrm{T}} d + \frac{1}{2} d^{\mathrm{T}} \nabla^2 f(x_k) d \tag{8.3.10}$$

其中，$d = x - x_k$；$q^{(k)}(d)$ 为 $f(x)$ 的二次近似。将上式求导，令 $q^{(k)}(d) = 0$，则

$$q^{(k)}(d) = \nabla f(x_k)^{\mathrm{T}} + \nabla^2 f(x_k) d = 0 \tag{8.3.11}$$

展开得：

$$x_{k+1} = x_k - \frac{\nabla f(x_k)}{\nabla^2 f(x_k)} \tag{8.3.12}$$

式(8.3.12)就是牛顿迭代公式[265]。牛顿法成功的关键是利用了 Hesse 矩阵提供的曲率信息，但计算 Hesse 矩阵工作量大，并且有的目标函数的 Hesse 矩阵难以计算。为了克服这个缺点，需要构造出与目标函数曲率近似的矩阵，使其具有类似牛顿法的收敛速度快的优点，拟牛顿法就是这样的一类算法。由于它不需要二阶导数，拟牛顿法往往比牛顿法更有效。在拟牛顿法中 BFGS 法最为高效[266]，BFGS 拟牛顿法的求解过程如下。

将目标函数 $f(x)$ 在 x_{k+1} 处二次泰勒展开并求导得：

$$\nabla f(x) \approx \nabla f(x_{k+1}) + \nabla^2 f(x_{k+1})(x - x_{k+1}) \tag{8.3.13}$$

令 $x = x_k$，则有：

$$\nabla^2 f(x_{k+1})(x_{k+1} - x) \approx \nabla f(x_{k+1}) - \nabla f(x_k) \tag{8.3.14}$$

用矩阵 $\boldsymbol{B}_{k+1}$ 代替 Hesse 矩阵 $\nabla^2 f(x_{k+1})$，令

$$g_k = x_{k+1} - x_k \text{，} d_k = \nabla f(x_{k+1}) - \nabla f(x_k) \tag{8.3.15}$$

即

$$x_{k+1} = x_k - \boldsymbol{B}_k^{-1} \nabla f(x_k) \tag{8.3.16}$$

式(8.3.16)为 BFGS 拟牛顿方程。

由于拟牛顿方程中变量的个数大于方程的个数，所以拟牛顿方程不能唯一地确定 $\boldsymbol{B}_{k+1}$，必须通过修正 $\boldsymbol{B}_k$ 得到 $\boldsymbol{B}_{k+1}$，以求得满足拟牛顿方程的一个或一组特

解，即

$$\boldsymbol{B}_{k+1} = \boldsymbol{B}_k + \Delta \boldsymbol{B}_k \tag{8.3.17}$$

BFGS 校正公式为

$$\boldsymbol{B}_{k+1} = \boldsymbol{B}_k + \frac{d_k d_k^{\mathrm{T}}}{d_k^{\mathrm{T}} g_k} - \frac{\mathbf{B}_k g_k (\boldsymbol{B}_k g_k)^{\mathrm{T}}}{g_k^{\mathrm{T}} \mathbf{B}_k g_k} \tag{8.3.18}$$

BFGS 算法流程如图 8.3.1 所示。

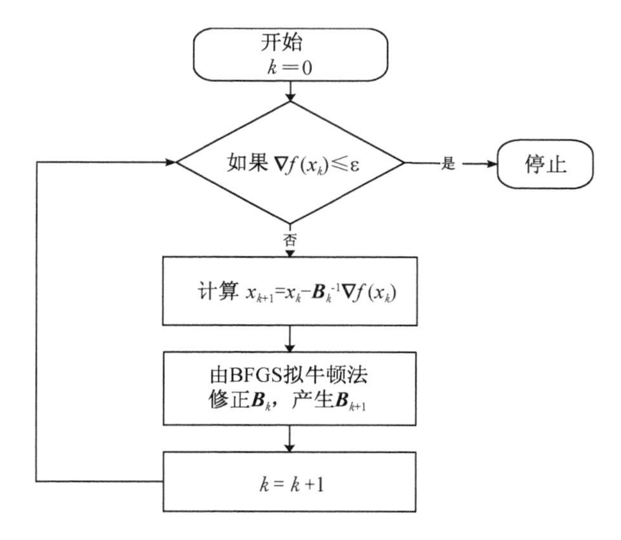

图 8.3.1　BFGS 算法流程图

图 8.3.1 中初始 $\boldsymbol{B}_0$ 通常取为单位矩阵，这样，拟牛顿法的第一次迭代等价于一个最速下降迭代，由式(8.3.17)和式(8.3.18)可以看出，序列 $\boldsymbol{B}_k$ 的生成并不是靠每次迭代中的重复计算，而是通过一种简单的校正从 $\boldsymbol{B}_k$ 生成 $\boldsymbol{B}_{k+1}$ 。BFGS 拟牛顿法有下列优点：(1)仅需一阶导数(牛顿法需二阶导数)；(2)每次迭代需 $O(n^2)$ 次乘法运算[牛顿法需 $O(n^3)$ 次乘法运算]；(3)搜索方向是相互共轭的，从而具有二次终止性；(4)具有超线性收敛性。

将问题转回到混凝土坝结构物理力学参数的反演分析上，为了更好地利用 BFGS 拟牛顿迭代解决最优化问题，其中，最关键的一步是求出反演目标函数的导数，混凝土坝结构物理力学参数反演目标函数导数的一般求法为

$$\frac{\partial W(\boldsymbol{M})}{\partial M} = \sum_{j=1}^{l} \sum_{k=1}^{m_i} G_{jk} (\delta_{jk} - \delta'_{jk}) \frac{\partial \delta_{jk}}{\partial \boldsymbol{M}} \tag{8.3.19}$$

$$\boldsymbol{K}\frac{\partial\delta_{jk}}{\partial\boldsymbol{M}}=-\frac{\boldsymbol{R}}{\partial\boldsymbol{M}} \tag{8.3.20}$$

式中:$\boldsymbol{K}$ 为劲度矩阵;$\boldsymbol{R}$ 为结点荷载列阵;其余符号含义如上文所示。

由于混凝土坝有限元计算分析的复杂性,当网格剖分单元数目和需反演的参数较多时,常规的梯度算法在计算式(8.3.20)时计算量很大,耗时较长。针对这一问题,作者通过研究并提出伴随变分方法对反演目标函数导数进行求解,并将其与BFGS拟牛顿法结合用于解决混凝土坝结构物理力学参数反演问题。

8.3.2.3 混凝土坝结构物理力学参数伴随变分 BFGS 拟牛顿迭代反演法

对于如下的最优化问题:

$$\begin{aligned}&\min W(q,m) \quad \text{s. t. } H(q,m)=0\\&q\in\boldsymbol{Q},m\in\boldsymbol{L}\end{aligned} \tag{8.3.21}$$

式中:$W(\boldsymbol{Q}\times\boldsymbol{L}\to\boldsymbol{R})$ 是目标函数;$\boldsymbol{Q}$、$\boldsymbol{L}$ 是 Banach 空间;假设 W、H 是连续 Frechet 可微的,$H_m[q(m),m]$ 是连续可逆的,由隐函数定理可保证 $q(m)$ 是连续可微的。对 $H(q,m)=0$ 求导,则导数 $\dot{q}(m)$ 的方程为

$$H_q[q(m),m]\dot{q}(m)+H_m[q(m),m]=0 \tag{8.3.22}$$

利用一般方法计算导数 $\dot{q}(m)$ 是一个反复迭代的过程,计算量是以几何级数增长的,故引入伴随方法进行优化计算,需要反演的目标函数的导数为

$$\dot{W}(m)=\dot{q}(m)W_q[q(m),m]+W_m[q(m),m] \tag{8.3.23}$$

将 $\dot{q}(m)$ 代入

$$\dot{q}(m)W_q[q(m),m]=-\frac{H_m[q(m),m]}{H_q[q(m),m]}W_q[q(m),m] \tag{8.3.24}$$

引入伴随算子 λ,可得

$$H_q[q(m),m]\cdot\lambda=-W_q[q(m),m] \tag{8.3.25}$$

代入式(8.3.24)可得

$$\dot{q}(m)W_q[q(m),m]=H_m[q(m),m]\cdot\lambda \tag{8.3.26}$$

将式(8.3.26)代入式(8.3.23),则目标函数导数为

$$\dot{W}(m)=W_m(q,m)+H_m(q,m)\cdot\lambda \tag{8.3.27}$$

只需计算一次中间量 λ,即可求得多变量目标函数的导数。

下面利用经典的拉格朗日乘子法推导一般情况下的伴随方法，对于上述最优化问题，定义拉格朗日函数 L，则

$$L(q,m,\lambda) = W(q,m) + \lambda \cdot H(q,m) \tag{8.3.28}$$

因为 $H(q,m) = 0$，故 $L(q,m,\lambda)$ 与目标函数 $W(q,m)$ 是等价的，故有

$$\dot{W}(m) = \dot{q}(m) L_q[q(m),m,\lambda] + L_m[q(m),m,\lambda] \tag{8.3.29}$$

为了消去 $\dot{q}(m)$，选择一特殊 λ，使得：

$$L_q[q(m),m,\lambda] = 0 \tag{8.3.30}$$

即

$$L_q[q(m),m,\lambda] = W_q(q,m) + \lambda \cdot H_q(q,m) = 0 \tag{8.3.31}$$

则可得伴随方程为

$$H_q[q(m),m] \cdot \lambda = -W_q[q(m),m] \tag{8.3.32}$$

由式(8.3.32)求得伴随算子 λ，代入式(8.3.27)即可得到目标函数 $W(m)$ 的导数。

伴随方法是建立在严格的数学基础之上的一种方法，它将所要解决的实际问题作为条件最小值问题来解决[267]。混凝土坝结构物理力学参数反演问题是以有限元平衡方程作为约束的最值问题求解，此问题可转化为无约束最值问题来求解。当把约束条件作为强约束条件来对待时，经典的拉格朗日乘子法提供了坚实的理论基础。接下来，将伴随变分法运用到解决混凝土坝结构物理力学参数反演问题中。

首先，构造拉格朗日函数 $L(\boldsymbol{\delta},\boldsymbol{M},\boldsymbol{\lambda})$，使得目标函数 $\boldsymbol{W}$ 的驻点与确定拉格朗日函数关于变量 $\boldsymbol{\delta}$ 、$\boldsymbol{M}$ 和 $\boldsymbol{\lambda}$ 的驻点是等价的，则

$$\frac{\partial L}{\partial \boldsymbol{\lambda}}(\boldsymbol{\delta},\boldsymbol{M},\boldsymbol{\lambda}) = 0 \tag{8.3.33}$$

$$\frac{\partial L}{\partial \boldsymbol{\delta}}(\boldsymbol{\delta},\boldsymbol{M},\boldsymbol{\lambda}) = 0 \tag{8.3.34}$$

式中：$\boldsymbol{\delta}$ 为位移；$\boldsymbol{\lambda}$ 为伴随算子。

混凝土坝结构服役过程有限元支配方程可统一表征为

$$\boldsymbol{K\delta} = \boldsymbol{R} \tag{8.3.35}$$

式中：$\boldsymbol{K}$ 为整体劲度矩阵；$\boldsymbol{\delta}$ 为整体结点监测效应量列阵，对于黏弹性模型和弹塑性模型，$\boldsymbol{\delta}$ 写为 $\Delta\boldsymbol{\delta}$ 表征为结点监测效应量增量；$\boldsymbol{R}$ 为整体结点荷载列阵，对于弹塑

性模型，$\boldsymbol{R}$ 写为 $\Delta\boldsymbol{R}$ 的形式，$\Delta\boldsymbol{R}$ 表征增量体力和面力引起的结点荷载，对于黏弹性模型，$\boldsymbol{R}$ 写为 $\Delta\boldsymbol{R}+\Delta\boldsymbol{R}^{v}$ 的形式，$\Delta\boldsymbol{R}^{v}$ 为黏性变形产生的等效结点荷载。

研究表明，混凝土坝的泊松比 μ 变化很小，可近似认为是不变的参数，而对于混凝土坝而言，在受荷过程中，其几何特性基本保持不变，则整体劲度矩阵 $\boldsymbol{K}$ 表征方式如下：

$$\boldsymbol{K}=\sum \boldsymbol{C}^{\mathrm{T}}\int_{V}\boldsymbol{B}^{\mathrm{T}}\boldsymbol{D}\boldsymbol{B}\,\mathrm{d}V\boldsymbol{C} \tag{8.3.36}$$

式中：$\boldsymbol{C}$ 为选择矩阵；$\boldsymbol{B}$ 为应变转换矩阵；$\boldsymbol{D}$ 为本构关系矩阵，通过 8.2 节选择混凝土坝结构服役过程对应的本构模型。

在式(8.3.35)两边同时乘以 $\boldsymbol{D}^{-1}$，将有限元支配方程变换为

$$\boldsymbol{K}_{s}\boldsymbol{\delta}=\boldsymbol{R}(\boldsymbol{M}) \tag{8.3.37}$$

式中：$\boldsymbol{K}_{s}$ 为几何劲度矩阵。

利用矢量矩阵表征反演目标函数 W 为

$$\mathrm{W}=\frac{1}{2}(\boldsymbol{\delta}-\boldsymbol{\delta}')^{\mathrm{T}}\boldsymbol{G}(\boldsymbol{\delta}-\boldsymbol{\delta}') \tag{8.3.38}$$

式中：$\boldsymbol{\delta}$ 为监测效应量计算值；$\boldsymbol{\delta}'$ 为监测效应量原位监测资料分离变量得到的监测效应量实测值；$\boldsymbol{G}$ 为权矩阵。

引入伴随算子 $\boldsymbol{\lambda}$，构造拉格朗日函数

$$\begin{aligned}L(\boldsymbol{\delta},\boldsymbol{M},\boldsymbol{\lambda})&=\boldsymbol{W}-\boldsymbol{\lambda}^{\mathrm{T}}[\boldsymbol{K}_{s}\boldsymbol{\delta}-\boldsymbol{R}(\boldsymbol{M})]\\&=\frac{1}{2}(\boldsymbol{\delta}-\boldsymbol{\delta}')^{\mathrm{T}}\boldsymbol{G}(\boldsymbol{\delta}-\boldsymbol{\delta}')-\boldsymbol{\lambda}^{\mathrm{T}}[\boldsymbol{K}_{s}\boldsymbol{\delta}-\boldsymbol{R}(\boldsymbol{M})]\end{aligned} \tag{8.3.39}$$

利用欧拉-拉格朗日最优条件，则式(8.3.34)可求得伴随算子 $\boldsymbol{\lambda}$，即

$$\boldsymbol{K}_{s}\boldsymbol{\lambda}=\boldsymbol{G}(\boldsymbol{\delta}-\boldsymbol{\delta}') \tag{8.3.40}$$

代入伴随算子 $\boldsymbol{\lambda}$，即可求得目标函数 W 的一阶导数为：

$$\frac{\partial W}{\partial \boldsymbol{M}}=\frac{\partial L}{\partial \boldsymbol{M}}(\boldsymbol{\delta},\boldsymbol{M},\boldsymbol{\lambda})=\boldsymbol{\lambda}^{\mathrm{T}}\frac{\partial \boldsymbol{R}(\boldsymbol{M})}{\partial \boldsymbol{M}} \tag{8.3.41}$$

通过上述研究，归纳得到混凝土坝结构物理力学参数反演的基本步骤如下：

(1) 利用式(8.3.6)确定初始材料参数 $\boldsymbol{M}^{k}$，并令 $k=0$，通过式(8.3.8)计算目标函数 W，若 $W\leqslant\varepsilon$，输出 $\boldsymbol{M}^{k}$，否则转(2)；

(2) 通过伴随变分结合 BFGS 迭代得到新的物理力学参数 $\boldsymbol{M}^{k+1}$，并令 $k=k+1$；

(3) 将新产生的物理力学参数作为已知参数,通过有限元软件计算监测效应量 $\boldsymbol{\delta}$;
(4) 计算目标函数 W 的值,若 $W \leqslant \varepsilon$,则输出 $\boldsymbol{M}^k$,否则转步骤(2)。
反演过程见图 8.3.2。

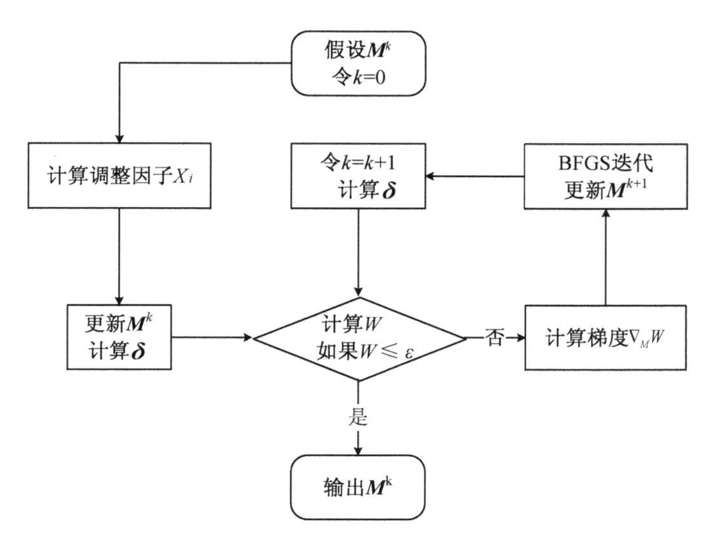

图 8.3.2　反演步骤流程图

其中 BFGS 迭代格式为

$$\boldsymbol{M}^{k+1} = \boldsymbol{M}^k - \boldsymbol{B}_k{}^{-1} \frac{\partial W_k}{\partial \boldsymbol{M}} \tag{8.3.42}$$

$$\boldsymbol{B}_{k+1} = \boldsymbol{B}_k + \frac{\boldsymbol{y}_k \boldsymbol{y}_k^{\mathrm{T}}}{\boldsymbol{y}_k^{\mathrm{T}} \boldsymbol{n}_k} - \frac{\boldsymbol{B}_k \boldsymbol{n}_k \boldsymbol{n}_k^{\mathrm{T}} \boldsymbol{B}_k}{\boldsymbol{n}_k^{\mathrm{T}} \boldsymbol{B}_k \boldsymbol{n}_k} \tag{8.3.43}$$

$$\boldsymbol{n}_k = \boldsymbol{M}^{k+1} - \boldsymbol{M}^k \tag{8.3.44}$$

$$\boldsymbol{y}_k = \frac{\partial W_{k+1}}{\partial \boldsymbol{M}} - \frac{\partial W_k}{\partial \boldsymbol{M}} \tag{8.3.45}$$

若直接对混凝土坝结构物理力学参数反演目标函数进行求导,由式(8.3.19)、式(8.3.20)计算多物理力学参数目标函数的导数时,每次每步都需要对大型劲度矩阵 $\boldsymbol{K}$ 进行分解,极大消耗时间及资源。然而利用伴随变分法结合 BFGS 拟牛顿迭代法反演多个物理力学参数时,只需由式(8.3.40)进行一次劲度矩阵 $\boldsymbol{K}$ 的分解即可计算出伴随算子 $\boldsymbol{\lambda}$,并将分解结果储存起来,在反演其他物理力学参数时,以伴随算子 $\boldsymbol{\lambda}$ 作为桥梁通过式(8.3.41)即可求出目标函数对反演参数的导数,不需要再对劲度矩阵 $\boldsymbol{K}$ 进行分解,提高了计算效率。当所需要反演的参数很少时,直接求导求解方法与伴随变分 BFGS 拟牛顿迭代法反演分析消耗的时间相差不大，然而在实际工程中，混凝土坝结构服役过程所需要反演的物理力学参数较多，因此伴随变分 BFGS 拟牛顿迭代法的优越性显而易见。利用伴随变分 BFGS 拟牛顿迭代法可以通过一次性解显式方程直接求出目标函数对反演参数的导数，避免了重复分解大型劲度矩阵，并可以缩短计算时间，节省资源，增加计算效率。对于其他混凝土坝物理力学参数例如渗流参数、热力学参数等，均可以利用伴随变分 BFGS 拟牛顿迭代法进行反演，其反演原理不再赘述。

8.4 案例分析

为了验证伴随变分 BFGS 拟牛顿迭代法反演混凝土坝结构物理力学参数的可行性与实用性，本章分别采用仿真模型和实际工程对所提出的方法进行验证。其中案例 1 为一混凝土坝仿真模型，用于对该方法的初值敏感性及计算时间步的优化进行分析。案例 2 为某实际工程，在实际工程中进一步证明所提出方法的有效性。

8.4.1 案例 1

某仿真混凝土重力坝有限元模型（以某重力坝为原型）如图 8.4.1 所示，该模型由 18 041 个单元组成，其中，坝体由 4 082 个单元组成，各个坝段间设有横缝。该坝有 29 个坝段组成，图 8.4.2 为各坝段分布示意图，其中 14#—22# 坝段为表孔溢流坝段，最大坝高为 91.0 m，正常蓄水位 270.0 m。由监测资料分析表明，该混凝土坝总体处于线弹性工作阶段，因此所需要反演的主要物理力学参数为坝体混凝土弹性模量，利用本章所提出的伴随变分 BFGS 拟牛顿迭代法对混凝土坝结构物理力学参数进行反演。下面重点研究并验证所提出方法的有效性，具体分析如下。

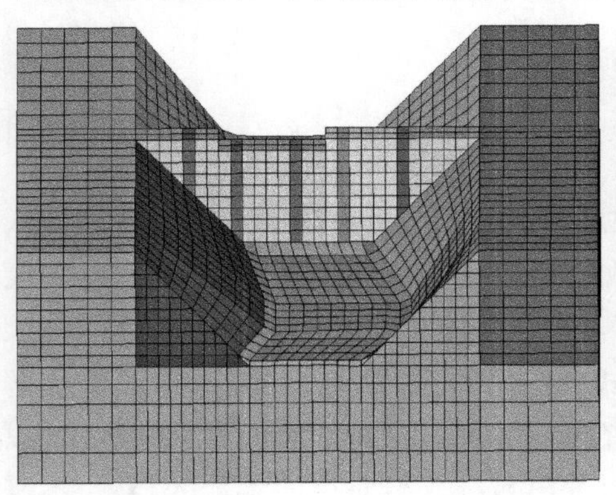
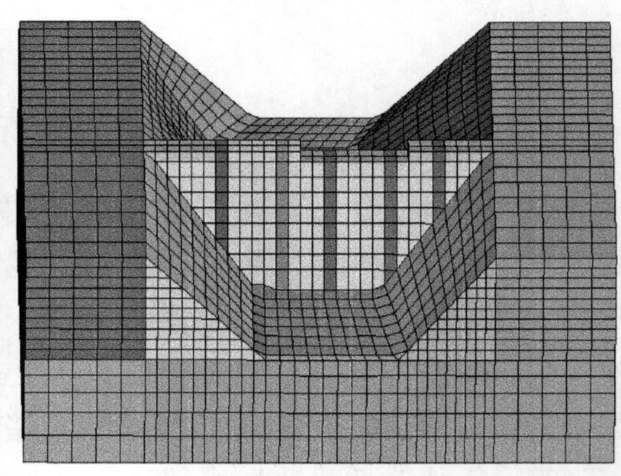

图 8.4.1 某重力坝有限元模型

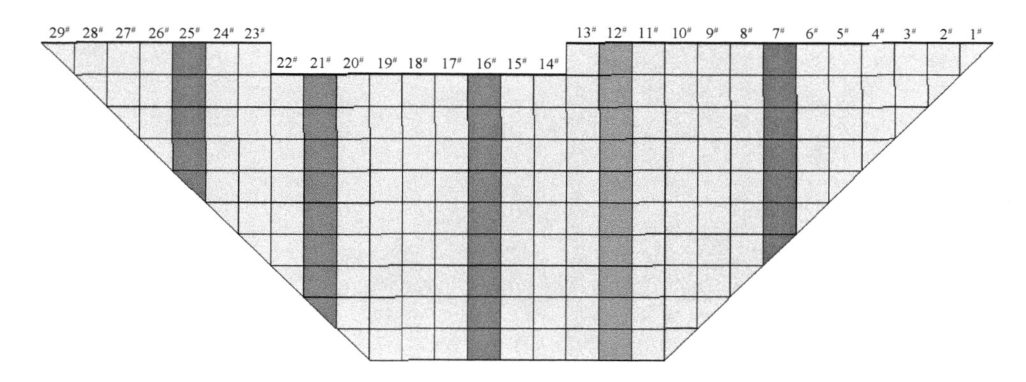

图 8.4.2 各坝段分布示意图

(1) 初值选择的敏感性分析。以非溢流坝段12# 坝段为例，假设其余坝段的弹模值均为设计值，分别取12# 坝段的初始弹模为 15 GPa 和 40 GPa，该坝段的设计弹性模量值为 26.20 GPa。利用 BFGS 拟牛顿法结合伴随变分法分别进行反演，得到的反演弹模值分别为 26.15 GPa(初始值为 15 GPa)和 26.30 GPa(初始值为 40 GPa)，其误差均在工程允许误差范围内，从反演结果看，本书提出的方法所得的反演结果受初值选择影响不敏感，反演结果如图 8.4.3 所示。

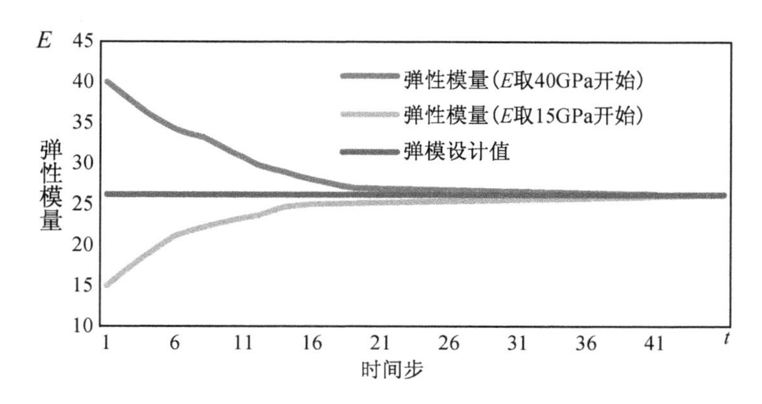

图 8.4.3 初值为 15 GPa 和 40 GPa 的弹性模量反演过程

(2) 初值选择及时间步影响分析。依然以12# 坝段作为例子，假设其余坝段的弹模值均为设计值，反演前未用式(8.3.6)进行初值反演，人为地估计初始弹模为 40 GPa，则需要最多 41 个时间步才能得到最终的结果；如果利用调整系数优化弹模初始值，则最多需要 30 个时间步就可以得到最终结果。因此，合理的初值选择可以有效减少时间消耗，提高反演效率。反演过程及结果如图8.4.4和图 8.4.5 所示。

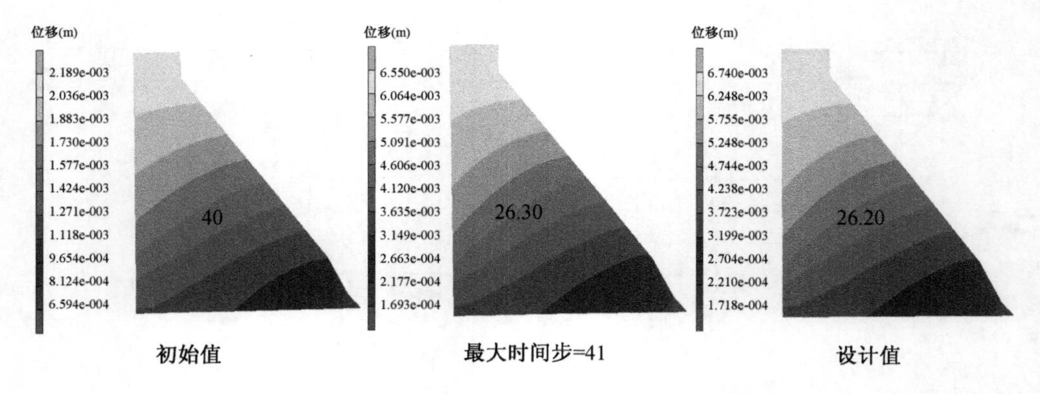

图 8.4.4　无优化初值弹性模量的反演过程及结果

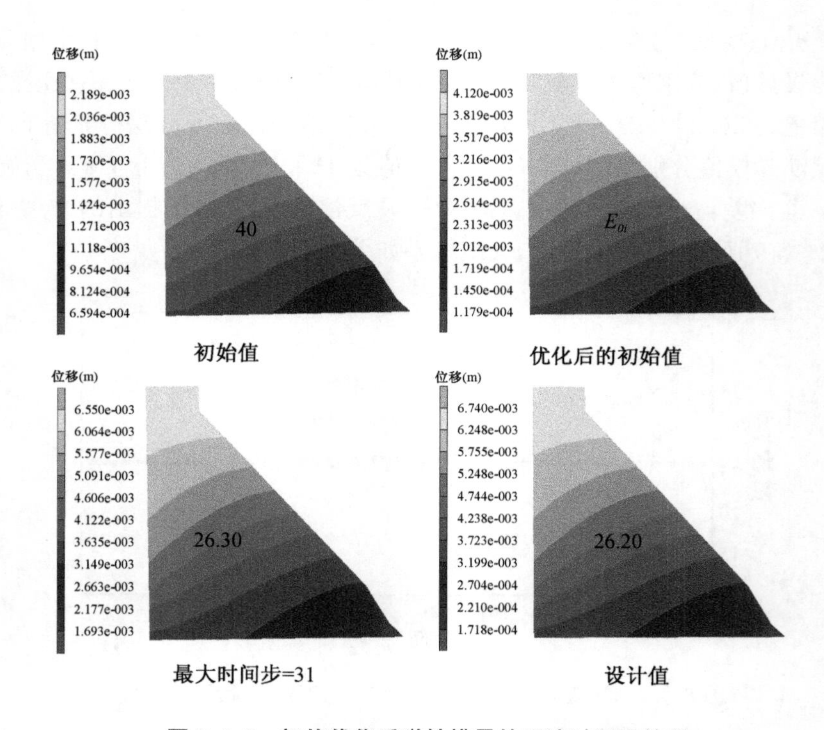

图 8.4.5　初值优化后弹性模量的反演过程及结果

由图 8.4.4 和图 8.4.5 表明，反演参数初始值的选择会影响反演的效率，利用本书提出的调整系数确定初始反演参数的方法优化初始值，能有效地提高反演的效率。利用伴随变分 BFGS 拟牛顿迭代法反演得到典型坝段的弹模 E，反演结果见表 8.4.1。

表 8.4.1　各典型坝段弹性模量反演结果与设计值对比

坝段	设计值 E^*(GPa)	反演值 E(GPa)
7#	27.00	27.15
12#	26.20	26.30
16#	26.80	26.97
21#	26.80	26.99
25#	27.80	27.63

将反演得到的弹性模量作为计算参数，利用结构有限元软件计算得到 2016 年 10 月 5 日(库水位为 269.5 m，接近正常蓄水位)上述各典型坝段坝顶测点的水压分量位移计算值，以及基于位移统计模型分离得到水压分量位移值(简称实测值)，见表 8.4.2。

表 8.4.2　典型测点计算位移的实测值与计算值对比

测点	实测值(mm)	计算值(mm)	相对误差
7#	4.49	4.35	3.12%
12#	6.74	6.55	2.82%
16#	5.05	4.81	4.75%
21#	4.99	4.76	4.61%
25#	2.81	2.92	3.91%

由表 8.4.2 可知，计算值与实测值的相对误差均在 5%以内，故此案例验证了本书所提出的物理力学参数反演方法的可行性及有效性。

为了反映混凝土坝结构服役过程物理力学参数变化，选取多个时间段分别对该混凝土坝结构物理力学参数进行反演，选取的反演时间为 2012 年 10 月 5 日、2013 年 10 月 5 日、2014 年 10 月 5 日、2015 年 10 月 5 日和 2016 年 10 月 5 日。由于该混凝土重力坝处于线弹性工作阶段，可以参照一般混凝土坝线弹性工作阶段弹性模量变化规律[式(8.2.1)]拟合参数 γ，仍以上述各典型坝段为例，拟合得到的 γ 值见表 8.4.3。

表 8.4.3　各典型坝段混凝土弹性模量过程参数变化量 γ 值

坝体	7#	12#	16#	21#	25#
γ	−0.005	−0.005	−0.006	−0.006	−0.005

为了进一步证明该方法的实用性，下面将所提出的反演方法运用于某实际工

程之中。

8.4.2 案例 2

某混凝土高拱坝工程位于我国西南部地区，拱坝坝型为抛物线型变厚度双曲拱坝，坝顶高程 1 245.0 m，建基面高程 950.5 m，最大坝高 294.5 m，坝顶长 922.74 m，拱冠梁顶宽 13 m，底宽 69.49 m。泄水建筑物由坝顶 6 个开敞式溢流表孔、6 个有压深式泄水中孔和左岸两条泄洪洞、坝后水垫塘及二道坝等部分组成。总装机容量 4 200 MW，年保证发电量 1.9×10^{7} MW·h，总库容 $1.49\times10^{10}\ m^{3}$。坝体多个坝段布设有水平位移的垂线测点，正常蓄水位 1 240 m，拱坝共分 43 个坝段，泄洪坝段宽 22 m～26 m，其余坝段宽 20 m。坝顶宽度从中心到拱端由 12 m 渐变到 16 m。拱坝最大中心角 92.791°，拱冠梁底宽 73.124 m，弧高比 3.035，厚高比 0.248，于 2012 年 10 月 31 日蓄水至正常蓄水位 1 240 m。

为了证明本书所提出方法的有效性，建立了上下游大范围含有库盘的有限元模型，其中：近坝区模型共剖分 142 455 个单元，154 960 个节点；坝体 19 559 个单元，24 889 个节点。近坝区整体模型如图 8.4.6 所示。

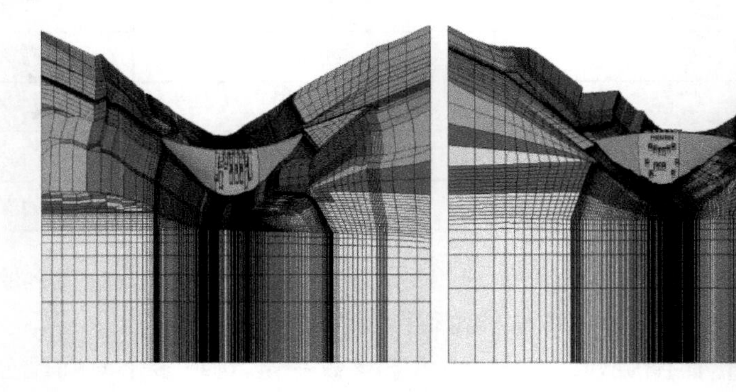

图 8.4.6　近坝区有限元模型

由于该坝为混凝土特高坝，且已经服役数年，通过对原位监测资料分析，考虑该混凝土坝处于准黏弹性工作阶段，采用伯格斯模型分析该混凝土坝服役过程性态，所需要反演的物理力学参数包括：瞬时弹性模量 E_2、黏滞系数 η_2、黏滞弹性模量 E_3 和黏滞系数 η_3。其中，瞬时弹性模量可以根据原位监测变形资料分离出的水压分量进行反演，其余流变参数可以利用分离出的时效分量进行反演。

由拱坝水平位移监测资料的时空分析可知，影响大坝变形的主要因素有水压、温度及时效，即变形主要由水压分量、温度分量和时效分量组成，即

$$\delta' = \delta'_H + \delta'_T + \delta'_\theta \tag{8.4.1}$$

式中：δ' 为原位监测变形值；δ'_H 、δ'_T 、δ'_θ 分别为水压分量、温度分量和时效分量。

考虑初始值的影响，该大坝位移统计模型为

$$\delta' = a_0 + \sum_{i=1}^{m_1}[a_{1i}(H_u^i - H_{u0}^i)] + \sum_{i=1}^{m_2}\left[b_{1i}\left(\sin\frac{2\pi it}{365} - \sin\frac{2\pi it_0}{365}\right) + b_{2i}\left(\cos\frac{2\pi it}{365} - \cos\frac{2\pi it_0}{365}\right)\right] + d_1(\theta - \theta_0) + d_2(\ln\theta - \ln\theta_0) \tag{8.4.2}$$

式中：a_0 为常数项；a_{1i} 是水压分量拟合系数；b_{1i} 、b_{2i} 是温度分量拟合系数；d_1 、d_2 是时效分量拟合系数；H_u 是当前实测资料的上游水深；H_{u0} 是垂线开始监测时所对应的上游水深；t 为监测日至始测日的累计天数；θ 取 $\frac{t}{100}$ ，θ_0 取 $\frac{1}{100}$ 。

利用位移统计模型分离得到水压分量 $\sum_{i=1}^{m_1}[a_{1i}(H_u^i - H_{u0}^i)]$ 、温度分量 $\sum_{i=1}^{m_2}\left[b_{1i}(\sin\frac{2\pi it}{365} - \sin\frac{2\pi it_0}{365}) + b_{2i}\left(\cos\frac{2\pi it}{365} - \cos\frac{2\pi it_0}{365}\right)\right]$ 和时效分量 $d_1(\theta - \theta_0) + d_2(\ln\theta - \ln\theta_0)$ 。

将对应的变形分量从该大坝统计模型中分离出来后，选取正常蓄水位工况，利用式(8.3.6)计算得到物理力学参数初始值$\boldsymbol{M}_0$，将得到的初始值 $\boldsymbol{M}_0$ 代入有限元软件计算出变形值 $\boldsymbol{\delta}$ 。首次达到正常蓄水位 1 240 m 时，该拱坝坝体径向位移水压分量变化规律如图 8.4.7 所示。通过以上分析，建立目标函数 W，并利用伴随变分 BFGS 拟牛顿迭代法进行反演分析，典型坝段坝体混凝土主要物理力学参数反演结果如表 8.4.4 所示。

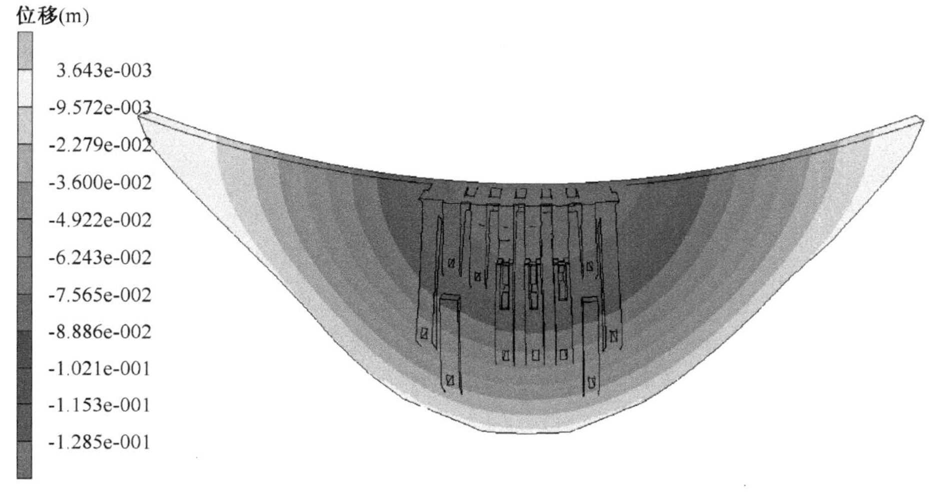

图 8.4.7　坝体径向位移水压分量变化云图

表 8.4.4　典型坝段坝体混凝土主要物理力学参数反演结果

典型坝段		拱冠梁坝段 A（坝体）	右 1/4 拱坝段 B（坝体）	左 1/4 拱坝段 C（坝体）
参数	瞬时弹性模量 E_2（GPa）	26.78	26.06	25.14
	黏滞系数 η_2（10^8 GPa · s）	205.00	211.00	210.00
	黏滞弹性模量 E_3（GPa）	82.00	80.00	80.00
	黏滞系数 η_3（10^8 GPa · s）	23.50	24.00	23.00

为了反映混凝土坝结构服役过程物理力学参数变化，选取多个时间段分别对该混凝土坝结构物理力学参数进行反演，选取的反演时间为 2012 年 11 月 5 日、2013 年 11 月 5 日、2014 年 11 月 5 日、2015 年 11 月 5 日和 2016 年 11 月 5 日。由于该混凝土坝处于准黏弹性工作阶段，由 8.2.2 节可知，需要反演的物理力学参数包括：瞬时弹性模量 E_2 、黏滞系数 η_2 、黏滞弹性模量 E_3 和黏滞系数 η_3 ，需要确定的待定参数为 a 、b 、c 、d 、f 、α 和 β ，经最优化分析得到上述待定参数见表 8.4.5所示。

表 8.4.5　混凝土坝服役过程待定参数分析结果

待定参数	a	b	c	d	f	α	β
拟合值	0.908	0.087	23.252	−0.005	−0.008	1.031	0.061

将待定参数拟合结果代入式(8.2.2)、式(8.2.3)、式(8.2.11)和式(8.2.12)中可以得到：

$$E_2(t) = E_2(t_0)e^{-0.005t} \tag{8.4.3}$$

$$\eta_2(t) = \eta_2(t_0)e^{-0.008t} \tag{8.4.4}$$

$$E_3(t) = E_3(t_0)\left[0.908 + 0.087e^{-\frac{t}{23.252}}\right] \tag{8.4.5}$$

$$\eta_3(t) = \eta_3(t_0)\frac{t}{t_0(1.031 + 0.061t)} \tag{8.4.6}$$

式(8.4.3)、式(8.4.4)、式(8.4.5)和式(8.4.6)反映了该混凝土坝服役过程中参数的变化规律，代入式(8.2.16)中，即可以分析该混凝土坝处于准黏弹性阶段的服役过程性态。

第9章 混凝土坝服役过程性态转异分析理论和方法

9.1 概述

上一章主要研究了裂缝和渗流等因素作用下混凝土坝服役过程性能劣化分析方法，如果大坝服役过程中性能劣化达到一定程度，有可能发生性态转异。因此，在前几章研究的基础上，进一步研究混凝土坝服役过程性态转异辨识方法。众所周知，在混凝土坝服役过程性态转异中一般存在一个或多个转异点，为了有效地对混凝土坝服役过程性态转异进行识别，通常在混凝土坝中埋设大量的监测仪器对混凝土坝效应量进行监测。效应量测值的变化可以客观地反映混凝土坝结构性质的变化，若效应量产生异常变化，则反映了混凝土坝服役过程性态可能发生转异。为了确定转异时刻及转异部位，基于原位监测资料中效应量的变化，学者们提出了相平面空间法[268]、突变理论法[269]和云模型法[270]等对混凝土坝服役过程性态转异进行识别，然而这些方法均存在一定的局限性。

针对上述问题，本章在对基于小波的混凝土坝服役过程性态转异相平面分析模型建模原理及局限性研究基础上，进一步探讨混凝土坝服役过程性态转异面板数据模型的构建技术，提出混凝土坝服役过程性态转异面板数据模型分析方法，据此确定混凝土坝服役过程性态转异的位置及转异时刻。

9.2 混凝土坝服役过程性态转异分析模型

针对混凝土坝服役过程性态转异问题，学者们曾尝试利用小波方法从单点监测效应量中分离出趋势性效应分量，在此基础上，基于相平面空间法对混凝土坝服役过程性态转异进行辨识，该方法的建模原理如下。

9.2.1 基于小波的混凝土坝服役过程性态转异相平面分析模型

9.2.1.1 小波法分离趋势性效应分量

通过对混凝土坝服役过程趋势性效应的分析，判断混凝土坝服役过程性态是否发生过转异以及转异发生的时间，在此过程中必须要提取混凝土坝服役过程性态变化趋势效应量。通常采用小波理论对混凝土坝服役过程性态监测数据进行分析，进而提取趋势性效应分量。

在混凝土坝服役过程性态监测数据小波分析中，设小波母函数 $\psi(t)$ 满足如下条件：

$$\int_{\boldsymbol{R}} \frac{|\hat{\psi}(\omega)|^2}{|\omega|} \mathrm{d}\omega < \infty \tag{9.2.1}$$

式中：$\hat{\psi}(\omega)$ 为 $\psi(t)$ 的傅立叶变换；ω 为频率。

对小波母函数 $\psi(t)$ 进行变换，即可得到小波基函数：

$$\psi_{a,b}(t) = \frac{1}{\sqrt{a}}\psi\left(\frac{t-b}{a}\right), a,b \in \boldsymbol{R}, a > 0 \tag{9.2.2}$$

式中：a 为尺度因子；b 为位移因子。

对于任意函数 $f(t)$ 的小波变换为

$$W_f(a,b) = \langle f, \psi_{a,b} \rangle = \frac{1}{\sqrt{a}}\int_{\boldsymbol{R}} f(t)\, \overline{\psi\left(\frac{t-b}{a}\right)} \mathrm{d}t \tag{9.2.3}$$

式中：$\langle \cdot, \cdot \rangle$ 表示内积。

式(9.2.3)中，尺度因子 a 和位移因子 b 是连续变化的，但在实际工程中，无法对所有 a 、b 的所有取值都计算，因此需要对尺度因子和位移因子进行离散，离散过程如下。

(1) 尺度因子 a 离散化：幂级数离散化，a 取为 a_0^0 ，a_0^1 ，…，a_0^j 。

(2) 位移因子 b 离散化：对于某尺度因子 a_0^j ，使位移因子以 $a_0^j b_0$ 作为采样间隔，其中 b_0 为 $j = 0$ 时的均匀采样间隔。

此时 $\psi_{a,b}(t)$ 变为

$$a_0^{-\frac{j}{2}} \psi[a_0^{-j}(t - k a_0^j b_0)], j = 0,1,2,\cdots,k \tag{9.2.4}$$

在混凝土坝服役性态监测数据小波分析时，可取 $a_0 = 2$ ，$b_0 = 1$ ，此时 $\psi_{a,b}(t)$ 变为

$$\psi_{j,k}(t) = 2^{-\frac{j}{2}} \psi(2^{-j}t - k) \tag{9.2.5}$$

对于实测信号 $f(t)$ 的离散小波变换为

$$W_f(j,k) = \langle f, \psi_{j,k} \rangle = 2^{-\frac{j}{2}} \int_{\boldsymbol{R}} f(t)\, \overline{\psi(2^{-j}t - k)} \mathrm{d}t \tag{9.2.6}$$

函数式(9.2.5)在不同尺度 j 下，随着 k 的变化，形成不同的尺度空间 $\{V_j\}$ 。若子空间 W_{j+1} 与 V_j 满足如下关系式：

$$V_j = W_{j+1} \oplus V_{j+1}, W_{j+1} \perp V_{j+1} \tag{9.2.7}$$

则 W_{j+1} 为 V_j 的正交补空间，有

$$V_0 = W_1 \oplus V_1 = W_1 \oplus W_2 \oplus V_2 = W_1 \oplus \cdots \oplus W_j \oplus V_j \tag{9.2.8}$$

混凝土坝服役过程性态监测数据是一系列实测数字信号，由 $V_{j-1} = W_j \oplus V_j$ 可知，信号在 V_i 的投影为其低频部分，记为 A_j ，在 W_i 上的投影为其高频部分记为 D_j ，以此类推，可以将信号逐级分解。

用小波的方法对混凝土坝服役过程性态监测数据进行分解，可近似地去除受水压、温度变化以及随机因素和误差影响的高频率部分，剩下的低频部分则近似表征混凝土坝服役过程性态监测数据的趋势性效应分量。

9.2.1.2　构造混凝土坝服役过程性态相平面模型

相空间重构是根据有限的数据来重构吸引子以研究系统的动力行为的方法，围绕混凝土坝服役过程性态的时变过程，采取导数重构法来重构相空间。导数重构法将系统某变量 $x(t)$ 的各阶导数等价于系统的拓扑从而重构相空间，若重建的相空间维数 m 足够大($m \geqslant 2D+1$ ，D 为吸引子的分维)，则奇怪吸引子的拓扑特性不会改变，即可在相空间中重现系统的特性。

混凝土坝服役过程性态转异受多因素的影响，这些因素归根结底由混凝土坝服役过程性态监测数据时效分量进行表征。由于小波分离原理的局限性，小波法只能分离出混凝土坝服役过程性态监测数据的趋势性效应分量，在此基础上，利用趋势性效应分量近似表征时效分量，并对其进行相空间重构：

$$\dot{\delta}_\theta = f(\delta_\theta, \alpha) \tag{9.2.9}$$

式中：δ_θ 为混凝土坝服役过程性态监测数据趋势性效应；$\dot{\delta}_\theta$ 为趋势性效应变化率；α 为参数。

$\dot{\delta}_\theta$ 和 δ_θ 表征了式(9.2.9)在任一时刻的运动状态，称之为相。$\dot{\delta}_\theta$ 和 δ_θ 为相点，$(\delta_\theta, \dot{\delta}_\theta)$ 为相平面。以 δ_θ 为横坐标，$\dot{\delta}_\theta$ 为纵坐标，可以作出 $(\delta_\theta, \dot{\delta}_\theta)$ 变化过程线，从而重构了相平面，利用相平面对混凝土坝服役过程性态转异进行粗略辨识。

9.2.2　混凝土坝服役过程性态转异面板数据模型

针对基于小波的混凝土坝服役过程性态转异相平面分析模型的不足，同时为便于方法间分析比较，下面进一步研究基于面板数据模型构建混凝土坝服役过程

性态分析模型的方法，据此为大坝服役过程性态转异的有效辨识提供理论基础。

面板数据模型指一部分个体在一段时期内某变量的监测值所构成的多维数据集合，简单来说就是在时间序列上取多个截面，把截面数据和时间序列数据融合在一起的数据形式。从个体的角度来看，每个个体都是一个时间序列。面板数据模型同时具有截面数据模型和时间序列模型的分析功能[271]。其优点有：控制异质性，能够提供更多的信息、更多的变化、更高的自由度和更高的估计效率，渐近分布标准化，减少数据偏倚性，降低多重共线性。面板数据模型的一般表达式为

$$y_{it} = \beta X_{it} + \nu_{it} + \varepsilon \quad i = 1,\cdots,N; t = 1,\cdots,T \tag{9.2.10}$$

式中：i 为个体下标；t 为时间下标；N 为个体数；T 为时间序列的长度；y_{it} 为因变量；X_{it} 为自变量；β 为模型待估参数；ε 为时空上的共同均值项；ν_{it} 为误差项。将误差项 ν_{it} 拆分为三个变量 $\nu_{it} = \alpha_i + \eta_t + \gamma_{it}$，$\alpha_i$ 为只随着个体变化和时间无关的变量；η_t 为与时间变化有关与个体无关的变量；γ_{it} 为既随着时间变化也随个体变化的变量。

9.2.2.1 混凝土坝服役过程性态面板数据模型形式

实际工程中往往在坝体、坝基和库盘等位置布置监测变形、应力应变及渗流的仪器，以全面掌握混凝土坝服役过程性态，及时发现混凝土坝可能发生的服役过程性能劣化甚至性态转异。所有监测点共同组成了混凝土坝服役过程性态监测网，形成对坝体表面、内部、坝基以及库盘等结构系统的全面监测。通过对服役混凝土坝大量监测点长时间的监测，可以得到 N 个监测点在 T 个不同时期的一系列监测值 $\boldsymbol{D}_{it}$，监测效应量组成矩阵 $\boldsymbol{X}_{it}$，则混凝土坝服役过程性态面板数据模型的一般形式为

$$\boldsymbol{X}_{it} = \begin{bmatrix} x_{11} & x_{12} & \cdots & x_{1t} \\ x_{21} & x_{22} & \cdots & x_{2t} \\ \vdots & \vdots & \ddots & \vdots \\ x_{i1} & x_{i2} & \cdots & x_{it} \end{bmatrix} \boldsymbol{D}_{it} = \begin{bmatrix} D_{11} & D_{12} & \cdots & D_{1t} \\ D_{21} & D_{22} & \cdots & D_{2t} \\ \vdots & \vdots & \ddots & \vdots \\ D_{i1} & D_{i2} & \cdots & D_{it} \end{bmatrix}$$

$$(i = 1,2,\cdots,N\ ;\ t = 1,2,\cdots,T)$$

$$\boldsymbol{D}_{it} = \boldsymbol{\beta X}_{it} + \boldsymbol{\nu}_{it} + \varepsilon \tag{9.2.11}$$

式中：i 为监测点个数；t 为监测时间序列；$\boldsymbol{D}_{it}$ 包含了横截面维度 N 和时间维度 T 两个维度信息。与单纯的横截面序列或时间序列相比，此类面板数据格式同时包含了坝体、坝基和库盘不同部位的关联信息和动态变化信息，更多的变化，更少的共线性，更高的估计效率，充分反映了所有监测值的有效信息，并兼顾了存在于横截面序列中的结构内在关联性和时间序列中的时间效应。

综上所述，面板数据模型明显优于单纯的横截面序列或时间序列模型，因此，下面将具体研究面板数据模型的分析、检验及参数估计的方法。

一般的混凝土坝服役过程性态单向面板数据模型形式为

$$\boldsymbol{D}_{it}=\beta_i\boldsymbol{X}_{it}+\alpha_i+\gamma_{it}(i=1,2,\cdots,N;t=1,2,\cdots,T) \tag{9.2.12}$$

根据参数的不同可以分为3种情况。

情况1：$\boldsymbol{D}_{it}=\beta_i\boldsymbol{X}_{it}+\alpha_i+\gamma_{it}$（变系数面板数据模型）

情况2：$\boldsymbol{D}_{it}=\beta\boldsymbol{X}_{it}+\alpha_i+\gamma_{it}$（变截距面板数据模型）

情况3：$\boldsymbol{D}_{it}=\beta\boldsymbol{X}_{it}+\alpha+\gamma_{it}$（固定截距及固定系数面板数据模型）

面板数据模型对应不同情况设定的假设如下。

假设1：$\beta_i\neq\beta_j,\alpha_i\neq\alpha_j$

假设2：$\beta_i=\beta_j,\alpha_i\neq\alpha_j$

假设3：$\beta_i=\beta_j,\alpha_i=\alpha_j$

对于混凝土坝服役过程性态面板数据模型，本书将采用F检验来分析模型的有效性，并确定其相应的参数，F检验的流程如下。

(1) 计算$W_i(i=1,2,3)$，W_i表示对情况$i(i=1,2,3)$进行最小二乘估计所得的残差平方和，则

$$\frac{W_1}{\sigma_u^2}\sim\chi^2[N(T-M-1)],\frac{W_2}{\sigma_u^2}\sim\chi^2[N(T-1)-M],\frac{W_3}{\sigma_u^2}\sim\chi^2[NT-M-1)] \tag{9.2.13}$$

式中：T为时间序列长度；N为监测点个数；M为自变量个数。

(2) 给定显著性水平θ，首先检验假设3，即

$$F_3=\frac{(W_3-W_1)/[(N-1)(M+1)]}{W_1/[N(T-1-M)]},F_3\sim F[(N-1)(M+1),N(T-1-K)] \tag{9.2.14}$$

当$F_3<F_\theta[(N-1)(M+1),N(T-1-K)]$时，则接受假设3，说明模型中的参数与个体变化无关，模型为情况3。否则，进行假设2的检验。

(3) 检验假设2，检验方程为

$$F_2=\frac{(W_2-W_1)/(N-1)M}{W_1/[N(T-1-M)]},F_2\sim F[(N-1)M,N(T-1-K)] \tag{9.2.15}$$

当$F_2<F_\theta[(N-1)M,N(T-1-K)]$时，则接受假设2，即模型系数之间并未有显著差异，模型为情况2，反之，模型为情况1。

由 F 检验可确定混凝土坝服役过程性态面板数据模型的参数类型。

9.2.2.2 固定效应面板数据模型与随机效应面板数据模型

混凝土坝服役过程性态面板数据模型中的效应量可表示为两个部分，自变量 $\boldsymbol{X}_1,\cdots,\boldsymbol{X}_N$ 表示所有测点的共同内变量，特异效应量 $\alpha_1,\cdots,\alpha_i$ 反映不同测点的差异性，这种特异效应量的取值有两种情况，即固定效应模型和随机效应模型，其形式如下：

$$\boldsymbol{D}_{it}=\alpha_i^*+\boldsymbol{\beta X}_{it}+\gamma_{it}\quad(i=1,2,\cdots,N;t=1,2,\cdots,T)\tag{9.2.16}$$

$$\boldsymbol{D}_{it}=\alpha_i+\boldsymbol{\beta X}_{it}+\gamma_{it}\quad(i=1,2,3\cdots,N;t=1,2,3\cdots,T)\tag{9.2.17}$$

式中：$\boldsymbol{D}_{it}$ 为混凝土坝监测值序列；$\boldsymbol{X}_{it}$ 为自变量；$\boldsymbol{X}_{it}=\begin{bmatrix}x_{11}&x_{12}&\cdots&x_{1t}\\x_{21}&x_{22}&\cdots&x_{2t}\\\vdots&\vdots&\ddots&\vdots\\x_{i1}&x_{i2}&\cdots&x_{it}\end{bmatrix}$；$\boldsymbol{\beta}=[a_0,a_1,a_2,a_3,a_4,b_1,\cdots,b_m,c_1,c_2]^{\mathrm{T}}$；$\gamma_{it}$ 满足 $E(\gamma_{it}|x_{i1},\cdots,x_{iT})=0$ 和 $\gamma_{it}\overset{iid}{\sim}(0,\sigma_\gamma^2)$；$\alpha_i^*$ 为混凝土坝不同测点特异性的固定效应，它刻画了混凝土坝不同部位固有的特异效应量，反映了混凝土坝不同测点效应量的差异性；α_i 为混凝土坝不同测点监测值的随机效应，对于混凝土坝所有测点 i 和时间 t，每个监测点的特异效应是一个随机变量，可根据 α_i 的分布情况进一步反映混凝土坝不同部位的差异引起的效应量差异，表征了外界复杂因素导致的服役混凝土坝不同部位变化的特异效应。

在实际工程中，需选取适合的面板数据模型，即需要对模型的形式进行选择，本书选择 Hausman 检验对模型形式进行选择，该检验方法是通过对随机误差项与变量之间的相关性检验来确定选择固定效应还是随机效应，令 GLS 估计 $\hat{\boldsymbol{\beta}}_{\mathrm{GLS}}$ 与组内 $\hat{\boldsymbol{\beta}}_{\mathrm{within}}$ 估计的差值为 $\hat{\boldsymbol{M}}_1$，则

$$\hat{\boldsymbol{M}}_1=\hat{\boldsymbol{\beta}}_{\mathrm{GLS}}-\hat{\boldsymbol{\beta}}_{\mathrm{within}}\tag{9.2.18}$$

式中：$\hat{\beta}_{\mathrm{GLS}}$ 为 GLS 估计量；$\hat{\beta}_{\mathrm{within}}$ 为组内估计量。

Hausman 检验原假设为 $H_0:E(v_{it}|\boldsymbol{X}_{it})=0$；备择假设为 $H_1:\mathrm{E}(v_{\mathrm{it}}|\boldsymbol{X}_{it})\neq0$。在原假设 H_0 成立时，有效估计量与它的非有效估计量差值的协方差应当为 0，有 $p\lim\hat{\boldsymbol{M}}_1=0$，$Cov(\hat{\boldsymbol{M}}_1,\hat{\boldsymbol{\beta}}_{\mathrm{GLS}})=0$。由于 $\hat{\boldsymbol{\beta}}_{\mathrm{within}}-\boldsymbol{\beta}=(\boldsymbol{X}'\boldsymbol{QX})^{-1}\boldsymbol{X}'\boldsymbol{Q}\gamma$，$\hat{\boldsymbol{\beta}}_{\mathrm{GLS}}-\boldsymbol{\beta}=(\boldsymbol{X}\Phi^{-1}\boldsymbol{X})^{-1}\boldsymbol{X}\Phi^{-1}\gamma$，有

$$E(\boldsymbol{M}_1')=0,\ Cov(\hat{\boldsymbol{\beta}}_{\mathrm{GLS}},\hat{\boldsymbol{M}}_1)=Var(\hat{\boldsymbol{\beta}}_{\mathrm{GLS}})-Cov(\hat{\boldsymbol{\beta}}_{\mathrm{GLS}},\hat{\boldsymbol{\beta}}_{\mathrm{within}})=0,\ \hat{\boldsymbol{\beta}}_{\mathrm{within}}=\hat{\boldsymbol{\beta}}_{\mathrm{GLS}}-\hat{\boldsymbol{M}}_1\tag{9.2.19}$$

则

$$Var(\hat{\boldsymbol{\beta}}_{\text{within}}) = Var(\hat{\boldsymbol{\beta}}_{\text{GLS}}) + Var(\hat{\boldsymbol{M}}_1) \tag{9.2.20}$$

由此得到

$$Var(\hat{\boldsymbol{M}}_1) = Var(\hat{\boldsymbol{\beta}}_{\text{within}}) - Var(\hat{\boldsymbol{\beta}}_{\text{GLS}}) = \sigma_\gamma^2[(\boldsymbol{X}^{\mathrm{T}}\boldsymbol{Q}\boldsymbol{X})^{-1} - (\boldsymbol{X}^{\mathrm{T}}\boldsymbol{\Phi}^{-1}\boldsymbol{X})^{-1}] \tag{9.2.21}$$

Hausman 检验统计量为

$$F_1 = \hat{\boldsymbol{M}}_1' [Var(\hat{\boldsymbol{M}}_1)]^{-1} \hat{\boldsymbol{M}}_1 \tag{9.2.22}$$

原假设 $H_0: E(v_{it} \mid \boldsymbol{X}_{it}) = 0$ 成立时，F_1 的渐近分布为 χ_M^2，M 为斜率向量 $\boldsymbol{\beta}$ 的维数。

在此基础上，为了保证混凝土坝服役过程性态面板数据模型的适用性，可以增加两个统计量进行检验，设

$$\hat{\boldsymbol{M}}_2 = \hat{\boldsymbol{\beta}}_{\text{GLS}} - \hat{\boldsymbol{\beta}}_b\ ,\ \hat{\boldsymbol{M}}_3 = \hat{\boldsymbol{\beta}}_{\text{within}} - \hat{\boldsymbol{\beta}}_b \tag{9.2.23}$$

式(9.2.23)中 $\hat{\beta}_b$ 为组间估计量，则检验统计量为

$$F_2 = \hat{\boldsymbol{M}}_2' [Var(\hat{\boldsymbol{M}}_2)]^{-1} \hat{\boldsymbol{M}}_2\ ,\ F_3 = \hat{\boldsymbol{M}}_3' [Var(\hat{\boldsymbol{M}}_3)]^{-1} \hat{\boldsymbol{M}}_3 \tag{9.2.24}$$

原假设 $H_0: E(v_{it} \mid \boldsymbol{X}_{it}) = 0$ 成立时，F_2 和 F_3 的渐近分布都为 χ_M^2。

综上分析，如果 $E(v_{it} \mid \boldsymbol{X}_{it}) = 0$ 成立，说明模型中不可监测的因素是随机变化的，与自变量无关，可以选择随机效应模型；而当 $E(v_{it} \mid \boldsymbol{X}_{it}) = 0$ 不成立时，说明模型中不可监测的因素与自变量具有相关性，对模型的影响具有可测性，应选择固定效应模型。

9.2.2.3　面板数据模型随机系数的估计

对于混凝土坝服役过程性态固定系数面板数据模型，由于模型中的自变量 X_i 对所有测点 i 都相同，故可以使用最小二乘估计量对固定系数进行有效估计。而对于混凝土坝服役过程性态随机系数面板数据模型，传统最小二乘法与简单的回归分析已不再适用，随机系数面板数据模型系数 $\boldsymbol{\beta}_i$ 是由模型系数均值 $\bar{\boldsymbol{\beta}}$ 与不同测点对共同均值 $\bar{\boldsymbol{\beta}}$ 的随机偏差 $\boldsymbol{\varphi}_i$ 组成的，为了对混凝土坝服役过程性态随机系数面板数据模型系数 $\boldsymbol{\beta}_i$ 进行有效估计，重点需研究模型系数均值 $\bar{\boldsymbol{\beta}}$ 的估计方法。

模型系数均值 $\bar{\boldsymbol{\beta}}$ 的最优线性无偏估计量是广义最小二乘(GLS)估计量：

$$\hat{\bar{\boldsymbol{\beta}}}_{\text{GLS}} = (\sum_{i=1}^{N} \boldsymbol{X}_i' \boldsymbol{\xi}_i^{-1} \boldsymbol{X}_i)^{-1} (\sum_{i=1}^{N} \boldsymbol{X}_i' \boldsymbol{\xi}_i^{-1} \boldsymbol{D}_i) = \sum_{i=1}^{N} \boldsymbol{R}_i \hat{\boldsymbol{\beta}}_i \tag{9.2.25}$$

由 Rao[239] 等提出的公式，可以得到：

$$
\begin{aligned}
\boldsymbol{X}_i'\boldsymbol{\xi}_i^{-1}\boldsymbol{X}_i &= \boldsymbol{X}_i'(\sigma_i^2\boldsymbol{I}+\boldsymbol{X}_i\boldsymbol{\Delta}\boldsymbol{X}_i')^{-1}\boldsymbol{X}_i \\
&= \boldsymbol{X}_i'\left[\frac{1}{\sigma_i^2}\boldsymbol{I}_T-\frac{1}{\sigma_i^2}\boldsymbol{X}_i(\boldsymbol{X}_i'\boldsymbol{X}_i+\sigma_i^2\boldsymbol{\Delta}^{-1})^{-1}\boldsymbol{X}_i'\right]\boldsymbol{X}_i \\
&= \frac{1}{\sigma_i^2}[\boldsymbol{X}_i'\boldsymbol{X}_i-\boldsymbol{X}_i'\boldsymbol{X}_i\{(\boldsymbol{X}_i'\boldsymbol{X}_i)^{-1}-(\boldsymbol{X}_i'\boldsymbol{X}_i)^{-1} \\
&\quad\times\left[(\boldsymbol{X}_i'\boldsymbol{X}_i)^{-1}+\frac{1}{\sigma_i^2}\boldsymbol{\Delta}\right]^{-1}(\boldsymbol{X}_i'\boldsymbol{X}_i)^{-1}\}\boldsymbol{X}_i'\boldsymbol{X}_i] \\
&= [\boldsymbol{\Delta}+\sigma_i^2(\boldsymbol{X}_i'\boldsymbol{X}_i)^{-1}]^{-1}
\end{aligned}
\tag{9.2.26}
$$

式(9.2.25)中的 $\boldsymbol{R}_i$ 为

$$
\boldsymbol{R}_i=\{\sum_{i=1}^{N}[\boldsymbol{\Delta}+\sigma_i^2(\boldsymbol{X}_i'\boldsymbol{X}_i)^{-1}]^{-1}\}^{-1}[\boldsymbol{\Delta}+\sigma_i^2(\boldsymbol{X}_i'\boldsymbol{X}_i)^{-1}]^{-1},\ \hat{\boldsymbol{\beta}}_i=(\boldsymbol{X}_i'\boldsymbol{X}_i)^{-1}\boldsymbol{X}_i'\boldsymbol{D}_i \tag{9.2.27}
$$

式(9.2.25)最后一个等式表明，该GLS估计量是每个横截面单元的最小二乘估计量的矩阵加权平均，权重与它们的协方差矩阵成反比；该式还表明GLS估计量仅要求M阶矩阵可逆，其中GLS估计量的协方差矩阵为

$$
\hat{\varphi}^2=Var(\hat{\bar{\boldsymbol{\beta}}}_{\mathrm{GLS}})=(\sum_{i=1}^{N}\boldsymbol{X}_i'\boldsymbol{\xi}_i^{-1}\boldsymbol{X}_i)^{-1}=\{\sum_{i=1}^{N}[\boldsymbol{\Delta}+\sigma_i^2(\boldsymbol{X}_i'\boldsymbol{X}_i)^{-1}]^{-1}\}^{-1} \tag{9.2.28}
$$

为了满足式(9.2.28)，首先计算残差 $\hat{\boldsymbol{\gamma}}_i=\boldsymbol{D}_i-\boldsymbol{X}_i\hat{\boldsymbol{\beta}}_i$，即可得到 σ_i^2 和 $\boldsymbol{\Delta}$ 的无偏估计量为

$$
\hat{\sigma}_i^2=\frac{\hat{\boldsymbol{\gamma}}_i'\hat{\boldsymbol{\gamma}}_i}{T-M}=\frac{1}{T-M}\boldsymbol{D}_i'[\boldsymbol{I}-\boldsymbol{X}_i(\boldsymbol{X}_i'\boldsymbol{X}_i)^{-1}\boldsymbol{X}_i']\boldsymbol{D}_i \tag{9.2.29}
$$

$$
\hat{\boldsymbol{\Delta}}=\frac{1}{N-1}\sum_{i=1}^{N}(\hat{\boldsymbol{\beta}}_i-N^{-1}\sum_{i=1}^{N}\hat{\boldsymbol{\beta}}_i)(\hat{\boldsymbol{\beta}}_i-N^{-1}\sum_{i=1}^{N}\hat{\boldsymbol{\beta}}_i)'-\frac{1}{N}\sum_{i=1}^{N}\hat{\sigma}_i^2(\boldsymbol{X}_i'\boldsymbol{X}_i)^{-1} \tag{9.2.30}
$$

估计量式(9.2.30)不一定是正定的，若出现负值情形，则采用式(9.2.31)：

$$
\hat{\Delta}=\frac{1}{N-1}\sum_{i=1}^{N}(\hat{\boldsymbol{\beta}}_i-N^{-1}\sum_{i=1}^{N}\hat{\boldsymbol{\beta}}_i)(\hat{\boldsymbol{\beta}}_i-N^{-1}\sum_{i=1}^{N}\hat{\boldsymbol{\beta}}_i)' \tag{9.2.31}
$$

在式(9.2.25)中用 $\hat{\sigma}_i^2$ 和 $\hat{\boldsymbol{\Delta}}$ 代替 σ_i^2 和 $\boldsymbol{\Delta}$ 后，则 $\bar{\boldsymbol{\beta}}$ 的估计量是渐近正态分布的有效估计量，该GLS估计量的协方差矩阵是式(9.2.28)的逆，即

$$Var(\hat{\bar{\boldsymbol{\beta}}}_{\text{GLS}})^{-1} = N\boldsymbol{\Delta}^{-1} - \boldsymbol{\Delta}^{-1}\left[\sum_{i=1}^{N}\left(\boldsymbol{\Delta}^{-1} + \frac{1}{\sigma_i^2}\boldsymbol{X}'_i\boldsymbol{X}_i\right)^{-1}\right]\boldsymbol{\Delta}^{-1} \\ = O(N) - O(N/T) \tag{9.2.32}$$

故它的收敛速度是 $N^{1/2}$ 。

通过以上方法，可以对面板数据模型共同均值系数 $\bar{\boldsymbol{\beta}}$ 进行有效的参数估计，在此基础上，从不同时间对大坝不同测点重复监测的角度考察样本的抽样性质，从而对随机偏差 $\boldsymbol{\varphi}_i$ 进行估计，并与共同均值系数 $\bar{\boldsymbol{\beta}}$ 相结合，就可以得到混凝土坝服役过程性态随机系数面板数据模型系数 $\boldsymbol{\beta}_i$ 的有效参数估计。

综上所述，对监测数据处理后代入混凝土坝服役过程性态面板数据模型一般形式，选择面板数据模型的模式，对模型系数进行估计，最终建立混凝土坝服役过程性态面板数据模型，利用建立的面板数据模型对混凝土坝服役过程性态转异进行辨识。

9.3　混凝土坝服役过程性态转异识别方法

上节研究了传统的基于小波分解的混凝土坝服役过程性态转异相平面分析模型，在此基础上，建立了混凝土坝服役过程性态面板数据模型，旨在用于混凝土坝服役过程性态转异识别。传统的基于小波分解的混凝土坝服役过程性态转异相平面分析模型通常只能对性态转异进行粗略识别，其分析精度依赖于小波对趋势性效应分量表征的时效分量的准确性；本书建立的混凝土坝服役过程性态面板数据模型可以对混凝土坝服役过程性态转异时刻及转异位置进行识别，且对效应量没有依赖性，克服了传统转异识别法的缺点。为便于不同方法的效果比较，下面在研究基于小波分解的混凝土坝服役过程性态转异相平面识别法的基础上，着重研究面板数据模型识别混凝土坝服役过程性态转异的方法。

9.3.1　基于小波的混凝土坝服役过程性态转异相平面模型识别方法

利用小波分解，从混凝土坝服役过程性态监测资料中分离出趋势性效应分量近似地作为时效分量，并对其进行相空间重构。对于服役期间的混凝土坝，若性态发生转异，则其趋势性效应分量由平稳变化转变为非线性增大变化，如图 9.3.1 所示。利用导数重构法重构其相平面，如图 9.3.2 所示。由图 9.3.1 和图 9.3.2 可见，在 t_0—t_A 段，混凝土坝趋势性效应分量 δ_θ 增大的速率 $\dot{\delta}_\theta$ 逐渐减小，而在 t_A—t_1 时段，趋势性效应分量增大速率逐渐增大，在 t_A 时刻，混凝土坝趋势性效应分量增长规律发生突然转变，即混凝土坝服役过程性态转异时刻，t_A 为混凝土坝服役过程性态转异点，其在相平面中表现为该时刻趋势性效应分量的二阶导数 $\ddot{\delta}_\theta = 0$ ，即相轨道产生了拐点，可以通过式(9.3.1)进行判断，即：

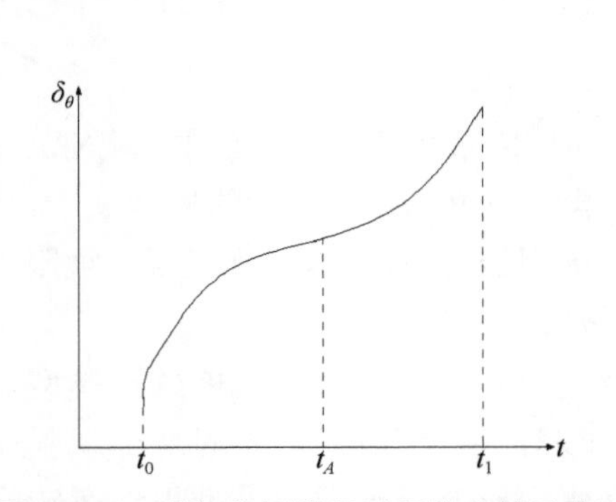

图 9.3.1　混凝土坝服役过程性态转异典型趋势性效应分量示意图

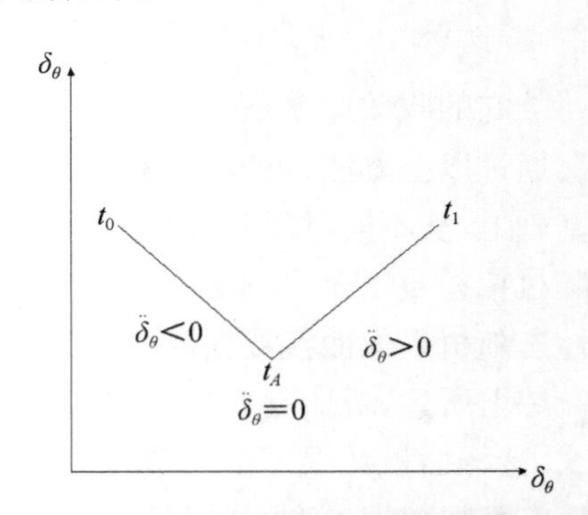

图 9.3.2　混凝土坝服役性态转异典型趋势性效应分量相平面

$$\begin{cases} \dot{\delta}_\theta = \dfrac{\mathrm{d}\delta_\theta}{\mathrm{d}t} \geqslant 0 & t_0 \leqslant t \leqslant t_1 \\ \ddot{\delta}_\theta = \dfrac{\mathrm{d}^2\delta_\theta}{\mathrm{d}t^2} < 0 & t_0 \leqslant t < t_A \\ \ddot{\delta}_\theta = \dfrac{\mathrm{d}^2\delta_\theta}{\mathrm{d}t^2} = 0 & t = t_A \\ \ddot{\delta}_\theta = \dfrac{\mathrm{d}^2\delta_\theta}{\mathrm{d}t^2} > 0 & t_A < t \leqslant t_1 \end{cases} \tag{9.3.1}$$

式中：δ_θ 为混凝土坝服役过程性态监测数据的趋势性效应分量；$\dot{\delta}_\theta$ 为趋势性效应分量一阶导数；$\ddot{\delta}_\theta$ 为趋势性效应分量二阶导数。

当混凝土坝服役过程性态监测数据的趋势性效应分量满足式(9.3.1)所列的判断准则时，时刻 t_A 被认为混凝土坝服役过程性态发生转异的时刻。

9.3.2　混凝土坝服役过程性态转异面板数据模型识别方法

上节中，利用基于小波分解的混凝土坝服役过程性态转异相平面模型识别法对混凝土坝服役过程性态转异时刻进行了识别，然而该方法对小波分离的趋势性效应分量精度要求较高，因而只能对转异点进行粗略识别。为了解决以上问题，本书提出了混凝土坝服役过程性态转异面板数据模型识别方法，能够对转异点的转异时刻及转异部位进行识别。

混凝土坝服役过程性态转异是由稳定状态向非稳定状态演化的表征，在混凝土坝服役过程性态面板数据模型上体现为模型结构的不稳定，即环境量与大坝效应量之间的动态关系在若干个时间点由于某种原因发生突变或者在某一时段内发生持续缓慢的变化。进一步在混凝土坝服役过程性态面板数据模型中的表现为：系数 $\boldsymbol{\beta}$ 在某些时刻发生了变化，即在时刻 k_0 处，由样本 $1—k_0$ 所确定回归系数 $\boldsymbol{\beta}_i$ 与样本 $k_0+1—t$ 所确定的回归系数 $\boldsymbol{\beta}_i'$ 在统计意义上显著不同。具体来说，对于混凝土坝监测值的 T 个序列，每个序列里有 n 个监测值，即 $x_1, x_2, \cdots, x_n$，其中有 k_0 个监测值来自某一历史时期，剩余的 $n-k_0$ 个测值处于另一时期，则可分别建立两个面板数据模型：

$$D_{it} = \beta_1 X_{1t} + \beta_2 X_{2t} + \cdots + \beta_i X_{it} + \alpha_i + \gamma_{it} \quad (1 \leqslant t \leqslant k_0) \tag{9.3.2}$$

$$D_{it} = \beta_1{}' X_{1t} + \beta_2{}' X_{2t} + \cdots + \beta_i' X_{it} + \alpha_i + \gamma_{it} \quad (k_0 + 1 \leqslant t \leqslant T) \tag{9.3.3}$$

不考虑转异的面板数据模型为

$$\boldsymbol{D}_{it} = \boldsymbol{\beta}_i \boldsymbol{X}_{it} + \boldsymbol{\alpha}_i + \boldsymbol{\gamma}_{it} \quad (i = 1, 2, \cdots, N; t = 1, 2, \cdots, T) \tag{9.3.4}$$

若系数 $\boldsymbol{\beta}_i$ 与系数 $\boldsymbol{\beta}_i'$ 相同，则式(9.3.2)和式(9.3.3)为同一模型，即不存在转异点；若系数 $\boldsymbol{\beta}_i$ 与系数 $\boldsymbol{\beta}_i'$ 不相同，则说明 $\boldsymbol{D}_{it}$ 与 $\boldsymbol{x}_{it}$ 结构关系不稳定，存在转异点 k_0。将上面的分析对应成如下两个统计学中的假设。

$$H_0: \boldsymbol{\beta}_i = \boldsymbol{\beta}_i', i = 0, 1, \cdots, N \tag{9.3.5}$$

$$H_1: \exists\, i, 0 \leqslant i \leqslant N, \boldsymbol{\beta}_i \neq \boldsymbol{\beta}_i' \tag{9.3.6}$$

为了检验关于两个模型不同的假设是否正确，首先假设两个方程是相同的，再分析是否拒绝这个假设。因为两个假设对模型的系数没有特殊要求，可利用最小二乘法进行估计。首先计算式(9.3.2)、式(9.3.3)的残差平方和 ESS_1 及 ESS_2，则无条件残差平方和 $ESS_u = ESS_1 + ESS_2$，其中 ESS_1 服从自由度为 $k_0-(n+1)$ 的 χ^2 分布，ESS_2 服从自由度 $T-[k_0-(n+1)]$ 的 χ^2 分布，ESS_u 服从自由度为 $T-2(n+1)$ 的 χ^2 分布。利用最小二乘法估计不考虑转异的面板数据模型式(9.3.4)，并计算有条件限制残差平方和 ESS_0。若假设 H_0 为真，则 ESS_u 应尽量接近 ESS_0，即计算 $ESS = ESS_0 - ESS_u$ 是否显著来判断 H_0 是否成立，所构造的检验统计量为

$$F = \frac{ESS/(n+1)}{ESS_u/[T-2(n+1)]} \tag{9.3.7}$$

如果面板数据模型结构稳定，则可能含有转异点的面板数据模型与不含转异点的面板数据模型参数估计非常接近，此时 F 取较小值，反之则 F 取较大值。具体判断准则如下。

对于给定的显著性水平 α，若 $F < F_\alpha[n+1, T-2(n+1)]$，则接受 H_0，即模

型未发生转异；若 $F > F_{\alpha}[n+1, T-2(n+1)]$ 则说明模型不稳定，发生转异。

下面着重研究转异点存在时如何找出转异点的方法。当混凝土坝服役过程性态转异点已知时，可以采用两样本问题检验分析方法来对混凝土坝服役过程性态的转异与否进行辨识。但是在实际工程中，很难明确转异发生的时刻，而当转异点未知时，混凝土坝服役过程性态转异面板数据模型识别问题就转化为混凝土坝服役过程性态面板数据模型变点问题。变点问题的主要研究内容是对某一给定的时间序列的统计特性在某一未知时刻是否发生显著改变进行检验和分析。在统计学中，变点 k_0 是指在一个序列或过程中，在某一个未知时刻 k_0，序列或过程的某个统计特性发生了变化。

研究混凝土坝服役过程性态转异（变点）问题，即研究混凝土坝服役过程性态面板数据模型序列的分布是否存在某种改变。分布变化的形式在理论探索和实践中多种多样，监测值的分布按某种规律变化，在某个未知时刻，改换成另一种规律，这个时刻就是变点产生时刻，即转异时刻。因此，混凝土坝服役过程性态是否转异可以采用变点理论对其进行辨识。选取混凝土坝原位监测资料，具体探究混凝土坝服役过程性态转异面板数据模型转异识别方法。

首先建立混凝土坝服役过程性态面板数据变点（转异点）模型：

$$\begin{cases} D_{it} = \beta_i x_{it} + w_{it} & i = 1,2,\cdots,N; t = 1,2,\cdots,k_0 - 1 \\ D_{it} = \beta_i x_{it} + \beta_i' v_{it} I(t \geqslant k_0) + w_{it} & i = 1,2,\cdots,N; t = k_0,\cdots,T \\ w_{it} = \alpha_i + \gamma_{it} & i = 1,2,\cdots N; t = 1,2,\cdots,T \end{cases} \tag{9.3.8}$$

式中：$I(.)$ 为示性函数；D_{it} 为监测效应量测值的内生变量；x_{it} 和 v_{it} 为外生变量；$v_{it} = \boldsymbol{R} x_{it}$；$\boldsymbol{R}$ 为已知矩阵；β_i、β_i' 是待估系数；α_i 为效应变量（固定或随机）；γ_{it} 为扰动项。

9.3.2.1　混凝土坝服役过程性态面板数据固定效应模型转异点估计

式(9.3.8)中的效应量 α_i 若为固定效应，则式(9.3.8)为混凝土坝服役过程性态面板数据固定效应模型，下面研究转异点 k_0、系数 $\boldsymbol{\beta}$ 和 $\boldsymbol{\beta}'$ 的估计方法。由于模型系数没有任何限制，且截距效应量也是固定的，可采用最小二乘法对模型进行估计，分别计算系数为 β_i 和 β_i' 的模型残差平方和 ESS_1、ESS_2 及两个方程的模型残差平方和 $RSS(k)$[148]：

$$ESS_1 = \sum_{i=1}^{N} \sum_{t=1}^{k} [D_{it} - \hat{\beta}_i(k) x_{it}]^2 \tag{9.3.9}$$

$$ESS_2 = \sum_{i=1}^{N} \sum_{t=k+1}^{T} [D_{it} - \hat{\beta}_i'(k) x_{it}]^2 \tag{9.3.10}$$

$$RSS(k)=\sum_{i=1}^{N}\sum_{t=1}^{k}[D_{it}-\hat{\beta}_i(k)x_{it}]^2+\sum_{i=1}^{N}\sum_{t=k+1}^{T}[D_{it}-\hat{\beta}'_i(k)x_{it}]^2 \tag{9.3.11}$$

则转异点的估计定义为

$$\hat{k}_{NT}=\operatorname{argmin}RSS(k) \tag{9.3.12}$$

式中：N 为转异点的位置；T 为转异时刻。

得到了 $\hat{k}_{NT}$，即确定了转异点的位置及时刻后，代入 $\hat{k}_{NT}$，即可估计最终的斜率系数 $\hat{\beta}_i(k)$ 及 $\hat{\beta}'_i(k)$：

$$\hat{\beta}_i(k)=\frac{\sum_{i=1}^{N}\sum_{t=1}^{k}D_{it}x_{it}}{\sum_{i=1}^{N}\sum_{t=1}^{k}x_{it}^2} \tag{9.3.13}$$

$$\hat{\beta}'_i(k)=\frac{\sum_{i=1}^{N}\sum_{t=k+1}^{T}D_{it}x_{it}}{\sum_{i=1}^{N}\sum_{t=k+1}^{T}x_{it}^2} \tag{9.3.14}$$

9.3.2.2　混凝土坝服役过程性态面板数据随机效应模型转异点估计

若效应量 α_i 为随机效应，则式(9.3.8)为混凝土坝服役过程性态面板数据随机效应模型。在面板数据模型中，固定效应方法考虑了组内差异，可以得出一些个体研究结论，而随机效应则因为考虑了全部差异从而可以对总体做出统计推断。为了估计混凝土坝服役过程性态面板数据随机效应模型中的转异点，首先将式(9.3.8)写为矢量矩阵形式，即

$$\begin{cases}\boldsymbol{D}=\boldsymbol{X\beta}+\boldsymbol{w}\\ \boldsymbol{D}=\boldsymbol{X\beta}+\boldsymbol{V\beta}'+\boldsymbol{w}\\ \boldsymbol{w}=\boldsymbol{L\alpha}+\boldsymbol{\gamma}\end{cases} \tag{9.3.15}$$

式中：$\boldsymbol{L}$ 为 $\boldsymbol{e}_T$ 和 $\boldsymbol{I}_N$ 的 Kronecker 乘积；$\boldsymbol{e}_T$ 为 T 维全一向量；$\boldsymbol{I}_N$ 为 $\boldsymbol{N}$ 维单位阵；假设 x_{it} 与 w_{it} 为独立同分布($i.i.d$)，$E(\boldsymbol{w})=0$，$E(\boldsymbol{ww}')=\boldsymbol{U}$。

由于效应量是随机的，并不能像固定效应面板数据模型那样采用最小二乘估计，因为系数并不能得到无偏估计，故对于随机效应面板数据模型采取广义最小二乘法进行估计，则式(9.3.15)对于任何可能的转异点 k 的参数估计为[272]

$$\begin{Bmatrix}\hat{\boldsymbol{\beta}}_k \\ \hat{\boldsymbol{\beta}}'_k\end{Bmatrix}=\begin{bmatrix}\sum_{i=1}^{N}\boldsymbol{X}'_i\boldsymbol{U}^{-1}\boldsymbol{X}_i & \sum_{i=1}^{N}\boldsymbol{X}'_i\boldsymbol{U}^{-1}\boldsymbol{V}_k^{(i)} \\ \sum_{i=1}^{N}\boldsymbol{V}_k^{(i)\prime}\boldsymbol{U}^{-1}\boldsymbol{X}_i & \sum_{i=1}^{N}\boldsymbol{V}_k^{(i)\prime}\boldsymbol{U}^{-1}\boldsymbol{V}_k^{(i)}\end{bmatrix}^{-1}\begin{Bmatrix}\sum_{i=1}^{N}\boldsymbol{X}'_i\boldsymbol{U}^{-1}\boldsymbol{D}_i \\ \sum_{i=1}^{N}\boldsymbol{V}_k^{(i)\prime}\boldsymbol{U}^{-1}\boldsymbol{D}_i\end{Bmatrix} \tag{9.3.16}$$

残差平方和为

$$SSR(k)=(\boldsymbol{D}-\boldsymbol{X}\hat{\boldsymbol{\beta}}_k-\boldsymbol{V}_k\hat{\boldsymbol{\beta}}'_k)'\boldsymbol{U}^{-1}(\boldsymbol{D}-\boldsymbol{X}\hat{\boldsymbol{\beta}}_k-\boldsymbol{V}_k\hat{\boldsymbol{\beta}}'_k) \tag{9.3.17}$$

则转异点的选取准则为

$$\hat{k}_{NT}=\hat{k}_0=\mathrm{argmin}RSS(k) \tag{9.3.18}$$

式中：N 为转异点的位置；T 为转异时刻。

9.3.2.3 混凝土坝服役过程性态面板数据共同均值转异点及方差转异点估计

上述研究了面板数据模型系数项存在转异点的情况，而对于一般的混凝土坝服役过程性态面板数据模型，转异点有可能出现在均值中或者方差中，下面重点研究混凝土坝服役过程性态面板数据模型的均值与方差转异问题。

(1) 均值转异问题

对于混凝土坝服役过程性态面板数据模型均值中存在转异点有如下分析模型：

$$\begin{aligned}D_{it}&=\varepsilon_{i1}+\nu_{it},t=1,2,\cdots,k_0-1;i=1,2,\cdots,N\\ D_{it}&=\varepsilon_{i2}+\nu_{it},t=k_0,k_0+1,\cdots,T;i=1,2,\cdots,N\end{aligned} \tag{9.3.19}$$

式中：k_0 为转异点，则 ε_{i1} 为发生转异前的均值，ε_{i2} 为发生转异后的均值；ν_{it} 为误差项，满足 $E(\nu_{it})=0$ 。

考虑面板数据模型中只存在一个转异点的情况，为了验证面板数据模型中是否存在转异点，等价于检验假设

$$H_0:\varepsilon_{i1}-\varepsilon_{i2}=0\quad i=1,2,\cdots,N \tag{9.3.20}$$

假设 $\overline{D_{i1}}=\frac{1}{T}\sum_{t=1}^{T}D_{it}$，$\sigma_i^2=\frac{1}{T-1}\sum_{i=1}^{T}(D_{it}-\overline{D_{it}})^2$，$Z_{iT}(k)=\frac{1}{T}\left(\sum_{t=1}^{k}D_{it}-\frac{k}{T}\sum_{t=1}^{T}D_{it}\right)^2$，计算 Horváth 和 Hušková 提出的面板数据模型转异问题的 CUSUM 型统计量：

$$V_{NT}(k)=\frac{1}{N^{\frac{1}{2}}}\sum_{i=1}^{N}\left[\frac{1}{\sigma_i^2}Z_{iT}(k)-\frac{k(T-k)}{T^2}\right] \tag{9.3.21}$$

若 H_0 成立时，当 $N \ll T$ 时，则有

$$V_{NT}(k) \xrightarrow{D[0,1]} \Gamma(x) \tag{9.3.22}$$

其中 $\Gamma(x)$ 是一个高斯过程，满足 $E\Gamma(x)\Gamma(y) = 2x^2(1-y)^2, 0 \leqslant x \leqslant y \leqslant 1$。$D[0,1]$ 为定义在 $[0,1]$ 上处处右连续且有左极限的函数的集合。

因此，对给定的水平 α，若满足

$$\sup_{1 \leqslant k \leqslant T-1} |V_{NT}(k)| > \Gamma_\alpha \tag{9.3.23}$$

则说明式(9.3.19)存在转异点，其中 Γ_α 为检验统计量 $\sup\limits_{0 \leqslant x \leqslant 1} |\Gamma(x)|$ 在水平 α 时的 $1-\alpha$ 分位数值，因此混凝土坝服役过程性态面板数据模型均值转异点的估计值为

$$\hat{k}_{NT} = \hat{k}_0 = \underset{1 \leqslant k \leqslant T-1}{\operatorname{argmax}} |V_{NT}(k)| \tag{9.3.24}$$

式中：N 为转异点的位置；T 为转异时刻。

(2) 方差转异问题

上文研究了均值转异点的检验及估计，若转异点发生于误差项中，考虑一种特殊情况，即将误差项 ν_{it} 写为关于方差的函数，则混凝土坝服役过程性态面板数据方差转异点模型为

$$\begin{cases} D_{it} = \varepsilon_i + \sigma_{it}\eta_{it} \\ \sigma_{it}^2 = \sigma_{i0}^2 + \alpha\left(\dfrac{t-k_0}{T}\right)^\gamma \end{cases} \tag{9.3.25}$$

式中：$t=1,2,\cdots,T; i=1,2,\cdots,N$；$k_0$ 为方差转异点；σ_{i0} 为发生转异前的方差；α 为未知参数；$\gamma \in (0,1]$；η_{it} 为系数，满足 $E(\eta_{it}) = 0$，方差为 1 的独立同分布序列。

当 $N \to \infty, T \to \infty$ 时，有

$$\frac{N^2 \lg T}{T} \to 0 \tag{9.3.26}$$

对式(9.3.25)进行变换，有

$$(D_{it} - \varepsilon_i)^2 = \sigma_{it}^2 \eta_{it}^2 = \sigma_{it}^2 + \sigma_{it}^2(\eta_{it}^2 - 1) \tag{9.3.27}$$

令 $X_{it} = (D_{it} - \varepsilon_i)^2$，$\mu_{it} = \sigma_{it}^2(\eta_{it}^2 - 1)$，则式(9.3.25)可写为

$$X_{it} = \sigma_{it}^2 + \mu_{it} = \sigma_{i0}^2 + \alpha\left(\frac{t-k_0}{T}\right)^\gamma + \mu_{it} \tag{9.3.28}$$

上式可视为均值渐变模型，且有

$$E(X_{it})=\begin{cases}\sigma_{i_0}^2, & i\leqslant t\leqslant k_0\\ \sigma_{i0}^2+\alpha\left(\dfrac{t-k_0}{T}\right)^{\gamma}, & k_0\leqslant t\leqslant T\end{cases} \tag{9.3.29}$$

当给定 k，有 $1\leqslant k<T$ 时，令

$$x_{tk}=\left(\frac{t-k}{T}\right)^{\gamma} \tag{9.3.30}$$

$$\bar{x}_k=\frac{1}{T}\sum_{t=1}^{T}x_{tk} \tag{9.3.31}$$

$$\overline{X}_i=\frac{1}{T}\sum_{t=1}^{T}X_{it} \tag{9.3.32}$$

$$U_m(\gamma)=\sum_{i=1}^{N}\frac{\left[\sum\limits_{t=1}^{T}(x_{tm}-\bar{x}_m)X_{it}\right]^2}{\sum\limits_{t=1}^{T}(x_{tm}-\bar{x}_m)^2} \tag{9.3.33}$$

则混凝土坝服役过程性态面板数据方差转异点模型中转异点 k_0 的估计量为[273]

$$\hat{k}_{NT}=\hat{k}(\gamma)=\min\{k:U_k(\gamma)=\max_{1\leqslant m<T}U_m(\gamma)\} \tag{9.3.34}$$

式中：N 为转异点的位置；T 为转异时刻。

9.3.2.4　混凝土坝服役过程性态面板数据多转异点模型

之前的分析都是基于混凝土坝服役过程性态面板数据模型中只存在单一转异点的情况，而在实际工程中，在一系列监测资料中，可能产生多个转异点，即转异点的个数是未知的，故本节将探究混凝土坝服役过程性态面板数据多转异点模型的构建方法[274]。

混凝土坝服役过程性态面板数据多转异点模型构建方法可以分为两种情况，首先研究第一种情况，即转异点发生于不同个体当中。这种情况下将个体数 n 分为 j 组，即 $\{n_1,n_2,\cdots,n_j=n\}$，每组中包含一个转异点 k，即 $\{k_1,k_2,\cdots,k_j\}$，则以 m 组为例，混凝土坝服役过程性态面板数据多转异点模型可以表示为

$$\begin{cases}D_{it}=\beta x_{it}+\alpha_i+\gamma_{it} & t=1,2,\cdots,k_m-1\\ D_{it}=\beta x_{it}+\beta'^{(m)}v_{it}+\alpha_i+\gamma_{it} & t=k_m,\cdots,T\end{cases} \tag{9.3.35}$$

式中：$i=n_{m-1}+1,\cdots,n_m$；$m=1,\cdots,j$。

为了使估计结果更为准确，对于给定的时间序列 T，n_m-n_{m-1} 需要尽可能大。对于转异点 $(k_1,\cdots,k_{j-1},k_j)$ 及系数 β，$(\beta'^{(1)},\beta'^{(2)},\cdots,\beta'^{(j)})$ 的估计，可参照混凝土坝服役过程性态面板数据单转异点模型中转异点及系数的估计式(9.3.12)、式

(9.3.13)和式(9.3.14)。其原因是将每个转异点 k_m 放入了对应的个体分组中，则对于每一个个体分组而言，都可以看作是混凝土坝服役过程性态面板数据单转异点模型转异点估计问题，从而得到每组的残差平方和 $RSS(m)$，则个体 $\{n_1,\cdots,n_j\}$ 对应的转异点 $\hat{k}_m$ 估计为

$$\{\hat{k}_m, m=1,\cdots,j\} = \{\hat{n}_1,\cdots,\hat{n}_j\} = \arg\min_{\{n_1,\cdots,n_j\}\in\Gamma}\sum_{m=1}^{j} RSS(m) \quad (9.3.36)$$

式中：Γ 为满足条件的所有可能的分组。

对于所有的分组，每个个体 $\{n_1,\cdots,n_j\}\in\Gamma$，则多转异点 $\{\hat{k}_1,\cdots,\hat{k}_j\}$ 的估计为

$$\{\hat{k}_1,\cdots,\hat{k}_j\}_{\{n_1,\cdots,n_{j-1}\}} = \arg\min_{\{k_1,\cdots,k_j\}} RSS(\{k_1,\cdots,k_j\}) \quad (9.3.37)$$

另一种情况是多个转异点发生于时间维中，即将时间序列 T 分为多个分段，每个分段中包含一个转异点，假设有 j 个转异点 $\{k_1,\cdots,k_j\}$，$k_0=0, k_{j+1}=T$，则混凝土坝服役过程性态面板数据多转异点模型可以表示为

$$\begin{cases} D_{it} = \beta x_{it} + \alpha_i + \gamma_{it}, t = k_{m-1}+1,\cdots,k_m \\ D_{it} = \beta x_{it} + \beta'^{(m)} v_{it} + \alpha_i + \gamma_{it}, t = k_m+1,\cdots,k_{m+1} \end{cases} \quad (9.3.38)$$

式中：$i=1,\cdots,n$；$m=1,\cdots,j$。

对于每个时间分段，依然可以看作混凝土坝服役过程性态面板数据单转异点模型转异点估计问题，计算每个分段的残差平方和，即可估计出每个分段的转异点 $\hat{k}_m$，以此类推，则多转异点 $\{\hat{k}_1,\cdots,\hat{k}_j\}$ 的估计为

$$\{\hat{k}_1,\cdots,\hat{k}_j\} = \arg\min_{\{k_1,\cdots,k_j\}} RSS(\{k_1,\cdots,k_j\}) \quad (9.3.39)$$

9.4　工程实例

某大坝是一座同心圆变半径的混凝土重力拱坝，坝顶高程为 126.3 m，最大坝高为 76.3 m，坝顶弧长 419 m，坝顶宽 8 m，最大坝底宽 53.5 m，自左向右有 28 个坝段，坝址地质条件复杂。由于在浇筑Ⅱ期混凝土时，层面上升速度较快，浇筑层间歇时间短，Ⅱ期混凝土收缩变形受到Ⅰ期混凝土强烈约束，导致在Ⅰ期混凝土顶部(105 m 高程附近)产生裂缝，自 5# 坝块一直延伸至 28# 坝块，长达 300 余 m。经探测，裂缝深达 5 m 以上，削弱了坝体刚度，对坝体整体性产生了影响。因此，首先需要判断该混凝土坝服役过程性态是否发生转异，并对何时及何处发生转异进行分析。为了监控该工程的安全，在大坝上布置大量的安全监控仪器，其测点分布图

如图 9.4.1 所示，选取时间序列为 1973 年 1 月 1 日至 2013 年 10 月 30 日的垂线测点和拱冠梁 18# 坝段 105 m 高程裂缝监测点的资料，对大坝服役过程性态是否转异进行分析。

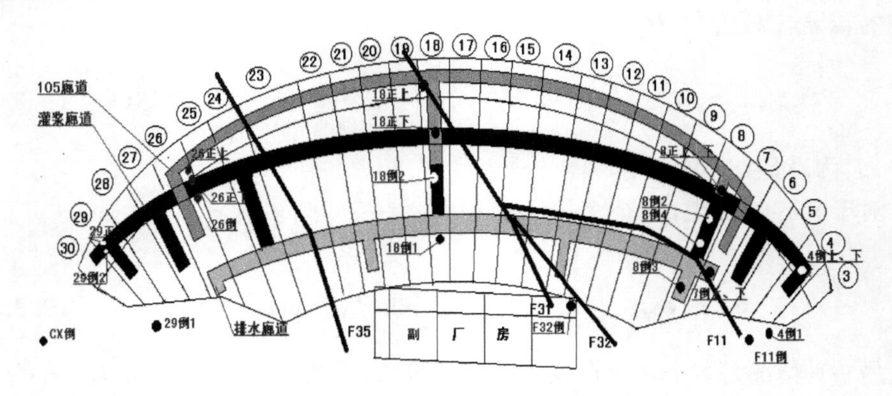

图 9.4.1　某混凝土坝测点布置图

(1) 基于小波的混凝土坝服役过程性态转异相平面识别方法

为了对该混凝土坝服役过程性态转异情况进行判断，下面利用传统方法基于小波的混凝土坝服役过程性态转异相平面分析模型对该混凝土坝服役过程性态转异进行识别。

首先对该混凝土坝原位裂缝监测数据进行小波分析，滤去高频部分，将剩下的低频部分作为趋势性效应分量。由于该坝 105 m 高程水平裂缝的变化总体反映该坝的结构变化性态，为此下面以拱冠梁 18# 坝段 105 m 高程裂缝测点为例进行应用分析，图 9.4.2 为该坝段裂缝开度实测值变化曲线，图 9.4.3 为基于该裂缝测点开合度监测资料利用小波方法提取的测点测值趋势性效应分量随时间的变化过程线。

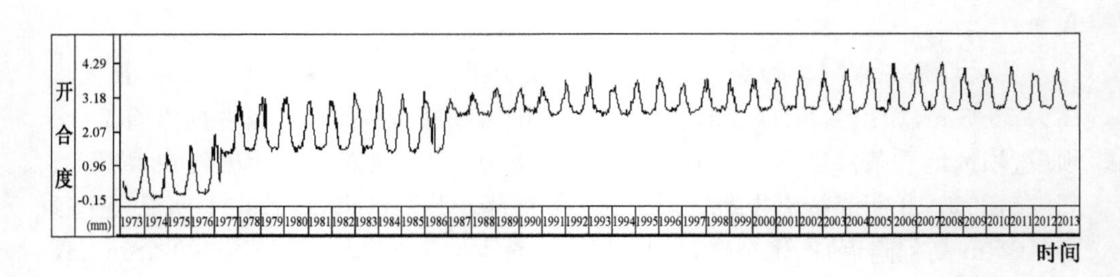

图 9.4.2　裂缝开度实测值变化曲线

由图 9.4.3 可以看出，该裂缝测点开合度变化趋势性效应分量的变化趋势有一定的波动，小波提取的变形趋势性效应分量在 1977 年和 1987 年有两次较大的变化。

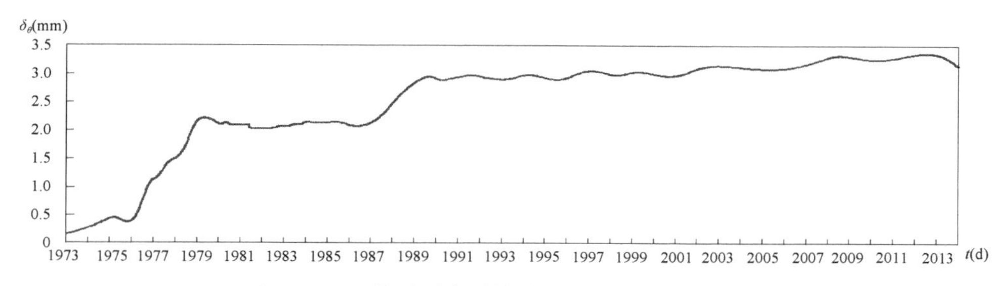

图 9.4.3 典型测点裂缝趋势性效应分量过程线

利用相空间重构技术重构了趋势性效应分量的相平面，如图 9.4.4 所示。其中横轴为趋势性效应分量 δ_θ，纵轴为趋势性效应分量变化速率 $\dot{\delta}_\theta$。从图 9.4.4 中可以看出，趋势性效应分量的相平面图在 t_A 和 t_B 处出现拐点，在 t_A 和 t_B 附近曲线的变化特征与图 9.3.2 所示的混凝土坝服役过程性态转异典型变化特征相似，因此该方法认为 t_A 和 t_B 为转异点。根据对应的原位监测资料，转异发生的时刻分别为：1977 年 4 月 7 日和 1978 年 5 月 11 日。经对 18# 坝段 105 m 高程裂缝监测资料及对应环境量的相关分析，1976 年底裂缝开度已经有所增大，至 1977 年 4 月以后，裂缝开度普遍增大，因此，利用基于小波的混凝土坝服役过程性态转异相平面分析模型识别的转异点 1977 年 4 月 7 日是合理的。当裂缝开度于 1977 年 4 月普遍增大以后，裂缝开度变化趋于平稳，并未有显著变化，由基于小波的混凝土坝服役过程性态转异相平面分析模型识别的转异点 1978 年 5 月 11 日并未在该混凝土坝的原位监测资料分析报告中找到相应的结论。此外，小波提取的变形趋势性效应分量在 1987 年发生了较大变化，裂缝开度测值普遍增大，但在对应的相平面图 9.4.4 上并未出现转异点。

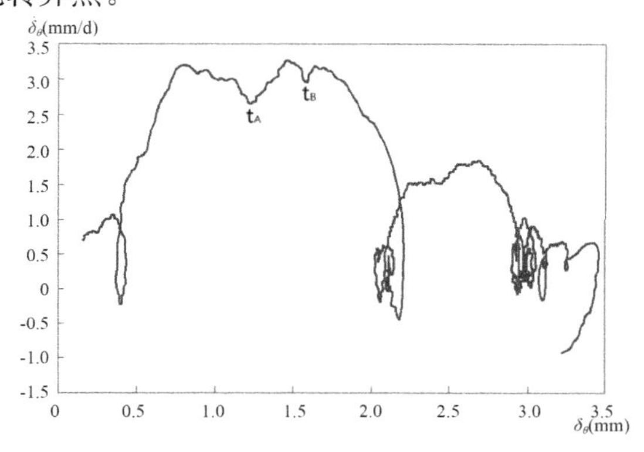

图 9.4.4 裂缝趋势性效应分量相平面

(2) 混凝土坝服役过程性态转异面板数据模型识别方法

为了分析比较，利用本章提出的混凝土坝服役过程性态转异面板数据模型对该混凝土坝服役过程性态转异进行识别，本书选取时间序列为 1973 年 1 月 1 日至 2013 年 10 月 30 日的垂线测点资料，垂线测点分别为 4 倒 1、4 倒 2 上、4 倒 2 下、7 倒上、7 倒下、8 正上、8 正下、8 倒 2、8 倒 3、8 倒 4、18 正上、18 正下、18 倒 1、18 倒 2、26 正上、26 正下、26 倒 1、29 倒 1、29 正 1 和 29 倒 2。由于 105 m 高程的裂缝变化影响已反映在大坝变形变化中，因而在分析中未单独对裂缝变化进行专门分析，首先利用上述实测资料建立混凝土坝服役过程性态转异面板数据模型。

参照式(9.2.16)和式(9.2.17)，利用混凝土坝服役性态监测资料中的变形监测资料建立混凝土坝变形面板数据模型：

$$\boldsymbol{D}_{it} = \boldsymbol{\beta}_i \boldsymbol{X}_{it} + \alpha_i + \gamma_{it} \quad (i = 1,2,\cdots,N; t = 1,2,\cdots,T) \tag{9.4.1}$$

式中：影响混凝土坝任意一点变形 δ 的最主要因素水压、温度、时效可以分别采用 H、T、θ 的多项式进行表征，则 $\boldsymbol{X}_{it} = [H_t^1, H_t^2, H_t^3, H_t^4; T_{1,t}, \cdots, T_{m,t}; \theta_t, \ln\theta_t]'$；$\boldsymbol{\beta}_i = [a_1, a_2, \cdots, a_l]$ 为待估系数，l 为因子个数；α_i 为效应量(固定系数或随机系数)；γ_{it} 是均值为 0、方差为 σ^2 且满足独立同分布的随机误差。

首先建立固定效应面板数据模型，如表 9.4.1 所示，表中 $(x_1, x_2, \cdots, x_{10})$ 表示因子。

表 9.4.1　混凝土坝变形面板数据固定效应模型

固定效应模型			
Fixed-effects (within) regression		Number of obs	=61,720
Group variable: _j		Number of groups	=20
R-sq: within	=0.183 4	Obs per group: min	=3 086
between	=0.000 0	avg	=308 6.0
overall	=0.026 2	max	=3 086
		F(10,61 688)	=1 385.05
corr(u_i,X)	=0(assumed)	Prob>F	=0.000 0

var	Coef.	Std. Err.	z	$P>\|z\|$	[95%Conf. Interval]	
x_1	−0.043 429	0.018 308	−2.37	0.018	−0.079 313	−0.007 545 6
x_2	−0.000 802	0.007 285 5	−0.11	0.912	−0.079 313	0.013 478
x_3	0.000 871	0.000 977 5	0.89	0.373	−0.001 045 4	0.002 786 3
x_4	0.000 053	0.000 041	1.29	0.196	−0.000 027 3	0.000 133 3

续表

x_5	−0.443 264	0.005 132 3	−86.37	0.000	−0.453 323 2	−0.433 204 7
x_6	−0.270 816	0.006 563 2	−41.26	0.000	−0.283 680 1	−0.257 952 5
x_7	−0.199 294	0.005 028 3	−39.63	0.000	−0.209 149 5	−0.189 438 7
x_8	−0.090 028	0.005 404	−16.66	0.000	−0.100 62	−0.079 436 4
x_9	0.000 186	8.00e-06	23.23	0.000	0.000 170 3	0.000 201 7
x_{10}	−0.715 675	0.035 689 5	−20.05	0.000	−0.785 626 1	−0.645 723 1
_cons	−0.898 810	0.029 598 1	−30.37	0.000	−0.956 822 6	−0.840 798
sigma_u	2.468 463 9					
sigma_e	0.877 350 78					
rho	0.887 842 37			(fraction of variance due to u_i)		

再利用 Hausman 检验，检验该模型是否可以利用随机效应面板数据模型进行建模，Hausman 检验如表 9.4.2 所示。

表 9.4.2　Hausman 检验

Hausman 检验			
var	**(*b*) fe**	**(*B*) re**	**(*b*−*B*) difference**
x_1	−0.043 429 3	−0.043 429 3	3.01e−11
x_2	−0.000 801 6	−0.000 801 6	1.50e−11
x_3	0.000 870 5	0.000 870 5	2.12e−12
x_4	0.000 053	0.000 053	8.94e−14
x_5	−0.443 264	−0.443 264	−7.50e−13
x_6	−0.270 816 3	−0.270 816 3	−9.22e−13
x_7	−0.199 294 1	−0.199 294 1	3.52e−13
x_8	−0.090 028 2	−0.090 028 2	1.88e−13
x_9	0.000 186	0.000 186	−1.92e−15
x_{10}	−0.715 674 6	−0.715 674 6	6.62e−12
b=consistent under Ho and Ha; obtained from xtreg			
B=inconsistent under Ha, efficient under Ho; obtained from xtreg			
Test: Ho: difference in coefficients not systematic			

续表

chi2(2)=(b−B)′[(V_b−V_B)^(−1)](b−B)=0.00
Prob>chi2=　　1.000 0 (V_b−V_B is not positive definite)

经检验，所选取的监测数据可以利用随机效应面板数据模型进行建模，则建立的随机效应面板数据模型如表 9.4.3 所示。

表 9.4.3　混凝土坝变形面板数据随机效应模型

随机效应模型						
Fixed-effects GLS regression			Number of obs		=61,720	
Group variable: _j			Number of groups		=20	
R-sq: within	=0.00 0		Obs per group: min		=3 086	
between	=0.000 0		avg		=308 6.0	
overall	=0.026 2		max		=3 086	
			Wald chi2(10)		=13 850.50	
corr(u_i,X)	=0(assumed)		Prob>chi2		=0.000 0	
var	Coef.	Std. Err.	z	$P>\|z\|$	[95%Conf. Interval]	
x_1	−0.043 429 3	0.018 308	−2.37	0.018	−0.079 312 3	−0.007 546 3
x_2	−0.000 801 6	0.007 285 5	−0.11	0.912	−0.015 080 9	0.013 477 8
x_3	0.000 870 5	0.000 977 5	0.89	0.373	−0.001 045 3	0.002 786 3
x_4	0.000 053	0.000 041	1.29	0.196	−0.000 027 3	0.000 133 3
x_5	−0.443 264	0.005 132 3	−86.37	0.000	−0.453 323	−0.433 204 9
x_6	−0.270 816 3	0.006 563 2	−41.26	0.000	−0.283 679 8	−0.257 952 7
x_7	−0.199 294 1	0.005 028 3	−39.63	0.000	−0.209 149 3	−0.189 438 9
x_8	−0.090 028 2	0.005 404	−16.66	0.000	−0.100 619 8	−0.079 436 6
x_9	0.000 186	8.00e−06	23.23	0.000	0.000 170 3	0.000 201 7
x_{10}	−0.715 674 6	0.035 689 5	−20.05	0.000	−0.785 624 7	−0.645 724 5
_cons	−0.898 810 3	0.660 378 9	−1.36	0.173	−2.193 129	0.395 508 5
sigma_u	2.468 428 5					
sigma_e	0.877 350 78					
rho	0.887 839 51			(fraction of variance due to u_i)		

面板数据模型建模完成后，利用面板数据模型对混凝土坝服役过程性态转异进行识别。首先对实测资料进行分析，利用式(9.3.7)，即 F 检验判断是否有转异发生，经判断所建立的面板数据模型并不稳定，即系数 β 在某些时刻发生了变化，表明有转异发生；接着判定有可能产生转异点的时刻，采用混凝土坝服役过程性态面板数据多转异点模型进行转异分析，即将时间序列分为多个分段，每个分段中包含一个转异点。对于每个时间分段，依然可以看作混凝土坝服役过程性态面板数据单转异点模型转异点估计问题，计算每个分段的残差平方和，即可估计出每个分段的转异点，以此类推，转异分析结果如下。

第一段(1973年1月1日至1985年1月1日)，利用混凝土坝服役过程性态面板数据随机效应转异点模型对转异点进行识别，利用式(9.3.17)计算残差平方和，取残差平方和最小点的时刻作为转异时刻，则转异时刻为1977年4月7日；转异位置为18#坝段(由于混凝土坝变形值表征的是大坝性态宏观变化情况，各测点之间变形值互有影响，因此该方法所确定的转异位置并不一定是真实的转异位置，不过可以作为寻找转异位置的辅助方法)。

由该混凝土坝原位监测资料分析报告可知，该混凝土坝于1976年至1977年间，经历了高温低水位和低温低水位荷载的袭击，连续出现不利荷载组合致使该混凝土坝产生较大变形且部分裂缝发生了失稳扩展(1977年4月以后，裂缝开度普遍增大)。

第二段(1985年1月1日至2000年1月1日)，利用混凝土坝服役过程性态面板数据随机效应转异点模型对转异点进行识别，利用式(9.3.17)计算残差平方和，取残差平方和最小点的时刻作为转异时刻，则转异时刻为1987年6月1日；转异位置为26#坝段。

由该混凝土坝原位监测资料分析报告可知，1987年该混凝土坝的变形及裂缝开度发生了显著变化是由1987年春的环氧灌浆引起的，灌浆体限制了裂缝的闭合，致使裂缝开度测值有所增大，也就是补强加固措施引起了裂缝开度测值增大。

第三段(2000年1月1日至2013年10月30日)，利用混凝土坝服役过程性态面板数据随机效应转异点模型对转异点进行识别，利用式(9.3.17)计算残差平方和，取残差平方和最小点的时刻作为转异时刻，则转异时刻为2008年5月19日；转异位置为18#坝段。

由该混凝土坝原位监测资料分析报告可知，该混凝土坝于2005年以后尤其是2008年以后库水位有所抬升并一直保持在相对较高的状态，2008年5月12日汶川8.0级强震对扬压力孔水位产生了一定的影响，地震引起地应力改变，致使扬压力孔水位快速升降变化，2008年裂缝开度平均值较大。

通过比较分析，由传统小波相平面方法识别的转异时刻为1977年4月7日和

1978 年 5 月 11 日，其中，转异点 1977 年 4 月 7 日由传统小波相平面方法和混凝土坝服役过程性态转异面板数据模型同时识别出，且与该混凝土坝的原位监测资料分析报告中的结论一致。对于转异点 1978 年 5 月 11 日，如图 9.4.3 所示，由于水压分量与时效分量相关性较大，利用小波法分离出的趋势性效应分量并不能较好地表征时效分量，由此得到的转异识别结果并未在该混凝土坝的原位监测资料分析报告中找到相应的结论，因此，利用基于小波的混凝土坝服役过程性态转异相平面识别方法只能对混凝土坝服役过程性态转异进行粗略识别。利用混凝土坝服役过程性态转异面板数据模型识别方法识别的转异时刻和转异位置分别为：第一段：1977 年 4 月 7 日，转异位置为 18# 坝段；第二段：转异时刻为 1987 年 6 月 1 日，转异位置为 26# 坝段；第三段：转异时刻为 2008 年 5 月 19 日，转异位置为 18# 坝段，与该混凝土坝原位监测资料分析报告结论一致，进一步验证了本书提出的混凝土坝服役过程性态转异分析方法的有效性。

参考文献

[1] 贾金生. 中国大坝建设60年[M]. 北京：中国水利水电出版社，2013.

[2] 顾冲时，苏怀智，王少伟. 高混凝土坝长期变形特性计算模型及监控方法研究进展[J]. 水力发电学报，2016，35(5)：1-14.

[3] 徐镇凯，王锋，魏博文，等. 多因素协同作用下混凝土坝性能退化机理研究进展[J]. 水利水电科技进展，2016，36(4)：80-88.

[4] 朱伯芳. 论混凝土坝的使用寿命及实现混凝土坝超长期服役的可能性[J]. 水利学报，2012，39(1)：1-9.

[5] 顾冲时，李占超，徐波. 基于动力学结构突变的混凝土坝裂缝转异诊断方法研究[J]. 中国科学：技术科学，2011，41(7)：1000-1009.

[6] 邢林生. 我国水电站大坝事故分析与安全对策(二)[J]. 大坝与安全，2000，14(2)：1-5.

[7] FANG C H, CHEN J, DUAN Y H, et al. A new method to quantify breach sizes for the flood risk management of concrete arch dams[J]. Journal of Flood Risk Management，2017，10(4)：511-521.

[8] 盛金昌，李凤滨，姚德生，等. 渗流-应力-化学耦合作用下岩石裂隙渗透特性试验研究[J]. 岩石力学与工程学报，2012，31(5)：1016-1025.

[9] 邢林生. 我国水电站大坝事故分析与安全对策(一)[J]. 大坝与安全，2000，14(1)：1-5.

[10] 林凯生. 高渗透孔隙水压作用下混凝土损伤破坏过程数值分析[D]. 西安：西北农林科技大学，2010.

[11] 吕从聪. 混凝土弹塑性损伤与渗透耦合数值模型若干问题研究[D]. 西安：西北农林科技大学，2017.

[12] 王军祥，姜谙男，宋战平. 岩石弹塑性应力-渗流-损伤耦合模型研究(Ⅰ)：模型建立及其数值求解程序[J]. 岩土力学，2014，35(S2)：626-637.

[13] AMIRI-SIMKOOEI A R, JAZAERI S. Data-snooping procedure applied to errors-in-variables models[J]. Studia Geophysica et Geodaetica，2013，57(3)：426-441.

[14] 陶本藻，刘宗泉. 总述粗差估计与检验[J]. 四川测绘，1999(2)：56-59.

[15] 顾孝烈，黄勇如. 多个粗差定位的矢量分析法[J]. 测绘学报，1987(4)：289-296.

[16] 周元春，甘孝清，李端有. 大坝安全监测数据粗差识别技术研究[J]. 长江科学院院报，2011，28(2)：16-20.

[17] 邓波，王毅，姜忠，等. 大坝变形监控数据处理的粗差识别方法及应用效果分析[J]. 水利水

电技术，2016,47(7)：104-107.
[18] 李波，刘明军，张治军．未确知滤波法和灰色模型在大坝变形预测中的应用[J]．长江科学院院报，2011,28(10)：86-89.
[19] 景继，顾冲时．数学形态滤波在大坝安全监控数据粗差检测中的应用[J]．武汉大学学报(信息科学版)，2009,34(9)：1126-1129.
[20] 冯小磊，华锡生，黄红女．观测值序列的粗差探测方法[J]．水电自动化与大坝监测，2006,30(3)：56-59.
[21] 王奉伟，周昀琦，周世健，等．LMD方法变形监测数据粗差探测与修复[J]．辽宁工程技术大学学报(自然科学版)，2016,35(11)：1295-1299.
[22] 苏千叶．线性回归模型参数估计及异常点检测方法的改进[D]．济南：山东大学，2015.
[23] 李双平，张斌．基于小波与谱分析的大坝变形预报模型[J]．岩土工程学报，2015(2)：374-378.
[24] 吕开云．黄河小浪底水利枢纽大坝变形预测方法研究与分析[D]．北京：中国矿业大学，2012.
[25] 屠立峰，包腾飞，李月娇，等．基于分形插值的ARIMA大坝预警模型[J]．三峡大学学报(自然科学版)，2015,37(1)：29-32.
[26] 王娟，杨杰，程琳．基于KICA-RVM的大坝缺失监测数据插值方法[J]．水资源与水工程学报，2017,28(1)：197-201.
[27] 胡天翼．混凝土坝变形时空数据挖掘模型研究[D]．南京：河海大学，2017.
[28] 刘秋实，邓念武．基于空间变异理论的大坝安全监测位移场插值研究[J]．中国农村水利水电，2015(5)：117-120.
[29] 陈毅．基于基因表达式编程的大坝位移强度聚类分析模型研究[D]．赣州：江西理工大学，2014.
[30] DUTTA I, DUTTA S, RAAHEMI B. Detecting financial restatements using data mining techniques[J]. Expert Systems With Applications, 2017, 90: 374-393.
[31] TSAI C, LIN W, KE S. Big data mining with parallel computing: A comparison of distributed and MapReduce methodologies[J]. Journal of Systems and Software, 2016, 122: 83-92.
[32] ZUO F, WEI Z, TANG C, et al. Medication rules for prescriptions containing Pterocephali Herba based on data mining. [J]. China Journal of Chinese Materia Medica, 2017, 42(16): 3213-3218.
[33] 陈嘉昊，刘佳．基于数据挖掘的雾霾预测和分析[J]．制造业自动化，2017, 39(6): 150-156.
[34] BREIMAN L. Bagging predictors[J]. Maching Learning, 1996, 24(2): 123-140.
[35] HO T K. The random subspace method for constructing decision forests[J]. IEEE Transactions on Pattern Analysis and Machine Intelligence, 1998, 20(8): 832-844.
[36] BREIMAN L. Random forests[J]. Maching Learning, 2001, 45(1): 5-32.

[37] PARKHURST D F, BRENNER K P, DUFOUR A P, et al. Indicator bacteria at five swimming beaches-analysis using random forests[J]. Water Research, 2005, 39(7): 1354-1360.

[38] PERDIGUERO-ALONSO D, MONTERO F E, KOSTADINOVA A, et al. Random forests, a novel approach for discrimination of fish populations using parasites as biological tags[J]. International Journal for Parasitology, 2008, 38(12): 1425-1434.

[39] SMITH A, STERBA-BOATWRIGHT B, MOTT J. Novel application of a statistical technique, Random Forests, in a bacterial source tracking study[J]. Water Research, 2010, 44(14): 4067-4076.

[40] GISLASON P O, BENEDIKTSSON J A, SVEINSSON J R. Random Forests for land cover classification[J]. Pattern Recognition Letters, 2006, 27(4): 294-300.

[41] PETERS J, DE BAETS B, VERHOEST N E C, et al. Random forests as a tool for ecohydrological distribution modelling[J]. Ecological Modelling, 2007, 207(2-4): 304-318.

[42] DIAZ-URIARTE R, DE ANDRES S A. Gene selection and classification of microarray data using random forest[J]. BMC Bioinformatics, 2006, 7(1): 3.

[43] CHEN X W, LIU M. Prediction of protein-protein interactions using random decision forest framework[J]. Bioinformatics, 2005, 21(24): 4394-4400.

[44] LEE S L A, KOUZANI A Z, HUB E J. Random forest based lung nodule classification aided by clustering[J]. Computerized Medical Imaging and Graphics, 2010, 34(7): 535-542.

[45] PAL M. Random forest classifier for remote sensing classification[J]. International Journal of Remote Sensing, 2005, 26(1): 217-222.

[46] XU P, JELINEK F. Random forests and the data sparseness problem in language modeling[J]. Computer Speech and Language, 2007, 21(1): 105-152.

[47] AURET L, ALDRICH C. Change point detection in time series data with random forests[J]. Control Engineering Practice, 2010, 18(8): 990-1002.

[48] 顾冲时,吴中如. 混凝土坝空间位移场的确定性模型反演分析法[J]. 河海大学学报:自然科学版, 1994(02): 82-87.

[49] 黄铭,李珍照. 重力坝安全监测位移多测点二维分布数学模型的研究[J]. 武汉水利电力大学学报, 1997,30(01): 1-5.

[50] YU H, WU Z, BAO T, et al. Multivariate analysis in dam monitoring data with PCA[J]. Science China-Technological Sciences, 2010, 53(4): 1088-1097.

[51] D TONINI. Observed behavior of sever leakier arch dams[J]. Journal of the Power Division, 1956, 82(12): 115-123.

[52] MARAZIO. Behavior of Enel's 4 large dams[R]. Rome, 1980.

[53] 陈久宇,林见. 观测数据的处理方法[M]. 上海: 上海交通大学出版社, 1988.

[54] 吴中如. 水工建筑物安全监控理论及其应用[M]. 北京: 高等教育出版社, 2003.

[55] 顾冲时. 探讨空间变形场的正反分析模型[J]. 工程力学,1997, 2(14): 138-143.

[56] 李波,李军,江凯,等. 碾压混凝土坝位移时空监控模型研究[J]. 长江科学院院报，2013(1)：90-92.

[57] MATA J，DE CASTRO A T，DA COSTA J S. Constructing statistical models for arch dam deformation[J]. Structural Control & Health Monitoring，2014，21(3)：423-437.

[58] 秦栋. 特高拱坝变形性态时空分析模型研究[D]. 南京：河海大学，2015.

[59] CEVIK A. Discussion on "Correction of soil parameters in calculation of embankment settlement using a BP network back-analysis model" By Zhi-liang Wang，Yong-chi Li，R. F. Shen[Engineering Geology 91 (2007) 168-177][J]. Engineering Geology，2008，100(3-4)：146-147.

[60] Gomezlaa，Gonzalez R. In search of a deterministic hydraulic monitoring model of concrete dam foundation[C]. XV th I(OLD,Q58,R49)，1985.

[61] 沈振中,徐志英,吴中如. 三峡大坝及坝基施工期的特殊监控模型[J]. 河海大学学报:自然科学版,1998(1)：3-9.

[62] 何金平,李珍照. 大坝结构性态多测点数学模型研究[J]. 武汉水利电力大学学报,1994(2)：134-142.

[63] DE SORTIS A，PAOLIANI P. Statistical analysis and structural identification in concrete dam monitoring[J]. Engineering Structures，2007，29(1)：110-120.

[64] 顾冲时,吴中如,蔡新. 拱坝动态空间位移场的混合模型研究[J]. 工程力学,1996(Z)：376-380.

[65] 李珍照,李硕如. 古田溪一级大坝实测变形性态分析[J]. 大坝与安全，1989(Z1)：21-33.

[66] P BONALDI,FANELLI M,GUIDEPPTTI G. Displacement Forecasting for Concrete Dams [J]. International Water Power and Dam Construction，1977(29)：42-50.

[67] PRAKASH G，SADHU A，NARASIMHAN S，et al. Initial service life data towards structural health monitoring of a concrete arch dam[J]. Structural Control & Health Monitoring，2018，25(1)(e20361).

[68] 钟义信. 人工智能的突破与科学方法的创新[J]. 模式识别与人工智能，2012,25(3)：456-461.

[69] 赵斌,吴中如,张爱玲. BP模型在大坝安全监测预报中的应用[J]. 大坝观测与土工测试，1999(6)：1-4.

[70] 苏怀智,吴中如,温志萍,等. 基于模糊联想记忆神经网络的大坝安全监控系统建模研究[J]. 武汉大学学报(工学版)，2001,34(4)：21-24.

[71] 包腾飞. 混凝土坝裂缝的混沌特性及分析理论和方法[D]. 南京:河海大学，2004.

[72] 谢国权,戚蓝,曾新华. 基于小波和神经网络拱坝变形预测的组合模型研究[J]. 武汉大学学报(工学版)，2006,39(2)：16-19+27.

[73] FEDELE R，MAIER G，MILLER B. Health assessment of concrete dams by overall inverse analyses and neural networks[J]. International Journal of Fracture，2006，137(1-4)：151-172.

[74] POPESCU T D. Neural Network Learning for Blind Source Separation with Application in Dam Safety Monitoring[J]. Neural Information Processing，2012：1-8.

[75] 钱程，李连基，周子东. SVM-RBFNN组合模型在某混凝土双曲拱坝变形监测中的应用[J]. 水电能源科学，2015(12)：93-95.

[76] BAGATUR T，ONEN F. Development of predictive model for flood routing using genetic expression programming[J]. Journal of Flood Risk Management，2018，11(S1)：S444-S454.

[77] ALLAWI M F，JAAFAR O，EHTERAM M，et al. Synchronizing Artificial Intelligence Models for Operating the Dam and Reservoir System[J]. Water Resources Management，2018，32(10)：3373-3389.

[78] REWADKAR D，DOYE D. FGWSO-TAR：Fractional glowworm swarm optimization for traffic aware routing in urban VANET[J]. International Journal of Communication Systems，2018，1(31)：e3430.

[79] ALSALEH M，ABDUL-RAHIM A S，MOHD-SHAHWAHID H O. An empirical and forecasting analysis of the bioenergy market in the EU28 region：Evidence from a panel data simultaneous equation model[J]. Renewable & Sustainable Energy Reviews，2017，80：1123-1137.

[80] 盛金保. 中国水库大坝风险评估技术的进展与小型水库大坝安全[C]. //2005年大坝安全与堤坝隐患探测国际学术研讨会论文集，2005.

[81] 吴中如，卢有清. 利用原型观测资料反馈大坝的安全监控指标[J]. 河海大学学报：自然科学版，1989(6)：29-36.

[82] 顾冲时，吴中如，阳武. 用结构分析法拟定混凝土坝变形三级监控指标[J]. 河海大学学报：自然科学版，2000，28(5)：7-10.

[83] 吴中如，沈长松，阮焕祥. 论混凝土坝变形统计模型的因子选择[J]. 河海大学学报，1988(6)：1-9.

[84] 何金平，李珍照，万富军. 大坝结构实测性态综合诊断中定性指标分析方法[J]. 水电能源科学，2000，1(18)：5-8.

[85] 杨捷，何金平，李珍照. 大坝结构实测性态综合评价中定量评价指标度量方法的基本思路[J]. 武汉大学学报(工学版)，2001，4(34)：25-28.

[86] 尉维斌，李珍照. 混凝土坝安全综合评价指标体系探讨[J]. 大坝与安全，1995，3(39)：31-34.

[87] 张彩庆，解永乐. 指标体系的优化与权重的确定[C]. //中国控制与决策学术年会论文集，2005：1915-1922.

[88] 王春枝. 综合评价指标筛选及预处理的方法研究[J]. 统计教育，2007(3)：15-16.

[89] 张磊，崔永建，金秋，等. 一种新的混凝土坝健康定性诊断指标量化方法[J]. 人民黄河，2010，32(3)：110-111+113.

[90] 徐波，包腾飞. 大坝安全监控中定性指标的定量综合评价[J]. 水利水电科技进展，2011，31

(5): 59-63.

[91] 李占超,侯会静. 基于运动稳定性理论的大坝安全监控指标[J]. 武汉大学学报(工学版), 2010,43(5): 581-584+607.

[92] 从培江,顾冲时,谷艳昌. 大坝安全监控指标拟定的最大熵法[J]. 武汉大学学报(信息科学版), 2008(11): 1126-1129.

[93] 苏怀智,王锋,刘红萍. 基于 POT 模型建立大坝服役性态预警指标[J]. 水利学报, 2012 (8): 974-978.

[94] 朱凯,秦栋,汪雷,等. 云模型在大坝安全监控指标拟定中的应用[J]. 水电能源科学, 2013, 31(3): 65-68.

[95] 孙鹏明,杨建慧,杨启功,等. 大坝空间变形监控指标的拟定[J]. 水利水运工程学报, 2016 (6): 16-22.

[96] ANSARI M I, AGARWAL P. Categorization of Damage Index of Concrete Gravity Dam for the Health Monitoring after Earthquake[J]. Journal of Earthquake Engineering, 2016, 20 (8): 1222-1238.

[97] 顾冲时,吴中如,徐志英. 用突变理论分析大坝及岩基稳定性的探讨[J]. 水利学报, 1998 (9): 48-51.

[98] 李雪红. 重大水工混凝土结构裂缝演变规律及转异诊断方法研究[D]. 南京:河海大学, 2003.

[99] 包腾飞,周扬. 混凝土坝裂缝失稳扩展判据[J]. 河海大学学报:自然科学版, 2008,36(5): 683-688.

[100] 杨景文,赵二峰,赵鲲鹏,等. 基于小波变换的某重力拱坝背水坡转异裂缝序列的分析[J]. 水电能源科学, 2015,33(3): 60-63.

[101] 李占超,秦栋. 基于小波多尺度分解法提取混凝土坝裂缝开合度混沌分量[J]. 水电能源科学, 2013,31(7): 63-66+210.

[102] 陈继光. 基于 Lyapunov 指数的观测数据短期预测[J]. 水利学报, 2001(9): 64-67.

[103] LEW J. Static Deformation Analysis for Structural Health Monitoring of a Large Dam[J]. Structural Health Monitoring and Damage Detection, 2015, 7:67-82.

[104] ALEMBAGHERI M, GHAEMIAN M. Damage assessment of a concrete arch dam through nonlinear incremental dynamic analysis[J]. Soil Dynamics and Earthquake Engineering, 2013, 44: 127-137.

[105] CHEN Z, SHAN L, GUAN F. Identification of Concrete Creep Parameters Based on Evolution Programs[J]. Journal of Yangtze River Scientific Research Institute, 2005, 2(22): 47-49.

[106] 尉维斌,李珍照. 大坝安全模糊综合评判决策方法的研究[J]. 水电站设计, 1996(1): 1-8+26.

[107] 吴中如,顾冲时,沈振中,等. 大坝安全综合分析和评价的理论、方法及其应用[J]. 水利水电科技进展, 1998,18(3): 2-6.

[108] 王绍泉. 多层次阈值模糊综合评判在分析大坝安全中的应用[J]. 大坝观测与土工测试，1997(4)：14-16.

[109] 马福恒，吴中如，顾冲时，等. 模糊综合评判法在大坝安全监控中的应用[J]. 水电能源科学，2001,19(1)：59-62.

[110] 吴云芳，李珍照，薛桂玉. 大坝实测性态的多级灰关联评估方法研究[J]. 大坝观测与土工测试，1998(5)：27-31.

[111] 廖文来，何金平. 基于集对分析的大坝安全综合评价方法研究[J]. 人民长江，2006(6)：57-58.

[112] 赵利. 溃坝后果的灰色模糊综合评判研究[D]. 大连：大连理工大学，2008.

[113] 何金平，李珍照，关良宝，等. 基于属性识别理论的大坝结构性态综合评价[J]. 武汉水利电力大学学报，1998(3)：1-4.

[114] 吴云芳，李珍照，徐帆. BP 神经网络在大坝安全综合评判中的应用[J]. 河海大学学报：自然科学版，2003，31(1)：25-28.

[115] 何金平，廖文来，施玉群. 基于可拓学的大坝安全综合评价方法[J]. 武汉大学学报(工学版)，2008,41(2)：42-45.

[116] 郑付刚，游强强. 基于安全监测系统的大坝安全多层次模糊综合评判方法[J]. 河海大学学报：自然科学版，2011,39(4)：407-414.

[117] 何金平. 信息熵理论与大坝健康诊断[J]. 大坝与安全，2015(4)：1-5.

[118] 陶丛丛，徐波，王校利. D-S 证据理论在大坝安全监控中的应用[J]. 红水河，2010,29(2)：34-37.

[119] 何金平，高全，施玉群. 基于云模型的大坝安全多层次综合评价方法[J]. 系统工程理论与实践，2016,36(11)：2977-2983.

[120] 刘强，沈振中，聂琴，等. 基于灰色模糊理论的多层次大坝安全综合评价[J]. 水电能源科学，2008,26(6)：76-78+185.

[121] 曹晓玲，张劲松，雷红富. 基于向量相似度的大坝安全综合评价方法研究[J]. 人民长江，2009,40(5)：84-86.

[122] 吴中如，顾冲时，胡群革，等. 综论大坝安全综合评价专家系统[J]. 水电能源科学，2000，18(2)：1-5.

[123] T CHELIDZE，T MATCHARASHVILI，V ABASHIDZE，et al. Real time monitoring for analysis of dam stability：Potential of nonlinear elasticity and nonlinear dynamics approaches[J]. Frontiers of Structural and Civil Engineering，2013，2(7)：188-205.

[124] 王建. 大坝安全监控集成智能专家系统关键技术研究[D]. 南京：河海大学，2002.

[125] SU H Z，SHEN Z H，WU Z R，et al. General Design of on-line monitoring system of safety monitoring for Ertan Arch Dam[J]. International Journal Hydroelectric Energy，2001，19(1)：77-80.

[126] 顾冲时，吴中如. 大坝安全监测专家系统的结构及知识工程[J]. 水利技术监督，1998(1)：37-41.

[127] 彭虹. 我国大坝安全监测自动化的演进与拓展[J]. 大坝与安全，2003(6)：13-18.
[128] 严良平. 大坝远程健康诊断系统关键技术研究[D]. 南京：河海大学，2005.
[129] 青海省电力工业局，河海大学. 龙羊峡水电站大坝安全状况分析专家系统[R]. 1994.
[130] 河海大学，水口水电有限公司. 水口水电站工程在线监控及反馈分析系统总报告[R]. 2000.
[131] 苏怀智，吴中如，戴会超. 初探大坝安全智能融合监控体系[J]. 水力发电学报，2005，24(1)：122-126+52.
[132] 赵二峰，王志军，张磊，等. 大坝安全的可拓策略生成系统[J]. 三峡大学学报(自然科学版)，2009，31(1)：30-33+103.
[133] KACHANOV L. Time of the rupture process under creep conditions[J]. USSR division of engineering science，1958(8)：26-31.
[134] RABOTNOV. On the equations of state for creep[J]. Progress in Applied Mechanics，1963：307-315.
[135] LEMAITRE J，DUFAILLY J. Damage measurements[J]. Engineering Fracture Mechanics，1987，28(5-6)：643-661.
[136] DOUGILL J W. On stable progressively fracturing solids[J]. Zeitschrift Für Angewandte Mathematik Und Physik Zamp，1976，4(27)：423-437.
[137] 杜荣强. 混凝土静动弹塑性损伤模型及在大坝分析中的应用[D]. 大连：大连理工大学，2006.
[138] 刘军. 混凝土损伤本构模型研究及其数值实现[D]. 大连：大连理工大学，2012.
[139] XUE X H，YANG X G. A damage model for concrete under cyclic actions[J]. International Journal of Damage Mechanics，2014，23(2)：155-177.
[140] 林皋，刘军，胡志强. 混凝土损伤类本构关系研究现状与进展[J]. 大连理工大学学报，2010，50(6)：1055-1064.
[141] LØLAND. Continuous damage model for load-response estimation of concrete[J]. Cement & Concrete Research，1980，10(3)：395-402.
[142] SIDOROFF. Description of Anisotropic Damage Application to Elasticity[M]. // Jan Hult，Jean Lemaitre. Physical Non-Linearities in Structural Analysis . Berlin Heidelberg. Springer，1981：237-244.
[143] KRAJCINOVIC D，FONSEKA G U. The Continuous Damage Theory of Brittle Materials—Parts I and II[J]. Journal of Applied Mechanics，1981，48(4)：809-815.
[144] LUBLINER J，OLIVER J，OLLER S，et al. A plastic-damage model for concrete[J]. International Journal of Solids & Structures，1989，3(25)：299-326.
[145] YAZDANI S. On a Class of Continuum Damage Mechanics Theories[J]. International Journal of Damage Mechanics，1993，2(2)：162-176.
[146] LEE J，FENVES G L. A return-mapping algorithm for plastic-damage models：3-D and plane stress formulation[J]. International Journal for Numerical Methods in Engineering，

2001, 50(2): 487-506.

[147] OWEN D R J, HINTON E. Finite elements in plasticity: Theory And Practice[M]. Swansea :Pineridge Press, 1980.

[148] SIMO J C, TAYLOR R L. "Consistent tangent operators for rate independent elasto-plasticity" Computer Methods Appl[J]. Computer Methods in Applied Mechanics & Engineering, 1985(48): 101-118.

[149] 龚晓南,郑颖人. 岩土塑性力学基础[M]. 北京:中国建筑工业出版社, 1989.

[150] NAYAK G C, ZIENKIEWICZ O C. A generalization for various constitutive relations including strain softening[J]. International Journal for Numerical Methods in Engineering, 2010, 5(1): 113-135.

[151] SLOAN S W. Substepping schemes for the numerical integration of elastoplastic stress—strain relations[J]. International Journal for Numerical Methods in Engineering, 2010, 24(5): 893-911.

[152] KRIEG R, KRIEG D. Accuracies of Numerical Solution Methods for the Elastic-Perfectly Plastic Model[J]. Journal of Pressure Vessel Technology, 1977, 4(99): 510-515.

[153] 贾善坡,陈卫忠,杨建平,等. 基于修正 Mohr-Coulomb 准则的弹塑性本构模型及其数值实施[J]. 岩土力学, 2010, 31(07): 2051-2058.

[154] POTTS D M, GANENDRAB D. An Evolution of substepping and implicit stress point algorithms[J]. Computer Methods in Applied Mechanics & Engineering, 1994, 119(3-4): 341-354.

[155] MANZARI M T, PRACHATHANANUKIT R. On integration of a cyclic soil plasticity model[J]. International Journal for Numerical and Analytical Methods in Geomechanics, 2001, 25(6): 525-549.

[156] 杨延毅,周维垣. 裂隙岩体的渗流-损伤耦合分析模型及其工程应用[J]. 水利学报, 1991(05): 19-27+35.

[157] 柴军瑞. 大坝及其周围地质体中渗流场与应力场耦合分析[J]. 岩石力学与工程学报, 2000, 19(06): 811.

[157] 戴永浩,陈卫忠,伍国军,等. 非饱和岩体弹塑性损伤模型研究与应用[J]. 岩石力学与工程学报, 2008, 27(04): 728-735.

[159] 贾善坡. Boom Clay 泥岩渗流-应力-损伤耦合流变模型、参数反演与工程应用[J]. 岩石力学与工程学报, 2009, 28(12): 2594.

[160] 杨天鸿. 岩石破裂过程的渗流特性:理论、模型与应用[M]. 北京:科学出版社, 2004.

[161] 沈振中,张鑫,孙粤琳. 岩体水力劈裂的应力-渗流-损伤耦合模型研究[J]. 计算力学学报, 2009, 26(04): 523-528.

[162] Louis. Rock Hydraulics Rock Mechanics[M]. Vienna :Springer, 1972.

[163] 赵吉坤. 混凝土及岩石弹塑性损伤细观破坏研究[D]. 南京: 河海大学, 2007.

[164] GÉRARD B, BREYSSE D, AMMOUCHE A, et al. Cracking and permeability of con-

crete under tension[J]. Materials and Structures, 1996, 29: 141-151.

[165] BARY B, BOURNAZEL J P, BOURDAROT E. Poro-Damage Approach Applied to Hydrofracture Analysis of Concrete[J]. Journal of Engineering Mechanics, 2000, 126(9): 937-943.

[166] GAWIN D, PESAVENTO F, SCHREFLER B A. Modelling of hygro-thermal behaviour of concrete at high temperature with thermo-chemical and mechanical material degradation [J]. Computer Methods in Applied Mechanics and Engineering, 2003, 192 (13-14): 1731 -1771.

[167] CHOINSKA M, KHELIDJ A, CHATZIGEORGIOU G, et al. Effects and interactions of temperature and stress-level related damage on permeability of concrete[J]. Cement and Concrete Research, 2007, 37(1): 79-88.

[168] PICANDET V, KHELIDJ A, BASTIAN G. Effect of axial compressive damage on gas permeability of ordinary and high-performance concrete[J]. Cement and Concrete Research, 2001, 31(11): 1525-1532.

[169] JASON L, PIJAUDIER-CABOT G, GHAVAMIAN S, et al. Hydraulic behaviour of a representative structural volume for containment buildings[J]. Nuclear Engineering and Design, 2007, 237(12-13): 1259-1274.

[170] PIJAUDIER-Cabot G, DUFOUR F, CHOINSKA M. Permeability due to the Increase of Damage in Concrete: From Diffuse to Localized Damage Distributions[J]. Journal of Engineering Mechanics, 2009, 135(9): 1022-1028.

[171] LIU Y,CHENG Y. Experimental Study on the Influences of Deffctive Concrete on Chloridion Penetration Resistance [J]. Advanced Materials Research, 2011, 368 - 373: 1165-1170.

[172] WEI K Y,LU H B,ZHAO Y L. Effect of the mesoscopic damage on the permeability of concrete. Innovation & Sustainability of structures[C]. International Symposium on Innovation and Sustainability of Structures in Civil Engineering, 2009.

[173] 张勇,孟丹. 混凝土破裂过程渗流-应力-损伤耦合模型[J]. 辽宁工程技术大学学报(自然科学版), 2008, 27(5): 680-682.

[174] 卞康,肖明. 水工隧洞衬砌水压致裂过程的渗流-损伤-应力耦合分析[J]. 岩石力学与工程学报, 2010, 29(Z2): 3769-3776.

[175] GIODA G, LOCATELLI L. Back analysis of the measurements performed during the excavation of a shallow tunnel in sand[J]. International Journal for Numerical and Analytical Methods in Geomechanics, 1999, 23(13): 1407-1425.

[176] 李占超,侯会静. 基于改进粒子群优化算法的施工期拱坝结构性态反演分析[J]. 水利水电科技进展, 2011, 31(4): 24-28.

[177] 冯帆. 基于整坝全过程仿真的特高拱坝施工期工作性态研究[D]. 北京:中国水利水电科学研究院, 2013.

[178] SORTIS A D, PAOLIANI P. Statistical analysis and structural identification in concrete dam monitoring[J]. Engineering Structures, 2007, 29(1): 110-120.

[179] GU C S, LI B, XU G L, et al. Back analysis of mechanical parameters of roller compacted concrete dam[J]. Science China-Technological Sciences, 2010, 53(3): 848-853.

[180] ZGENG D J, CHENG L, BAO T F, et al. Integrated parameter inversion analysis method of a CFRD based on multi-output support vector machines and the clonal selection algorithm[J]. Computers and Geotechnics, 2013, 47: 68-77.

[181] YU Y Z, ZHANG B Y, YUAN H N. An intelligent displacement back-analysis method for earth-rockfill dams[J]. Computers and Geotechnics, 2007, 34(6): 423-434.

[182] 朱国金,胡灵芝,顾冲时,等. 基于神经网络模型的某大坝混凝土弹性模量时变规律反演分析[J]. 水电自动化与大坝监测, 2005, 29(04): 32-34.

[183] FENG X T, ZHANG Z Q, SHENG Q. Estimating mechanical rock mass parameters relating to the Three Gorges Project permanent shiplock using an intelligent displacement back analysis method[J]. International Journal of Rock Mechanics and Mining Sciences, 2000, 37(7): 1039-1054.

[184] ZHU C X, ZHAO H B, ZHAO M. Back analysis of geomechanical parameters in underground engineering using artificial bee colony. [J]. The Scientific World Journal, 2014 (693812).

[185] LIANG Z, GONG B, TANG C, et al. Displacement back analysis for a high slope of the Dagangshan Hydroelectric Power Station based on BP neural network and particle swarm optimization[J]. The Scientific World Journal, 2014(741323).

[186] 黄耀英,黄光明,吴中如,等. 基于变形监测资料的混凝土坝时变参数优化反演[J]. 岩石力学与工程学报, 2007, 26(Z1): 2941-2945.

[187] 李德海. 隧道围岩流变参数的粘弹性位移反演与验证[J]. 探矿工程(岩土钻掘工程), 2012, 39(2): 74-79.

[188] WU Y K, YUAN H N, ZHANG B Y, et al. Displacement-Based Back-Analysis of the Model Parameters of the Nuozhadu High Earth-Rockfill Dam[J]. Scientific World Journal, 2014(292450).

[189] SHARIFZADEH M, TARIFARD A, MORIDI M A. Time-dependent behavior of tunnel lining in weak rock mass based on displacement back analysis method[J]. Tunnelling and Underground Space Technology, 2013, 38: 348-356.

[190] 张强勇,张建国,杨文东,等. 软弱岩体蠕变模型辨识与参数反演[J]. 水利学报, 2008, 39(1): 66-72.

[191] 赖道平. 地质缺陷对混凝土坝结构性态演变和转异的影响研究[D]. 南京:河海大学, 2005.

[192] 顾冲时,吴中如. 大坝与坝基安全监控理论和方法及其应用[M]. 南京:河海大学出版社, 2006.

[193] 顾冲时，吴中如，徐志英. 用突变理论分析大坝及岩基稳定性的探讨[J]. 水利学报，1998，29(9)：48-51.

[194] 包腾飞，周扬. 混凝土坝裂缝失稳扩展判据[J]. 河海大学学报：自然科学版，2008，36(5)：683-688.

[195] 沙迎春. 混凝土坝再生缝稳定性分析方法及其应用[D]. 南京：河海大学，2003.

[196] 李雪红，徐洪钟，顾冲时，等. 基于小波分析和尖点突变模型的裂缝转异诊断[J]. 河海大学学报：自然科学版，2005，33(3)：301-305.

[197] GU C S，LI Z C，XU B. Abnormality diagnosis of cracks in the concrete dam based on dynamical structure mutation [J]. Science China-Technological Sciences，2011，54 (7)：1930-1939.

[198] 李占超. 混凝土坝裂缝转异诊断方法及判据研究[D]. 南京：河海大学，2012.

[199] 赖道平，吴中如，周红. 分形学在大坝安全监测资料分析中的应用[J]. 水利学报，2004，35(01)：100-104.

[200] 徐波，李占超，黄志洪，等. 混凝土坝裂缝转异诊断的云模型法[J]. 中国科学：技术科学，2015，45(11)：1218-1226.

[201] JOSEPH L，WOLFSON D B. Estimation in multi-path change-point problems[J]. Communications in Statistics-Theory and Methods，1992，4(21)：897-913.

[202] JOSEPH L，WOLFSON D B，DUBERGER R，et al. Analysis of panel data with change-points[J]. Statistica Sinica，1997，7(3)：687-703.

[203] DE WACHTER S，TZAVALIS E. Monte Carlo comparison of model and moment selection and classical inference approaches to break detection in panel data models[J]. Economics Letters，2005，88(1)：91-96.

[204] BAI J. Common breaks in means and variances for panel data[J]. Journal of Econometrics，2010，157(1)：78-92.

[205] BISCHOFF W，GEGG A. Partial sum process to check regression models with multiple correlated response：With an application for testing a change-point in profile data[J]. Journal of Multivariate Analysis，2011，102(2)：281-291.

[206] HORVATH L，HUSKOVA M. Change-point detection in panel data[J]. Journal of Time Series Analysis，2012，33(4)：631-648.

[207] CHAN J，HORVATH L，HUSKOVA M. Darling-Erdos limit results for change-point detection in panel data[J]. Journal of Statistical Planning and Inference，2013，143(5)：955-970.

[208] KARAVIAS Y，TZAVALIS E. Testing for unit roots in short panels allowing for a Structural break[J]. Computational Statistics & Data Analysis，2014，76：391-407.

[209] 王新乔. 半参数面板回归模型的变点分析[D]. 大连：大连理工大学，2015.

[210] 李明宇. 面板数据 AR(1)模型的变点分析[D]. 杭州：浙江大学，2016.

[211] 孙同贺. 基于抗差方法的 DEM 数据粗差剔除[D]. 长沙：中南大学，2009.

[212] 陶莉莉,钟伟民,罗娜,等. 基于粗差判别的参数优化自适应加权最小二乘支持向量机在PX氧化过程参数估计中的应用[J]. 化工学报, 2012,63(12): 3943-3950.

[213] 杨旺旺,白涛,赵梦龙,等. 基于改进萤火虫算法的水电站群优化调度[J]. 水力发电学报, 2018,37(6): 25-33.

[214] HARIRI-ARDEBILI M A, POURKAMALI-ANARAKI F. Support vector machine based reliability analysis of concrete dams[J]. Soil Dynamics and Earthquake Engineering, 2018, 104: 276-295.

[215] 马洪琪,钟登华,张宗亮,等. 重大水利水电工程施工实时控制关键技术及其工程应用[J]. 中国工程科学, 2011, 13(12): 20-27.

[216] 肖佳,勾成福. 混凝土碳化研究综述[J]. 混凝土, 2010(1): 40-44+52.

[217] 段桂珍,方从启. 混凝土冻融破坏研究进展与新思考[J]. 混凝土, 2013(5): 16-20.

[218] 胡江,马福恒,李子阳,等. 渗漏溶蚀混凝土坝力学性能的空间变异性研究综述[J]. 水利水电科技进展, 2017, 37(4): 87-94.

[219] 杨春光. 水工混凝土抗冲磨机理及特性研究[D]. 西安:西北农林科技大学, 2006.

[220] 杨华全,李鹏翔,陈霞. 水工混凝土碱-骨料反应研究综述[J]. 长江科学院院报, 2014,31(10): 58-62.

[221] 潘坚文,蔡小莹,张楚汉. 混凝土碱骨料反应力学性质劣化机理研究[J]. 水利学报, 2014(S1): 38-42.

[222] 刘大有,陈慧灵,齐红,等. 时空数据挖掘研究进展[J]. 计算机研究与发展, 2013, 50(2): 225-239.

[223] 肖庆华. 岩石力学与工程中的数据挖掘技术应用[D]. 南京:河海大学, 2004.

[224] 李春民,王云海,张兴凯. 矿山安全监测数据挖掘系统框架研究[J]. 金属矿山, 2009(12): 126-130.

[225] 刘锦锦. 基于 struts 框架的 web 网站开发及数据分析[D]. 北京:北京化工大学, 2005.

[226] GRAJSKI K A, BREIMAN L, VIANA DI PRISCO G, et al. Classification of EEG spatial patterns with a tree-structured methodology: CART. [J]. IEEE Transactions on Bio-medical Engineering, 1986, 33(12): 1076-1086.

[227] DE'ATH G, FABRICIUS K E. Classification and regression trees: A powerful yet simple technique for ecological data analysis[J]. Ecology, 2000, 81(11): 3178-3192.

[228] 刘专. 基于增强回归树的二维人体姿态估计研究[D]. 广州:华南理工大学, 2015.

[229] 曹正凤. 随机森林算法优化研究[D]. 北京:首都经济贸易大学, 2014.

[230] 王勇强. 移动环境下的零售信息采集分析与营销业务模型构建[D]. 杭州:浙江理工大学, 2018.

[231] DEMPSTER A P, CHIU W F. Dempster-Shafer models for object recognition and classification[J]. International Journal of Intelligent Systems, 2006, 21(3): 283-297.

[232] 水利电力部. 水电站大坝安全管理暂行办法[Z]. 1987.

[233] 杭银. 多指标面板数据的系统聚类分析及其应用[D]. 杭州:浙江工商大学, 2012.

[234] 李因果，何晓群．面板数据聚类方法及应用[J]．统计研究，2010，27(09)：73-79.

[235] 周开乐．模糊 C 均值聚类及其有效性检验与应用研究[D]．合肥：合肥工业大学，2014.

[236] 宁绍芬．基于 FCM 聚类的算法改进[D]．青岛：中国海洋大学，2007.

[237] 谢福鼎，李迎，孙岩，等．一种基于关键点的时间序列聚类算法[J]．计算机科学，2012，39(3)：157-159+173.

[238] 孙小冉，马福恒，张帅，等．基于因子分析法的大坝变形安全监控模型[J]．水电能源科学，2012，30(4)：34-37.

[239] RAO C R. Linear statistical inference and its applications：second edition[M]. NewYork：Wiley，1973.

[240] 刘家学，李波，郭润夏．基于混沌时间序列分析的飞机加油量计算方法(英文)[J]．机床与液压，2018(12)：36-42.

[241] 任杰，苏怀智，吴邦彬，等．基于极值理论的岩质边坡变形预警指标估计[J]．水电能源科学，2016，34(3)：145-147+139.

[242] 任杰，苏怀智，陈兰，等．基于 POT 模型的大坝位移预警指标实时估计[J]．水力发电，2016，42(4)：45-48.

[243] 李鹏．基于灰色关联和证据推理的直觉模糊信息决策方法研究[D]．南京：南京航空航天大学，2012.

[244] 付艳华．基于证据推理的不确定多属性决策方法研究[D]．沈阳：东北大学，2010.

[245] 王正新，党耀国，刘思峰．基于白化权函数分类区分度的变权灰色聚类[J]．统计与信息论坛，2011，26(6)：23-27.

[246] 徐世烺，赵艳华．混凝土裂缝扩展的断裂过程准则与解析[J]．工程力学，2008(S2)：20-33.

[247] 赵艳华，徐世烺，吴智敏．混凝土结构裂缝扩展的双 G 准则[J]．土木工程学报，2004，37(10)：13-18+51.

[248] 赵艳华．混凝土断裂过程中的能量分析研究[D]．大连：大连理工大学，2002.

[249] 程建曙．基于信息熵的混凝土桥梁裂缝演化与识别研究[D]．兰州：兰州理工大学，2016.

[250] 孙宗光，高赞明，倪一清．基于神经网络的损伤构件及损伤程度识别[J]．工程力学，2006，23(02)：18-22.

[251] 张乾飞．复杂渗流场演变规律及转异特征研究[D]．南京：河海大学，2002.

[252] 蔡婷婷，苏怀智，顾冲时，等．综合考虑渗流滞后效应和库水位变化速率影响的大坝渗流统计模型[J]．水利水电技术，2013，44(10)：45-48+51.

[253] 杨松桥，龚晶，冯涛．岩体渗透系数反演的遗传模拟退火方法及其在边坡工程中的应用[J]．土工基础，2005，19(3)：31-35.

[254] 李远东．渗流有限元数值计算及其在基坑工程中的应用[D]．烟台：烟台大学，2017.

[255] 方春晖．超深断层坝基渗流演变及安全监控模型研究[D]．南京：河海大学，2013.

[256] ACHARYA A，SHAWKI T G. The Clausius-Duhem inequality and the structure of rate-independent plasticity[J]. International Journal of Plasticity，1996，12(2)：229-238.

[257] 李杰,吴建营. 混凝土弹塑性损伤本构模型研究Ⅰ:基本公式[J]. 土木工程学报, 2005, 38(9): 14-20.

[258] MAZARS J, PIJAUDIERCABOT G. From damage to fracture mechanics and conversely: A combined approach[J]. International Journal of Solids and Structures, 1996, 33(20-22): 3327-3342.

[259] OLIVER J. A Consistent Characteristic Length for Smeared Cracking Models[J]. International Journal for Numerical Methods in Engineering, 1989, 2(28): 461-474.

[260] BAŽANT Z P, OH B H. Crack band theory for fracture of concrete[J]. Materials and Structures, 1983, 3(16): 155-177.

[261] 王怀亮,任玉清,宋玉普. 基于黏塑性理论的碾压混凝土动态剪切本构模型[J]. 工程力学, 2014, 31(9): 120-125.

[262] 吴中如,顾冲时,苏怀智,等. 水工结构工程分析计算方法回眸与发展[J]. 河海大学学报:自然科学版, 2015, 43(5): 395-405.

[263] 康永刚,张秀娥. 基于 Burgers 模型的岩石非定常蠕变模型[J]. 岩土力学, 2011(S1): 424-427.

[264] 何坚勇. 最优化方法[M]. 北京:清华大学出版社, 2007.

[265] 曹慧平. 部分可分非线性方程组与优化问题的稀疏拟牛顿法[D]. 长沙:湖南大学, 2016.

[266] 彭寒梅,曹一家,黄小庆. 基于 BFGS 信赖域算法的孤岛微电网潮流计算[J]. 中国电机工程学报, 2014, 34(16): 2629-2638.

[267] 安凯琦. 一类地下水耦合模型反问题的伴随反演方法[D]. 上海:复旦大学, 2012.

[268]刘飞,熊璐,邓律华,等. 基于相平面法的车辆行驶稳定性判定方法[J]. 华南理工大学学报:自然科学版, 2014, 42(11): 63-70.

[269] 娄一青,顾冲时,李君. 基于突变理论的有限元强度折减法边坡失稳判据探讨[J]. 西安建筑科技大学学报:自然科学版, 2008, 40(3): 361-367.

[270] 张秋文,章永志,钟鸣. 基于云模型的水库诱发地震风险多级模糊综合评价[J]. 水利学报, 2014, 45(1): 87-95.

[271] 李毅. 交互效应面板数据模型的理论与应用研究[J]. 当代经济, 2013(12): 120-121.

[272] 王小刚,王黎明. 一类面板模型中部分结构变点的检测和估计[J]. 山东大学学报:理学版, 2012,47(7): 91-99.

[273] 李拂晓. 几类时间序列模型变点监测与检验[D]. 西安:西北工业大学, 2015.

[274] FENG Q, KAO C, LAZAROVÁ S. Estimation and Identication of Change Points in Panel Models[J]. 2008.